实例 11 实例 12 实例 13 实例 14

实例 15 实例 16 实例 17 实例 18

实例 19 实例 20 实例 21 实例 22

实例 23 实例 24 实例 25 实例 26

实例 27 实例 28 实例 29 实例 30

实例 31 实例 32 实例 33 实例 34

实例 35 实例 36 实例 37 实例 38

实例 39

实例 40

实例 41

实例 42

实例 43

实例 44

实例 45

实例 46

实例 47

实例 48

实例 49

实例 50

实例 51

实例 52

实例 53

实例 54

实例 55

实例 56

实例 57

实例 58

实例 59

实例 60

实例 61

实例 62

实例 63

实例 64

实例 65

实例 66

实例 67　　　　实例 68　　　　实例 69　　　　实例 70

实例 71　　　　实例 72　　　　实例 73　　　　实例 74

实例 75　　　　实例 76　　　　实例 77　　　　实例 79

实例 80　　　　实例 81　　　　实例 82　　　　实例 83

实例 84　　　　实例 85　　　　实例 86　　　　实例 87

实例 88　　　　实例 89　　　　实例 90　　　　实例 91

实例 92　　　　实例 93　　　　实例 94　　　　实例 95

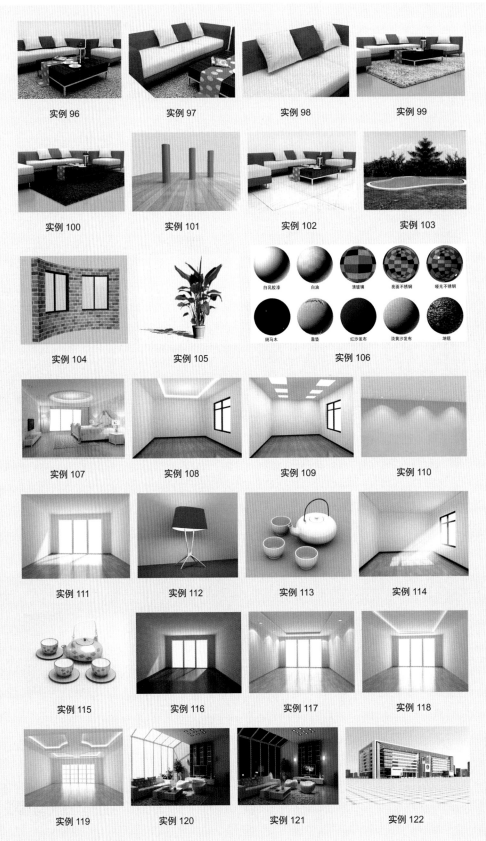

实例 96　　　　　　实例 97　　　　　　实例 98　　　　　　实例 99

实例 100　　　　　　实例 101　　　　　　实例 102　　　　　　实例 103

实例 104　　　　　　实例 105　　　　　　实例 106

实例 107　　　　　　实例 108　　　　　　实例 109　　　　　　实例 110

实例 111　　　　　　实例 112　　　　　　实例 113　　　　　　实例 114

实例 115　　　　　　实例 116　　　　　　实例 117　　　　　　实例 118

实例 119　　　　　　实例 120　　　　　　实例 121　　　　　　实例 122

实例 123 实例 124 实例 125 实例 126

实例 127 实例 128 实例 129 实例 130

实例 131 实例 132 实例 133 实例 134

实例 135 实例 136 实例 137 实例 138

实例 139 实例 140 实例 141 实例 142 实例 143

实例 144 实例 145 实例 146 实例 147

实例 148 实例 149 实例 150 实例 151

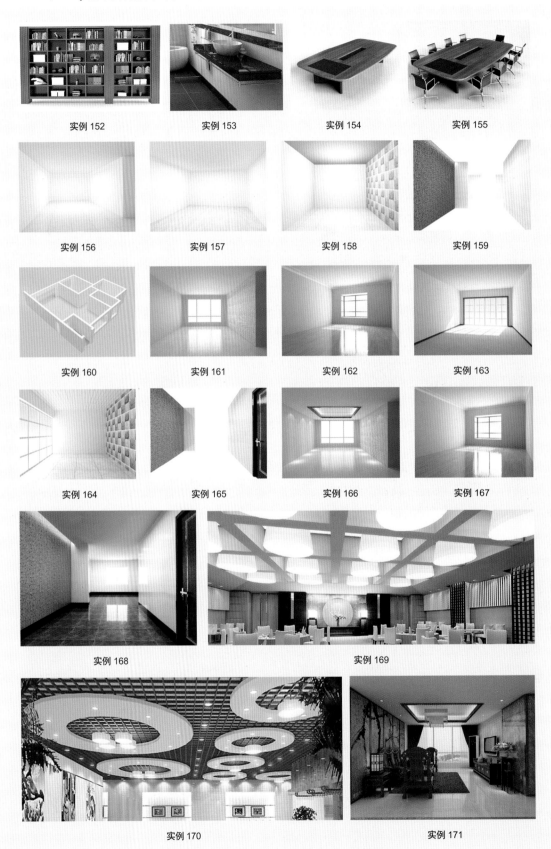

实例 152　　实例 153　　实例 154　　实例 155

实例 156　　实例 157　　实例 158　　实例 159

实例 160　　实例 161　　实例 162　　实例 163

实例 164　　实例 165　　实例 166　　实例 167

实例 168　　实例 169

实例 170　　实例 171

实例 172

实例 173

实例 174

实例 175

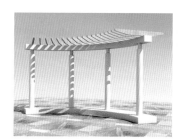

实例 176

实例 177

实例 178

实例 179

实例 180

实例 181

实例 182

实例 183

实例 184

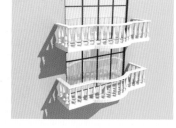

实例 185

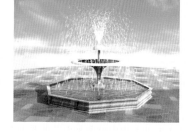

实例 186

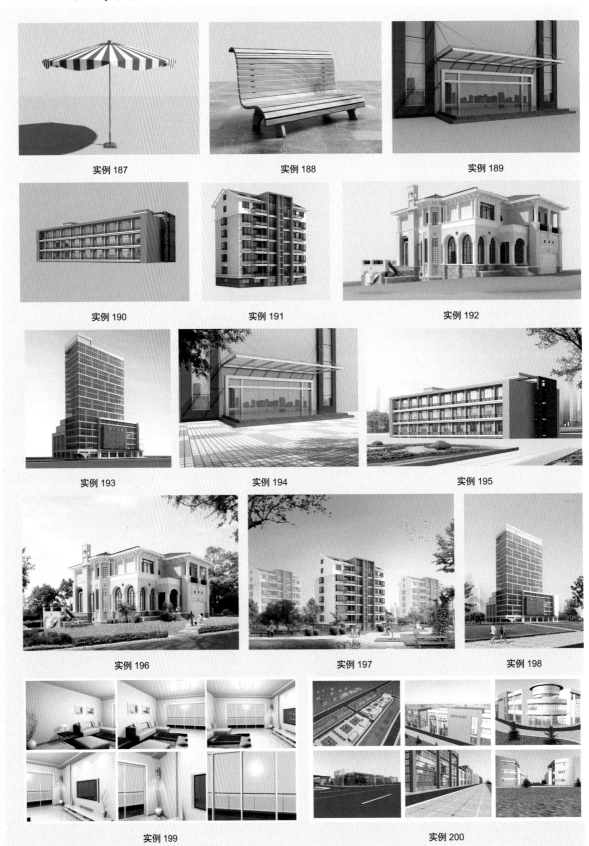

实例 187

实例 188

实例 189

实例 190

实例 191

实例 192

实例 193

实例 194

实例 195

实例 196

实例 197

实例 198

实例 199

实例 200

3ds Max 2012/VRay 效果图 制作实战 从入门到精通

新视角文化行 王玉梅 胡爱玉 王梅君 ◎ 编著

人民邮电出版社

北京

图书在版编目（CIP）数据

3ds Max 2012/VRay效果图制作实战从入门到精通 / 王玉梅，胡爱玉，王梅君编著. -- 北京：人民邮电出版社，2013.1（2024.7重印）
（设计师梦工厂. 从入门到精通）
ISBN 978-7-115-29394-7

Ⅰ．①3… Ⅱ．①王… ②胡… ③王… Ⅲ．①三维动画软件 Ⅳ．①TP391.41

中国版本图书馆CIP数据核字(2012)第211589号

内 容 提 要

本书是"从入门到精通"系列图书中的一本。本书根据使用 3ds Max 2012 进行三维效果图制作的特点，精心设计了 200 个实例，循序渐进地讲解了使用 3ds Max 2012 制作专业效果图作品所需要的全部知识。全书共分为 25 章，分别介绍了效果图制作基本操作、标准及扩展基本体、二维线形及二维线形转三维对象、三维对象修改器、高级建模、VRay 基础、3ds Max 材质及贴图、效果图真实材质表现、3ds Max 默认的灯光、真实灯光表现、摄影机的应用、室内装饰物的制作、灯具的制作、家具模型的制作、室内各种墙体的建立、室内各种门窗的建立、室内各种天花的建立、室内效果图的制作、室内效果图的后期处理、室外建筑小品的制作、室外效果图的制作、室外效果图的后期处理、效果图漫游动画的设置等内容。附带的 DVD 光盘包含了书中 200 个案例的多媒体语音视频教学文件、源文件、素材文件、光域网和最终渲染输出文件。

本书采用"完全案例"的编写方式、兼具技术手册和应用技巧参考手册的特点，技术实用，讲解清晰，既可作为室内外设计人员的参考手册，也可以供各类电脑设计培训班作为学习教材。

◆ 编　　著　新视角文化行　王玉梅　胡爱玉　王梅君
　　责任编辑　郭发明

◆ 人民邮电出版社出版发行　　北京市丰台区成寿寺路 11 号
　　邮编　100164　　电子邮件　315@ptpress.com.cn
　　网址　http://www.ptpress.com.cn
　　固安县铭成印刷有限公司印刷

◆ 开本：787×1092　1/16　　　　　彩插：4
　　印张：29.75　　　　　　　　　　2013 年 1 月第 1 版
　　字数：933 千字　　　　　　　　2024 年 7 月河北第 34 次印刷

定价：59.00 元（附 1DVD）
读者服务热线：(010)81055410　印装质量热线：(010)81055316
反盗版热线：(010)81055315
广告经营许可证：京东市监广登字20170147号

前 言
Preface

关于本系列图书

感谢您翻开本系列图书。在茫茫的书海中，或许您曾经为寻找一本技术全面、案例丰富的计算机图书而苦恼，或许您为自己是否能做出书中的案例效果而担心，或许您为了自己应该买一本入门教材而苦恼，或许您正在为自己进步太慢而缺少信心……

现在，我们就为您奉献一套优秀的学习用书——"从入门到精通"系统，它采用完全适合自学的"教程＋案例"和"完全案例"两种形式编写，兼具技术手册和应用技巧参考手册的特点，随书附带的 DVD 多媒体教学光盘包含书中所有案例的视频教程、源文件和素材文件。希望通过本系列书能够帮助您解决学习中的难题，提高技巧水平，快速成为高手。

■ **自学教程**。书中设计了大量案例，由浅入深、从易到难，可以让您在实战中循序渐进地学习到相应的软件知识和操作技巧，同时掌握相应的行业应用知识。

■ **技术手册**。一方面，书中的每一章都是一个小专题，不仅可以让您充分掌握该专题中提到的知识和技巧，而且举一反三，掌握实现同样效果的更多方法。

■ **应用技巧参考手册**。书中把许多大的案例化整为零，让您在不知不觉中学习到专业应用案例的制作方法和流程，书中还设计了许多技巧提示，恰到好处地对您进行点拨，到了一定程度后，您就可以自己动手，自由发挥，制作出相应的专业案例效果。

■ **老师讲解**。每本书都附带了 CD 或 DVD 多媒体教学光盘，每个案例都有详细的语音视频讲解，就像有一位专业的老师在您旁边一样，您不仅可以通过本系列图书研究每一个操作细节，而且还可以通过多媒体教学领悟到更多的技巧。

本系列图书已推出如下品种。

3ds Max 2011 中文版/VRay 效果图制作从入门到精通（全彩超值版）	Flash CS5 动画制作实战从入门到精通（全彩超值版）
Photoshop CS5 平面设计实战从入门到精通（全彩超值版）	Illustrator CS5 实践从入门到精通
Photoshop CS5 中文版从入门到精通（全彩超值版）	Premiere Pro CS5 视频编辑剪辑实战从入门到精通（全彩超值版）
CorelDRAW X5 实战从入门到精通（全彩超值版）	Maya 2011 从入门到精通（全彩超值版）
3ds Max 2011 中文版从入门到精通（全彩超值版）	3ds Max 2010 中文版实战从入门到精通
AutoCAD 2011 中文版机械设计实战从入门到精通（全彩超值版）	AutoCAD 2011 中文版建筑设计实战从入门到精通
会声会影 X3 实战从入门到精通全彩版	Photoshop CS5 中文版实战从入门到精通（全彩超值版）
After Effcets CS5 影视后期合成实战从入门到精通（全彩超值版）	3ds Max 2011 中文版从入门到精通

关于本书

全书共分 25 章，结构安排得当，重点突出，实例的设置严格遵循实际的操作规范，使读者能够学以致用。

本书首先讲解了 3ds Max 2012 的基本技术，包括工作界面、基础操作、基本体建模、二维线形建模、二维转三维建模的基本操作、使用三维修改器进行建模的操作方法、高级建模的应用、VRay 渲染设置技巧、材质表现的应用、灯光和摄影机的应用；然后从提升效果图制作技能的角度出发，逐渐深入讲解，内容包括室内装饰物的制作、室内各种灯具的制作、室内各种家具的制作、室外建筑构件的制作；最后，通过综合应用案例的实战练习，学习专业效果图的制作，包括室内效果图的制作、室外效果图的制作、室内效果图的后期处理、室外效果图的后期处理和效果图漫游动画的设置等内容。

本书特点如下。

● 案例教程

全书精心设计了 200 个案例，由浅入深、由易到难，让您在循序渐近的实战中学习到软件的基础知识和操作技巧，同时掌握相应的行业应用知识和技巧。

● 技术手册

书中的每一章都是一个小专题，不仅可以让您充分掌握该专题的知识和技巧，而且举一反三，掌握实现同样效果的更多方法。

● 老师讲解

本书附带 DVD 多媒体教学光盘，每个案例都有详细的动态演示和声音解说，就像有一位专业的老师在您身旁亲自授课。您不仅可以通过书本研究每一个操作细节，还可以通过多媒体教学领悟到更多技巧。

本书由新视角文化行总策划，在编写的过程中承蒙广大业内同仁的不吝赐教，使得本书在编写内容上更贴近实际，谨在此一并表示由衷的感谢。如对本书有好的意见或建议，可以与本书作者直接联系（E-mail：nvangle@163.com），也可以与本书的策划编辑郭发明（guofaming@ptpress.com.cn）取得联系。

新视角文化行

2012 年 10 月

目　录

Contents

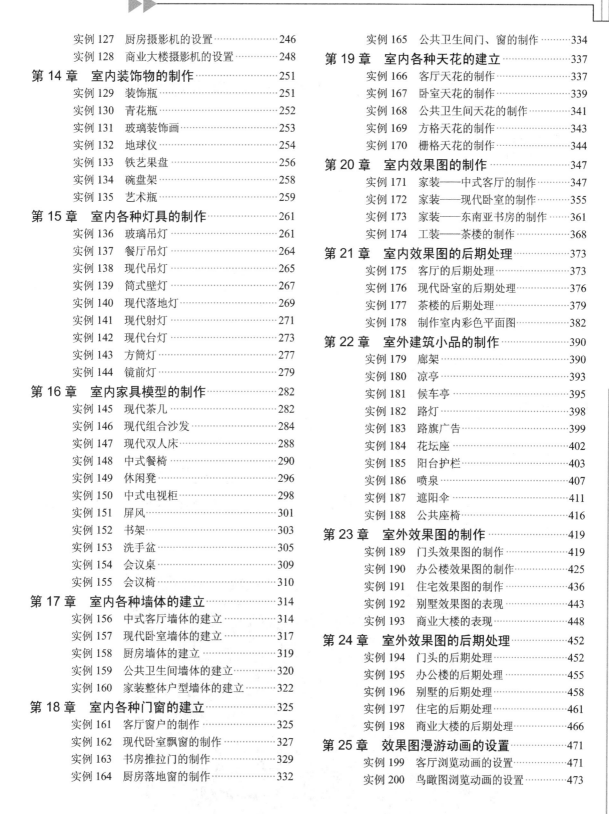

第1章　绘制基本几何图形结构

本章内容

- ➢ 认识用户界面
- ➢ 设置个性化界面
- ➢ 自定义视图布局
- ➢ 设置自定义菜单
- ➢ 自定义工具栏按钮

- ➢ 设置右键菜单
- ➢ 设置命令面板及调用
- ➢ 设置界面颜色
- ➢ 设置快捷键
- ➢ 设置单位

- ➢ 复制对象
- ➢ 阵列对象
- ➢ 对齐操作
- ➢ 组的使用
- ➢ 捕捉的使用

　　本章将主要讲解 3ds Max 2012 中文版的界面及基本操作，例如认识用户界面、设置个性化界面、自定义视图布局、菜单及工具栏的定义等，目的是为后面的实例制作打下基础。为了方便学习，我们在编写本书时采用的是 3ds Max 中文版。只有掌握了这些基本操作知识，才能熟练地运用该软件制作出室内外效果图。

Example 实例 1　认识用户界面

视频教程	DVD\视频\第 1 章\实例 1. avi		
视频长度	1 分钟 40 秒	制作难度	★
技术点睛	熟悉 3ds Max 2012 的操作界面		
思路分析	通过启动 3ds Max 2012 中文版软件来熟悉 3ds Max 2012 界面的组成部分		

　　双击桌面上的 ⑤ 按钮，启动 3ds Max 2012 中文版，此时等待 5～10 秒钟，就可以看到 3ds Max 2012 中文版的界面了，如图 1-1 所示。

图 1-1　3ds Max 2012 中文版界面

▶ **技巧**

启动 3ds Max 2012 的方法有很多，第 1 种方法是双击 ⑤ 按钮启动，第 2 种方法是单击【开始】/【所有程序】/【Autodesk】/【Autodesk 3ds Max 2012】选项，第 3 种方法是双击带有 ".max" 格式的文件。

大家可以看到与以往版本有所区别的是增加了一个【欢迎使用 3da Max】窗口，如果你的电脑上面安装了 QuickTime 播放器，就可以单击不同的按钮来观看技能影片。如果要将该窗口关闭，单击 ▢关闭▢ 按钮就可以了。整个界面我们可以分为 8 部分：标题栏、菜单栏、工具栏、视图区、命令面板、视图控制区、提示及状态栏、动画控制区。

下面对 3ds Max 2012 中文版工作界面的每一部分做简单的介绍。

● **标题栏**：标题栏位于 3ds Max 2012 界面的最顶部，它显示了当前场景文件的文件名、工程目录、软件版本等基本信息。位于标题栏最左边的是 3ds Max 2012 的程序图标，单击它可打开一个图标菜单，其右侧分别是快速访问工具栏、软件名和文件名、信息中心，标题栏的最右边是 Windows 的 3 个基本控制按钮，即最小化、最大化、关闭。

● **菜单栏**：标题栏下面的一行是菜单栏。它与标准的 Windows 文件菜单模式及使用方法基本相同。菜单栏为用户提供了一个用于文件的管理、编辑、渲染及寻找帮助的用户接口。

● **工具栏**：我们把经常用到的命令以工具按钮的形式放在工具栏的不同位置，可以更方便、快捷地使用工具。

● **视图区**：系统默认的视图区模式分为 4 个视图，即顶视图、前视图、左视图和透视图。这 4 个视图区是用户进行操作的主要工作区域，我们还可以通过设定转换成为其他视图区，方法是在视图区的名称上单击鼠标右键，从弹出的菜单中选择视图即可。

● **命令面板**：3ds Max 中包括 ✴（创建）命令面板、▨（修改）命令面板、▩（层级）命令面板、◎（运动）命令面板、▣（显示）命令面板及 ⬈（工具）命令面板。

● **视图控制区**：在屏幕右下角有 8 个图标按钮，它们是当前激活视图的控制工具，主要用于调整视图显示的大小和方位，如缩放、局部放大、满屏显示、旋转及平移等，其中有些按钮会根据当前被激活视窗的不同而发生变化。

● **提示及状态栏**：状态栏显示的是一些基本的数据，主要用于在建模时，提示及说明造型的空间位置。

● **动画控制区**：动画控制区位于屏幕的下方，此区域的按钮主要用于制作动画时进行动画的记录、动画帧的选择、动画的播放及动画时间的控制。

实 例 总 结

通过认识 3ds Max 2012 中文版软件的工作界面，可以让读者快速理解和掌握软件各个部分的功能。

Example 实例 **2** 设置个性化界面

视频教程	DVD\视频\第 1 章\实例 2. avi		
视频长度	1 分钟 38 秒	制作难度	★
技术点睛	设置个性化界面		
思路分析	本实例通过【自定义】/【加载自定义用户界面方案】命令为 3ds Max 设置一个个性化的界面		

操作步骤

步骤① 双击桌面上的 ⑤ 按钮，快速启动 3ds Max 2012 中文版。

步骤② 执行菜单【自定义】/【加载自定义用户界面方案】命令，在弹出的【加载自定义用户界面方案】对话框中选择 3ds Max 安装路径下的【ui】文件夹，选择【3dsMax2012.ui】选项，单击 打开(O) 按钮，如图 1-2 所示。

图 1-2 【加载自定义用户界面方案】对话框

步骤③ 此时，3ds Max 系统即以【3dsMax2012.ui】系统界面进行显示，如图 1-3 所示。

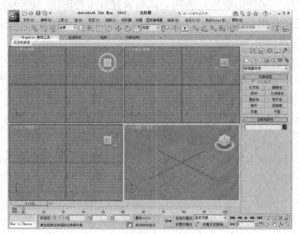

图 1-3 设置界面后的效果

▶ **技巧**

读者如果不喜欢这个界面，可以再重新加载一个 UI 菜单，3ds Max 为我们提供了 4 个界面，DefaultUI.ui 是默认的设置。

本实例详细讲述了如何设置 3ds Max 的个性化界面。

Example 实例 3 自定义视图布局

视频教程	DVD\视频\第 1 章\实例 3.avi		
视频长度	1 分钟 52 秒	制作难度	★
技术点睛	自定义视图布局		
思路分析	本实例通过【视口配置】命令，学习怎样定义一个自己喜欢的视图布局，以及如何调整视图		

步骤 ① 启动 3ds Max 2012 中文版。

步骤 ② 执行菜单【视图】/【视口配置】命令，此时将弹出【视口配置】对话框，激活【布局】选项卡，在其中选择一个自己喜欢的视图布局，然后单击 确定 按钮，如图 1-4 所示。

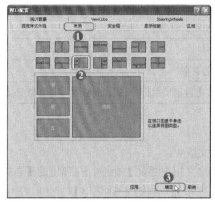

图 1-4 【视口配置】对话框

> ▶ **技巧**
> 读者将鼠标指针放在中间的分割线上，当鼠标指针变成双向箭头时即可移动视图的大小及位置。

步骤 ③ 修改后的视图布局如图 1-5 所示。

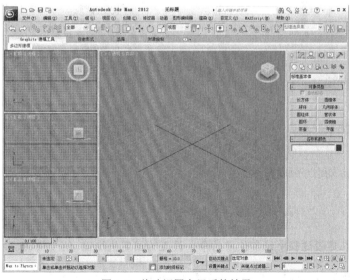

图 1-5 修改视图布局后的效果

> ▶ **技巧**
> 读者如果不喜欢这个界面布局，可以再重选择一种，3ds Max 为我们提供了 14 种界面布局方式，右下角的布局模式是系统默认的视图形式。

实 例 总 结

本实例学习了怎样通过【视口配置】命令来设置 3ds Max 的视图布局。

Example 实例 4 设置自定义菜单

视频教程	DVD\视频\第 1 章\实例 4. avi		
视频长度	4 分钟 26 秒	制作难度	★
技术点睛	设置自定义菜单		
思路分析	本实例通过【自定义用户界面】命令来学习怎样定义适合自己的菜单		

操 作 步 骤

步骤 ① 启动 3ds Max 2012 中文版。

步骤 ② 菜单【自定义】/【自定义用户界面】命令，在弹出的【自定义用户界面】对话框中选择【菜单】选项卡，单击 新建... 按钮，弹出【新建菜单】对话框，在此对话框中输入名字后单击 确定 按钮，如图 1-6 所示。此时在对话框左下方就出现了一个"常用命令"菜单项，可以将它拖到右面的主菜单栏窗口中。

步骤 ③ 在对话框左下方选择【常用命令】菜单项，然后按住鼠标左键将其拖动到窗口的右下方，如图 1-7 所示。

图 1-6 【自定义用户界面】对话框

图 1-7 【自定义用户界面】对话框

▶ **技巧**

我们可以将在建模过程中经常使用的命令设置为固定快捷键，便于快捷、准确地制作效果图。

步骤 ④ 在【类别】右侧的下拉列表中选择【Modifiers】项，在下方的窗口中选择【FFD 长方体修改器】，将其拖动到"常用命令"的下方，如图 1-8 所示。

步骤 ⑤ 使用上述同样的方法将所需要的命令拖动到"常用命令"的下方。

▶ **技巧**

我们可以将这个菜单栏保存，如果不喜欢这个设置时可单击 重置 按钮取消设置。

图 1-8　拖动所需要的命令

实例总结

本实例通过自定义一个菜单详细讲述了菜单栏的设置方法。

Example 实例 5　自定义工具栏按钮

视频教程	DVD\视频\第 1 章\实例 5. avi		
视频长度	2 分钟 12 秒	**制作难度**	★
技术点睛	自定义工具栏按钮		
思路分析	本实例通过【自定义用户界面】命令来学习怎样设置、添加工具栏上的命令按钮。使用此方法将自己常用的命令按钮设置于工具栏上，以提高工作效率		

操作步骤

步骤 1 启动 3ds Max 2012 中文版。

步骤 2 执行菜单【自定义】/【自定义用户界面】命令，在弹出的【自定义用户界面】对话框中选择【工具栏】选项卡，选择【层管理】项，然后拖动此项到主工具栏处，此时在主工具栏上就有了 （层管理）按钮，如图 1-9 所示。

图 1-9　将【层管理器】自定义到主工具栏上

步骤 ③ 使用同样的方法可以将所需要的命令添加到主工具栏上，关闭【自定义用户界面】对话框。

▶ **技巧**

如果工具栏按钮右下方带有小黑三角样式，表示其按钮下还隐藏了其他按钮，用鼠标按住此按钮不放，可显示出隐藏的其他按钮。

步骤 ④ 将鼠标指针放在主工具栏的上方，当光标箭头变为 状时，单击鼠标右键，会弹出右键快捷菜单，选择【附加】命令，此时在窗口中会出现一个【附加】工具栏。

步骤 ⑤ 如果我们要将 （阵列）按钮设置到主工具栏上，直接按住 （阵列）项往主工具栏上拖动是无效的，这时需要按住键盘上的 Alt 键，然后再向主工具栏上拖动就可以了，如图 1-10 所示。

步骤 ⑥ 如果我们要删除工具栏中多余的按钮，按住键盘中的 Alt 键，单击并向视图中拖动不想要的按钮，此时弹出【确认】对话框，单击 是(Y) 按钮就可以将主工具栏上定义的按钮删除，如图 1-11 所示。

图 1-10　定义的阵列按钮

图 1-11　删除按钮

▶ **技巧**

我们可以根据实际工作情况在工具栏中保留常用的工具，将不常用的工具删除，便于增大工作界面。

实 例 总 结

本实例对添加或删除工具栏上的按钮做了详细的讲述。

Example （实例） **6** 　设置右键菜单

视频教程	DVD\视频\第 1 章\实例 6. avi		
视频长度	1 分钟 31 秒	制作难度	★
技术点睛	设置右键菜单		
思路分析	本实例通过【自定义用户界面】命令来学习怎样为 3ds Max 2012 设置右键快捷菜单		

操 作 步 骤

步骤 ① 启动 3ds Max 2012 中文版。

步骤 ② 执行菜单【自定义】/【自定义用户界面】命令，在弹出的【自定义用户界面】对话框中选择【四元菜单】选项卡，选择【阵列】选项，然后将其拖动到右侧窗口中，如图 1-12 所示。

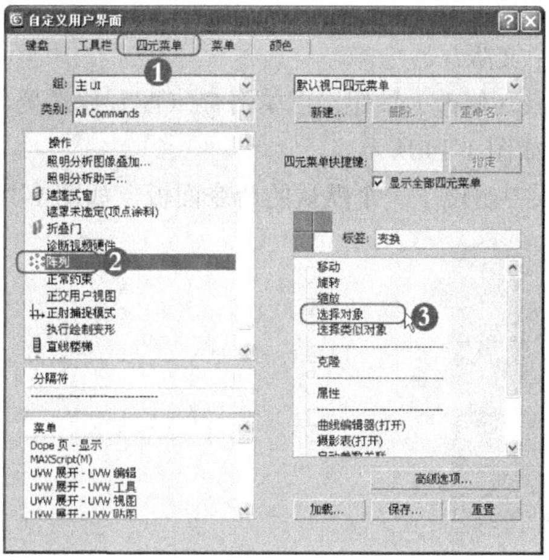

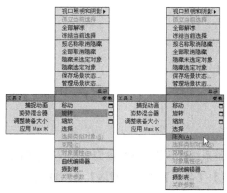

图 1-12　【定义用户界面】对话框

步骤 3 此时我们已将【阵列】命令设置为右键快捷菜单，如图 1-13 所示。

未设置右键菜单　　　　已设置右键菜单

图 1-13　菜单设置前后的效果

▶ **技巧**

我们可以按照上述方法将常用命令设置为右键菜单，便于在工作中提高作图效率。

实 例 总 结

本实例详细讲述了如何将【阵列】命令设置为右键菜单。

Example 实例 7 设置命令面板及调用

视频教程	DVD\视频\第 1 章\实例 7. avi		
视频长度	3 分钟 19 秒	制作难度	★
技术点睛	设置命令面板及调用		
思路分析	本实例通过使用命令面板中的【配置修改器集】来设置一个方便的命令面板		

操 作 步 骤

步骤 ① 启动 3ds Max 2012 中文版。

步骤 ② 单击命令面板中的 （修改）按钮，再单击 （配置修改器集）按钮，在弹出的菜单中选择【显示按钮】命令，如图 1-14 所示。

步骤 ③ 此时在修改命令面板中出现了一个默认的命令面板，如图 1-15 所示。

图 1-14　修改命令面板

图 1-15　默认命令面板

这个面板中提供的修改命令是系统默认的，下面我们来设置一个常用的修改命令面板，例如【挤出】、【车削】、【倒角】、【弯曲】、【锥化】、【晶格】、【编辑网格】、【FFD 长方体】等。

步骤 ④ 单击 （配置修改器集）按钮，在弹出的菜单中选择【配置修改器集】命令，此时弹出【配置修改器集】对话框，在【修改器】下面的窗口列表中选择所需要的命令，然后按住鼠标左键将其拖动到右侧按钮上，如图 1-16 所示。

步骤 ⑤ 使用同样的方法将所需要的命令拖过去，按钮的数量也可以自行设置，设置完成后可以将这个命令面板保存，如图 1-17 所示。

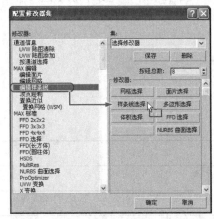

图 1-16　【配置修改器集】对话框

图 1-17　自行设置的命令面板

技巧

　　专业的设计师或绘图员都会设置一个自己常用的命令面板，这样会很方便地找到所需要的修改命令。

实 例 总 结

　　本实例讲述了如何设置一个常用命令面板，希望读者能够设置一个属于自己的修改命令面板。

Example 实例 **8** 设置界面颜色

视频教程	DVD\视频\第1章\实例8.avi		
视频长度	2分钟01秒	制作难度	★
技术点睛	设置界面颜色		
思路分析	本实例通过【自定义用户界面】命令来学习3ds Max界面颜色的设置		

操 作 步 骤

步骤 ① 启动3ds Max 2012中文版。

步骤 ② 执行【自定义】/【自定义用户界面】菜单命令，在弹出的【自定义用户界面】对话框中选择【颜色】选项卡，在【元素】右侧的下拉列表中选择【视口】项，在下面的窗口列表中选择【视口背景】；单击颜色右面的色块会弹出【颜色选择器】对话框，读者可以将红、绿、蓝分别调整为235、150、50（即橘红色），然后单击】【确定】按钮，返回，再单击 立即应用颜色 按钮，如图1-18所示。

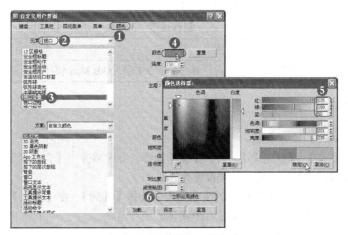

图1-18 改变视图区的颜色

步骤 ③ 此时等待一会，视口背景就变成我们所设置的颜色了，如图1-19所示。

 技巧

　　我们可以把界面中一些不便于观察的颜色改变一下，例如【冻结】后的物体与【视图】及【网格】的颜色太接近了就会影响观察效果，我们可以将【冻结】后的物体改变一下颜色。

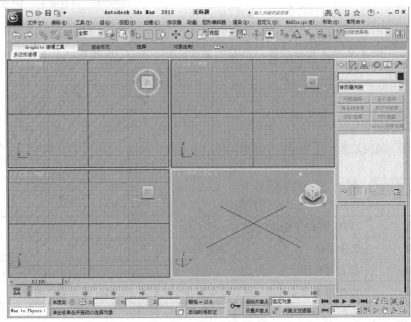

图 1-19　视图区的颜色

实 例 总 结

本实例讲述了 3ds Max 界面颜色的设置。

Example 实例 **9**　设置快捷键

视频教程	DVD\视频\第 1 章\实例 9. avi		
视频长度	3 分钟 08 秒	制作难度	★
技术点睛	3ds Max 快捷键的设置		
思路分析	本实例通过【自定义用户界面】命令来学习 3ds Max 快捷键的设置		

操 作 步 骤

步骤 ① 启动 3ds Max 2012 中文版。

步骤 ② 执行【自定义】/【自定义用户界面】菜单命令，此时将弹出【自定义用户界面】对话框，我们将要把【阵列】命令的快捷键设置为 Alt+Z。

步骤 ③ 在【自定义用户界面】窗口中的操作列表中选择【阵列】，在【热键】右侧的文本框中输入 Alt+Z，单击 指定 按钮，如图 1-20 所示。

按照上面的方法，可以将其他命令设置为你所习惯的快捷键。

步骤 ④ 单击 保存.... 按钮，将所设置的快捷键保存，它的扩展名为 .kbd。

> ▶ **技巧**
>
> 如果想在其他电脑中使用所设置的快捷键，需要将文件复制到 3ds Max 下的 UI 文件夹中，然后在【自定义用户界面】对话框中单击 加载... 按钮，再将先前保存的快捷键文件加载到当前的文件中即可使用。

图 1-20　【自定义用户界面】对话框

实 例 总 结

本实例通过设置操作命令的快捷键来学习如何对 3ds Max 的快捷键进行初步设置。

Example 实例 10　设置单位

视频教程	DVD\视频\第 1 章\实例 10. avi		
视频长度	1 分钟 24 秒	制作难度	★
技术点睛	设置 3ds Max 的单位		
思路分析	本实例通过【单位设置】命令来讲述 3ds Max 2012 中单位的设置		

操 作 步 骤

步骤 ① 启动 3ds Max 2012 中文版。

步骤 ② 执行【自定义】/【单位设置】菜单命令，此时将弹出【单位设置】对话框。

步骤 ③ 在【单位设置】对话框中选中【公制】选项，在下拉列表中选择【毫米】选项，再单击 系统单位设置 按钮，如图 1-21 所示。

步骤 ④ 此时将弹出【系统单位设置】对话框，在【系统单位比例】下方的下拉列表中选择【毫米】选项，然后单击 确定 按钮，如图 1-22 所示。

图 1-21　选择毫米

图 1-22　选择毫米

▶ **技巧**

　　我们也可以将单位设置为【厘米】，这样在建模过程中可以少输入一个"0"，具体情况也可根据公司的整体要求来确定。

步骤 ⑤ 再返回到【单位设置】窗口中单击 确定 按钮。

　　此时单位设置已完成，大家可以按照上面的操作步骤自己设置一遍，在后面的制作中我们使用的单位全部为【毫米】。

实 例 总 结

　　本实例详细讲述了如何将 3ds Max 单位设置为【毫米】的操作方法。

Example 实例 11　复制对象

案例文件	DVD\源文件素材\第 1 章\实例 11A.max	
视频教程	DVD\视频\第 1 章\实例 11. avi	
视频长度	2 分钟	**制作难度** ★
技术点睛	移动复制、旋转复制的操作	
思路分析	本实例通过复制几个单人沙发来学习【移动复制】、【旋转复制】、【镜像复制】的具体操作	

　　单人沙发复制后的的效果如图 1-23 所示。

原始物体　　　　　　　　　复制后的效果

图 1-23　复制的效果

操 作 步 骤

步骤 ① 启动 3ds Max 2012 中文版，打开随书光盘中的"源文件素材"/"第 1 章"文件夹类下的"实例 11.max"文件，如图 1-24 所示。

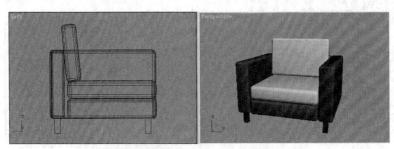

图 1-24　打开的"实例 11.max"文件

为了方便操作，我们已经将这个单人沙发成组了。

步骤② 单击工具栏中的 ❖（选择并移动）按钮，选择需要复制的沙发，按住 Shift 键，在顶视图中按住鼠标左键并沿 x 轴拖动，移动至合适位置时松开鼠标左键，此时系统弹出一个【克隆选项】对话框，选择【实例】选项，然后单击 ▢确定▢ 按钮，如图 1-25 所示。

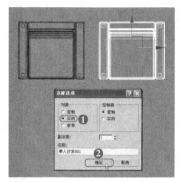

图 1-25　【克隆选项】对话框

▶ **技巧**

　　在复制的过程中，我们选择【实例】选项，可以复制出一个新的三维模型，如果修改其中的一个，其他的会跟随改变，当我们复制的造型完全一样时一定用此选项；如果造型不完全一样，需要进行修改时，应选择【复制】选项。

下面我们来讲一下旋转复制的具体操作。

步骤③ 在顶视图中选择任意一个单人沙发，按 A 键，打开角度捕捉，默认下角度捕捉的度数是 5°，单击工具栏中的 ⟳（选择并旋转）按钮，此时再按住 Shift 键，在顶视图中沿 z 轴（圆圈）旋转，效果如图 1-26 所示。

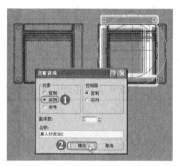

图 1-26　旋转复制

步骤④ 用移动工具将旋转复制的单人沙发移动到一边，效果如图 1-27 所示。

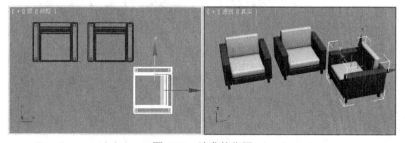

图 1-27　沙发的位置

步骤⑤ 单击工具栏中的 (镜像) 按钮, 在弹出的【镜像: 屏幕坐标】对话框中选择 *x* 轴, 设置【偏移】为-2700, 单击 确定 按钮, 如图 1-28 所示。

步骤⑥ 单击标题栏左侧的 按钮, 在下拉列表中单击【另存为】命令, 将当前的场景存储为 "实例11A.max"。

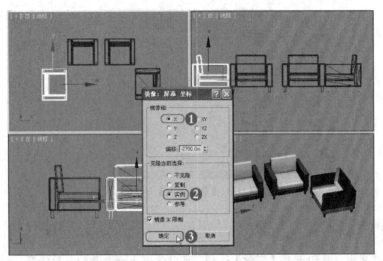

图 1-28　使用镜像进行复制

实 例 总 结

　　本实例通过复制新的单人沙发, 详细讲述了移动复制、旋转复制、镜像复制的操作方法。

Example 实例 **12** 阵列对象

案例文件	DVD\源文件素材\第 1 章\实例 12A.max		
视频教程	DVD\视频\第 1 章\实例 12. avi		
视频长度	2 分钟	制作难度	★
技术点睛	【Array】(阵列) 命令		
思路分析	本实例通过阵列一组餐椅来学习【阵列】命令的使用		

　　餐椅阵列后的效果如图 1-29 所示。

阵列前的效果　　　　　阵列后的效果

图 1-29　阵列效果

操 作 步 骤

步骤❶ 启动 3ds Max 2012 中文版, 打开随书光盘中的 "源文件素材"/"第 1 章" 文件夹类下的 "实

例 12.max "文件。

步骤② 激活顶视图，并将顶视图最大化显示。

步骤③ 选择餐椅造型，单击命令面板中的 ⌂ （层级）按钮，再单击 <kbd>仅影响轴</kbd> 按钮，在顶视图中将餐椅的轴心移动到餐桌的中间，如图 1-30 所示。

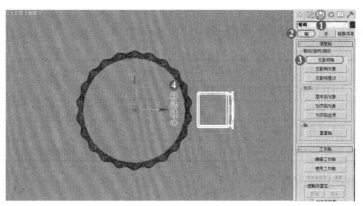

图 1-30　改变餐椅的轴心

步骤④ 单击 ❖ （创建）按钮，结束 ⌂ （层级）命令。

步骤⑤ 将鼠标指针放在工具栏的空白处，当指针箭头变为 ✋ 状时，单击右键，在弹出的菜单中选择【附加】命令，如图 1-31 所示。

步骤⑥ 此时【附加】工具栏就调出来了，确认餐椅处于选择状态，单击 ❖ （阵列）按钮，在弹出的【阵列】对话框中设置参数，如图 1-32 所示，最后单击 <kbd>确定</kbd> 按钮。

图 1-31　选择附加工具栏

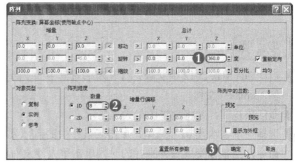

图 1-32　设置阵列参数

步骤⑦ 阵列后的效果如图 1-33 所示。

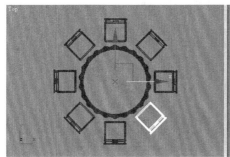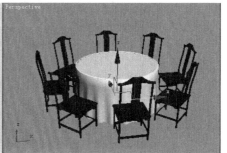

图 1-33　阵列后的效果

步骤⑧ 单击标题栏左侧的 ◉ 按钮，在下拉列表中单击【另存为】命令，将当前的场景存储为 "实例

12A.max"。

【实】【例】【总】【结】

本实例通过围绕餐桌复制多个餐椅，详细了讲述【阵列】命令的具体操作。

Example 实例 13 对齐操作

案例文件	DVD\源文件素材\第 1 章\实例 13A.max		
视频教程	DVD\视频\第 1 章\实例 13. avi		
视频长度	3 分钟	制作难度	★
技术点睛	【对齐】命令		
思路分析	本实例通过将两个沙发进行对齐操作来学习【对齐】命令的使用		

对齐后的效果如图 1-34 所示。

对齐前的沙发　　　　对齐后的沙发

图 1-34　对齐效果

【操】【作】【步】【骤】

步骤 ① 启动 3ds Max 2012 中文版，打开随书光盘中的"源文件素材"/"第 1 章"文件夹类下的"实例 13.max "文件。

步骤 ② 激活顶视图，并将顶视图最大化显示。

步骤 ③ 选择"单人沙发 01"造型，单击工具栏中的 ⬚（对齐）按钮（快捷键是 Alt+A），激活对齐命令，当鼠标变成对齐光标的时候单击单人沙发右面的扶手，在弹出的【对齐当前选择】对话框中设置参数，单击 ▭ 确定 按钮，如图 1-35 所示。

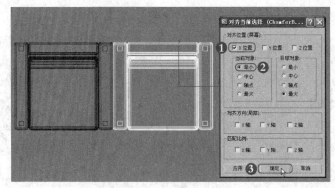

图 1-35　将沙发进行对齐

此时，两个沙发就沿 x 轴对齐了。

步骤 ④ 单击标题栏左侧的 ◉ 按钮，在下拉列表中单击【另存为】命令，将当前的场景另存储为"实例 13A.max"。

实 例 总 结

本实例通过对两个单人沙发进行对齐操作，详细讲述对齐工具的使用方法。

Example 实例 **14** 组的使用

案例文件	DVD\源文件素材\第 1 章\实例 14A.max		
视频教程	DVD\视频\第 1 章\实例 14. avi		
视频长度	2 分钟	制作难度	★
技术点睛	【成组】命令的使用		
思路分析	本实例通过将单人沙发成组来学习【组】的使用		

成组后的效果，如图 1-36 所示。

图 1-36　成组后的沙发

操 作 步 骤

步骤 ❶ 启动 3ds Max 2012 中文版，打开随书光盘中的"源文件素材"/"第 1 章"文件夹类下的"实
例 14.max"文件，如图 1-37 所示。

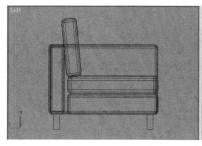 

图 1-37　打开的文件

步骤 ❷ 按 Ctrl+A 键，选择单人沙发的所有造型，执行菜单【组】/【成组】命令，在弹出的【组】对
话框中将名称命名为"单人沙发"，单击 确定 按钮，如图 1-38 所示。

> ▶ 技巧
>
> 一组物体成组以后，就是一体了，如果想修改其中某一个物体，可以执行菜单【成组】/【打
> 开】命令，此时就可以修改了，修改完成后再执行菜单【成组】/【关闭】命令，打开的物体又
> 成为一组了。

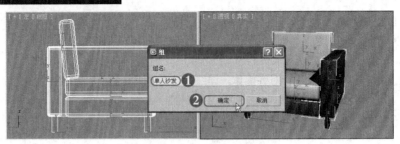

图 1-38　为单人沙发成组

步骤 ③ 单击标题栏左侧的 ⑤ 按钮，在下拉列表中单击【另存为】命令，将当前的场景存储为"实例 14A.max"。

实 例 总 结

本实例通过将一个单人沙发成组（即将多个造型组成为一个物体），详细地讲述了【成组】命令的使用。

Example 实例 **15** 捕捉的使用

案例文件	DVD\源文件素材\第 1 章\实例 15A.max	
视频教程	DVD\视频\第 1 章\实例 15. avi	
视频长度	2 分钟	制作难度 ★
技术点睛	【捕捉】命令的使用	
思路分析	本实例通过使用【捕捉】命令来学习怎样准确、快速地复制物体	

使用【捕捉】命令复制的窗户造型如图 1-39 所示。

图 1-39　使用【捕捉】命令复制的窗户

操 作 步 骤

步骤 ① 启动 3ds Max 2012 中文版，打开随书光盘中的"源文件素材"/"第 1 章"文件夹类下的"实例 15.max"文件。

步骤 ② 激活前视图，并将前视图最大化显示。

步骤 ③ 按 S 键将捕捉打开，捕捉模式采用 2.5 维捕捉，将鼠标放在按钮上方，单击右键，在弹出的【栅格和捕捉设置】对话框中设置【捕捉】及【选项】，如图 1-40 所示。

步骤 ④ 选择窗框造型，单击工具栏中的 ✛（选择并移动）按钮，按住 Shift 键，当鼠标指针右下角出现黄色捕捉框的时候水平移动窗框，放在另一个窗洞的位置，采用实例复制一个，效果如图 1-41 所示。

步骤 ⑤ 选择两个窗框，将鼠标指针放在任意一个角上，使用移动工具，配合 Shift 键，出现捕捉框的时候往下移动鼠标，在弹出的对话框中设置参数，然后单击 确定 按钮，如图 1-42 所示。

图 1-40 【栅格和捕捉设置】对话框

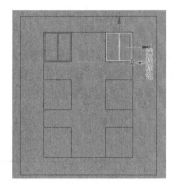

图 1-41　使用捕捉模式复制

图 1-42　垂直复制窗框

步骤 6 使用捕捉方式复制窗框后的效果如图 1-43 所示。

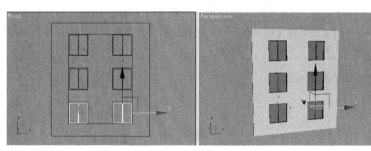

图 1-43　复制后的最终效果

步骤 7 单击标题栏左侧的 按钮，在下拉列表中单击【另存为】命令，将当前的场景存储为"实例 15A.max"。

实 例 总 结

本实例通过复制一个室外的窗户造型，详细讲述了【捕捉】命令的使用。

第2章　标准基本体的应用

本章内容

- ➤ 玻璃茶几
- ➤ 电脑桌
- ➤ 餐桌
- ➤ 时尚地灯
- ➤ 中式吊灯
- ➤ 液晶电视
- ➤ 电视柜
- ➤ 高脚凳

　　3ds Max 2012 中文版提供了非常容易使用的【标准基本体】建模工具，只需拖动鼠标便可创建一个几何体。这些基本体是靠参数来改变形态的。使用这些【标准基本体】只能制作一些简单的造型，想做出更精致的造型，需要在这些基本体的基础上施加一些修改命令或者使用高级建模来完成。

Example 实例 **16**　玻璃茶几

案例文件	DVD\源文件素材\第 2 章\实例 16.max		
视频教程	DVD\视频\第 2 章\实例 16. avi		
视频长度	2 分钟 22 秒	制作难度	★★
技术点睛	长方体 、 圆柱体 的创建及【复制】的操作		
思路分析	本实例主要通过【标准基本体】面板中的【长方体】和【圆柱体】命令制作一个简易的玻璃茶几造型		

　　本实例的最终效果如下图所示。

操 作 步 骤

步骤 ❶ 启动 3ds Max 202 中文版，将单位设置为毫米。

步骤 ❷ 单击 ✳ (创建)/ ○ (几何体)/ 长方体 按钮，在顶视图中单击并拖动鼠标创建一个长方体，作为"茶几面"。

> ▶ **技巧**
>
> 　　一个好的操作习惯是创建完物体后立即给物体命名，这样在后面的操作中就可以很轻松地按名称进行选择。

步骤 ❸ 单击 ☑ (修改) 按钮，进入修改面板，修改【长度】为 1200，【宽度】为 800，【高度】为 10，再单击视图控制区的 ⊞ (所有视图最大化显示) 按钮，效果如图 2-1 所示。

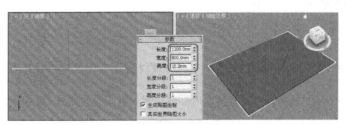

图 2-1 长方体的形态及参数

▶ 技巧

执行 ⊞（所有视图最大化显示）命令时，建议读者尝试使用快捷键，按下快捷键 Z 键，就可以将选择的物体进行最大化显示。

步骤 ④ 单击 ❊（创建）/ ◯（几何体）/ 圆柱体 按钮，在顶视图中拖动鼠标创建一个圆柱体。单击 ◪（修改）按钮，进入修改面板，修改圆柱体的【半径】为 25，【高度】为 450，作为"茶几腿"，如图 2-2 所示。

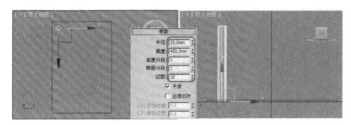

图 2-2 圆柱体的位置及参数

▶ 技巧

设置分段的目的是为了修改方便，如果在修改命令中用不到分段，那就不进行分段了，因为段数越多，面数就越多，占用的系统资源也越大，系统运行起来就会越慢。

步骤 ⑤ 在前视图或左视图中将长方体移动到圆柱体的上面。

步骤 ⑥ 激活顶视图，按下 Alt+W 键，将顶视图最大化显示。

步骤 ⑦ 选择圆柱体，单击工具栏中的 ✛（选择并移动）按钮，按住键盘上的 Shift 键，沿 x 轴拖动到合适位置后松开鼠标，会弹出一个【克隆选项】对话框，选择【实例】，然后单击 确定 按钮，如图 2-3 所示。

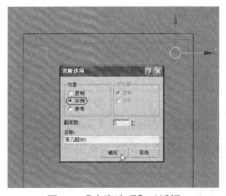

图 2-3 【克隆选项】对话框

> ▶ 技巧
>
> 在进行复制操作时，按下 Alt+W 键，可以将顶视图最大化显示，便于操作。

步骤 8 在顶视图中同时选择两个圆柱体，沿 y 轴复制一组，位置如图 2-4 所示。

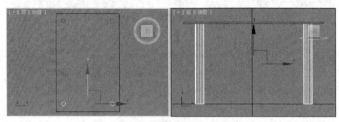

图 2-4　复制两个圆柱体的位置

步骤 9 在顶视图中选择长方体，在前视图中沿 y 轴向下复制一个，作为"搁板"。单击 ⬜（修改）按钮，进入修改面板，修改【长度】为 600，【宽度】为 1 000，高度不变，如图 2-5 所示。

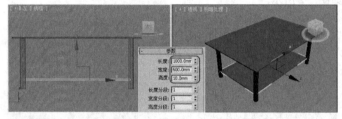

图 2-5　搁板的位置及参数

步骤 10 单击菜单栏中的 🖫（保存文件）按钮，将此造型保存为"实例 16.max"文件。

> ▶ 技巧
>
> 如果是第一次保存文件，可以按下 Ctrl+S 键进行快速保存，此时弹出【文件另存为】对话框，首先选择一个合适的路径，然后给文件命名。

实 例 总 结

本实例通过制作一个茶几造型主要学习了【长方体】及【圆柱体】的创建及修改方法，在制作茶几的过程中主要掌握【复制】命令的使用。

Example 实例 **17** 电脑桌

案例文件	DVD\源文件素材\第 2 章\实例 17.max		
视频教程	DVD\视频\第 2 章\实例 17.avi		
视频长度	4 分钟 43 秒	制作难度	★★
技术点睛	长方体 、 圆柱体 的创建及【复制】的操作		
思路分析	本实例主要通过【标准基本体】面板中的【长方体】和【圆柱体】命令制作一个简易的电脑桌造型		

本实例的最终效果图如下图所示。

操 作 步 骤

步骤 ① 启动 3ds Max 2012 中文版，将单位设置为毫米。

步骤 ② 单击 ✳ （创建）/ ◯ （几何体）/ 长方体 按钮，在顶视图中单击并拖动鼠标创建一个长方体，作为"桌面"，修改其相关参数，如图 2-6 所示。

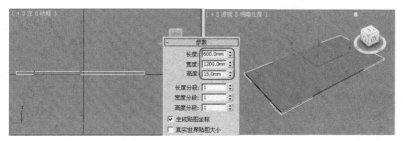

图 2-6　长方体的形态及参数

▶ **技巧**

　　创建完物体后，读者可以在透视图中按下 F4 键，此时创建的物体将会显示出它的结构线框，这样可以清楚地观看物体的结构形态。

步骤 ③ 在左视图中用移动复制的方式复制一个长方体，作为"收口边"，修改其参数并放在合适的位置，如图 2-7 所示。

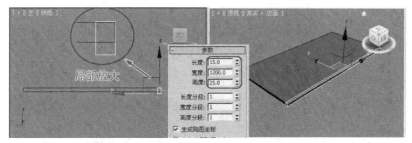

图 2-7　长方体的位置及参数

▶ **技巧**

　　当我们创建完物体之后，物体的边缘在透视图会有白色支架显示，这样会影响观察物体的形态，可以按下 J 键进行取消。

步骤 ④ 在左视图中创建一个 700×500×15 的长方体作为"桌腿"，形态及参数如图 2-8 所示。

步骤 ⑤ 确认"桌腿"处于选中状态，单击工具栏中的 🔲 （对齐）按钮，在左视图桌面的位置单击一下（当光标变为对齐光标时单击鼠标左键），在弹出的【对齐当前选择】对话框中设置选项，如图 2-9 所示，然后单击 确定 按钮。

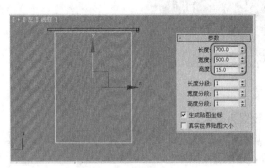

图 2-8　长方体的参数

图 2-9　【对齐当前选择】对话框

> ▶ **技巧**
>
> 在使用命令时尽量使用快捷键，【对齐】命令的默认快捷键为 Alt+A 组合键，在第 1 章中我们详细讲述了快捷键的设置。

步骤 6 在前视图中调整桌腿的位置，然后使用【实例】方式复制两个桌腿，如图 2-10 所示。

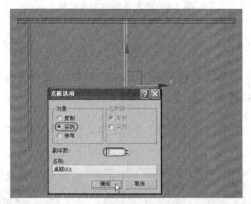

图 2-10　复制后的桌腿

步骤 7 将桌面及收口边各复制一个，作为"键盘架"，参数及位置如图 2-11 所示。

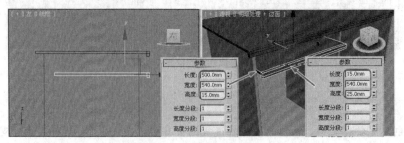

图 2-11　制作的键盘架

步骤 8 在前视图中创建一个 120×540×500 的长方体作为"抽屉"，在前视图抽屉的中间处创建一个【半径】为 12，【高度】为 10 的圆柱体作为"抽屉锁"，如图 2-12 所示。

步骤 9 单击菜单栏中的 🔲（保存文件）按钮，将此造型保存为"实例 17.max"。

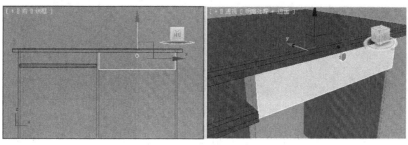

图 2-12　制作的抽屉

实 例 总 结

　　本实例通过制作一个简单的电脑桌，让我们了解了在不同的视图中创建物体，它的参数是不一样的，希望读者在制作完这个电脑桌之后，熟练地掌握所学习的命令。

Example 实例 **18**　餐桌

案例文件	DVD\源文件素材\第 2 章\实例 18.max		
视频教程	DVD\视频\第 2 章\实例 18. avi		
视频长度	3 分钟 48 秒	制作难度	★★
技术点睛	长方体 、 管状体 、 茶壶 的创建		
思路分析	本实例通过制作一个简洁的餐桌造型来学习【长方体】、【管状体】、【茶壶】的创建方法及参数的精确修改		

　　本实例的最终效果如右图所示。

操 作 步 骤

步骤 1 启动 3ds Max 2012 中文版，将单位设置为毫米。

步骤 2 在顶视图中创建一个管状体作为餐桌面的框架，参数及形态如图 2-13 所示。

步骤 3 单击工具栏中的 🔘（选择并旋转）按钮，按下 A 键，打开【角度捕捉】对话框，在顶视图中沿 z 轴旋转 45°，效果如图 2-14 所示。

步骤 4 在顶视图启用捕捉创建一个长方体作为"玻璃面"，形态及参数设置如图 2-15 所示。

步骤 5 在顶视图启用捕捉模式在管状体的角上创建一个长方体作为"桌腿"，将其移动到桌面的下面，位置及参数如图 2-16 所示。

步骤 6 在顶视图启用捕捉模式将"桌腿"实例复制 3 条，位置如图 2-17 所示。

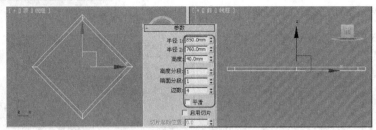

图 2-13　管状体的形态及参数

步骤 (7) 单击 　茶壶　 按钮，在顶视图中拖动鼠标创建一个【半径】为 120 的茶壶，再将其复制一个，修改【半径】为 60，取消【壶嘴】、【壶盖】，作为茶杯，然后实例复制 3 个，效果如图 2-18 所示。

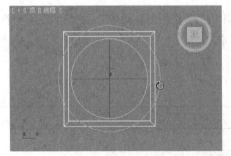

图 2-14　对【管状体】进行旋转

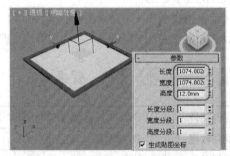

图 2-15　【长方体】的参数及位置

图 2-16　长方体的参数及位置

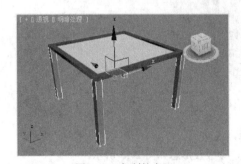

图 2-17　复制的桌腿

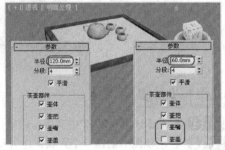

图 2-18　创建的茶壶

步骤 (8) 保存文件，命名为"实例 18.max"。

实 例 总 结

本例通过制作简单的餐桌学习了【长方体】、【管状体】、【茶壶】的创建及修改操作。

案例文件	DVD\源文件素材\第 2 章\实例 19.max		
视频教程	DVD\视频\第 2 章\实例 19. avi		
视频长度	4 分钟 34 秒	制作难度	★ ★
技术点睛	圆锥体 、 圆柱体 、 球体 的创建		
思路分析	本实例通过制作一个时尚地灯造型来学习【标准基本体】面板中的【圆锥体】、【圆柱体】和【球体】的创建方法及【半球】参数的调整		

本实例的最终效果如下图所示。

操 作 步 骤

步骤 ① 启动 3ds Max 2012 中文版，将单位设置为毫米。

步骤 ② 单击 （创建）/ （几何体）/ 圆锥体 按钮，在顶视图中创建一个圆锥体，作为地灯的"灯座"，形态及参数设置如图 2-19 所示。

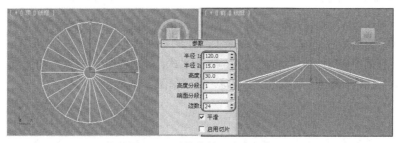

图 2-19 圆锥体的形态及参数

步骤 ③ 单击 （创建）/ （几何体）/ 圆柱体 按钮，在顶视图中单击并拖动鼠标创建一个圆柱体，作为地灯的"灯杆"，位置及参数设置如图 2-20 所示。

图 2-20 圆柱体的形态及参数

步骤 ④ 单击 （创建）/ （几何体）/ 球体 按钮，在左视图中单击并拖动鼠标创建一个球体，作为地灯的"灯罩"，位置及参数设置如图2-31所示。

步骤 5 单击工具栏中的 ⚒ （角度捕捉）按钮，启用【角度捕捉】，将光标放在该按钮的上方，单击鼠标右键，此时会弹出【栅格和捕捉设置】对话框，将【角度】设置为45°，如图2-22所示。

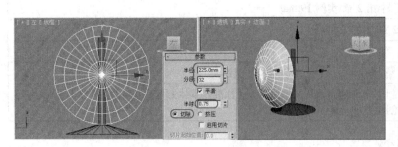

图2-21　球体的形态及参数　　　　　　图2-22　【栅格和捕捉设置】对话框

步骤 6 单击工具栏中的 ↻ （选择并旋转）按钮，在前视图中旋转45°，效果如图2-23所示。

步骤 7 使用工具栏中的 ⚏ （镜像）命令在前视图中沿 x 轴镜像复制一个半球，效果如图 2-24 所示。

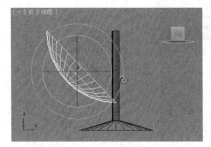
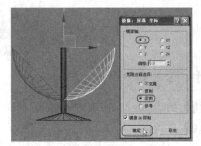

图2-23　对球体进行旋转　　　　　　　图2-24　镜像一个半球

步骤 8 在前视图中同时选择两个半球体，再沿 y 轴镜像复制一组，启用捕捉命令将其移动到合适的位置，如图2-25所示。

步骤 9 在前视图中使用旋转复制的方式复制一个半球，在顶视图中再旋转一下，并将其放在合适的位置，在顶视图沿 y 轴镜像一个半球，位置如图2-26所示。

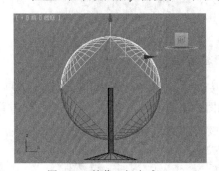
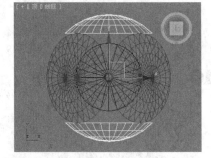

图2-25　镜像一组半球　　　　　　　图2-26　使用捕捉将其移动到合适的位置

步骤 10 旋转复制3个灯杆，修改其参数，作为地灯的灯架，位置及参数如图2-27所示。

步骤 11 保存文件，命名为"实例19.max"。

实 例 总 结

　　本实例制作了一个简单的时尚地灯，首先创建【圆锥体】生成"灯座"，再创建【圆柱体】生成"灯杆"，创建【球体】，然后调整【半球】生成"灯罩"，再使用【镜像】与旋转复制得到其他的地灯灯罩，最终生成地灯造型。

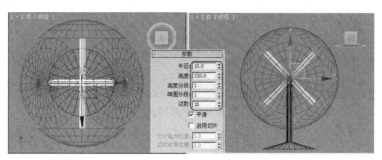

图 2-27　制作的灯架

Example 实例 **20** 中式吊灯

案例文件	DVD\源文件素材\第 2 章\实例 20.max		
视频教程	DVD\视频\第 2 章\实例 20. avi		
视频长度	6 分钟	制作难度	★★
技术点睛	管状体 、 圆柱体 的创建		
思路分析	本实例通过制作古典的中式吊灯造型来学习【标准基本体】中的【管状体】和【圆柱体】的创建方法及参数的精确修改		

本实例的最终效果如下图所示。

操作步骤

步骤 1 启动 3ds Max 2012 中文版，将单位设置为毫米。

步骤 2 单击 （创建）/ （几何体）/ 管状体 按钮，在顶视图中单击并拖动鼠标创建一个管状体作为"吊灯布"，参数设置如图 2-28 所示。

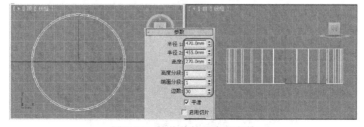

图 2-28　管状体的形态及参数

步骤 3 在前视图移动复制一个管状体，作为吊灯的"金属圈"，位置及参数设置如图 2-29 所示。

图 2-29　复制的管状体的参数及位置

▶ 技巧

按住 Shift 键，在移动光标时直接使用移动工具点一下鼠标左键，就可以在来源的位置复制一个物体。

步骤④ 使用同样的方法制作出里面的灯布，位置及参数设置如图 2-30 所示。

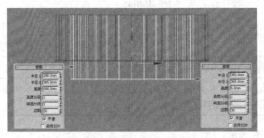

图 2-30　管状体的位置及参数设置

步骤⑤ 使用同样的方法在管状体内部再制作两组灯布，形态如图 2-31 所示。

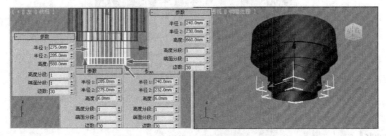

图 2-31　制作里面的两组灯布

步骤⑥ 在顶视图中创建一个圆柱体，将吊灯的上方盖住，再创建两个圆柱体，分别作为"灯杆"和"灯座"，位置及参数设置如图 2-32 所示。

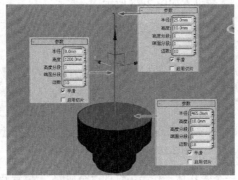

图 2-32　制作的灯杆

步骤 7　保存文件，命名为"实例 20.max"文件。

实 例 总 结

本例通过制作一个古典的中式吊灯来学习【管状体】、【圆柱体】的创建与使用。

Example 实例 21　液晶电视

案例文件	DVD\源文件素材\第 2 章\实例 21.max		
视频教程	DVD\视频\第 2 章\实例 21. avi		
视频长度	3 分钟 22 秒	制作难度	★★
技术点睛	长方体 、 球体 的创建及【复制】操作		
思路分析	本实例通过制作一个现代的液晶电视造型来学习【长方体】、【球体】的创建方法及参数的精确修改		

本实例的最终效果如下图所示。

操 作 步 骤

步骤 1　启动 3ds Max 2012 中文版，将单位设置为毫米。

步骤 2　在前视图中创建一个 820×1300×50 的长方体，作为"电视机壳"，形态及参数如图 2-33 所示。

图 2-33　长方体的形态及参数

步骤 3　在前视图使用移动复制的方式复制一个长方体，作为"电视的黑边"，修改参数为 750×1150×5，参数及位置如图 2-34 所示。

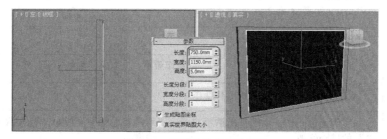

图 2-34　复制的长方体的参数

▶ **技巧**

在创建第 2 个长方体时，直接将创建的第 1 个长方体使用复制方式复制一个，再修改参数就可以了。

步骤 ④ 在前视图中再复制一个长方体，作为"电视的屏幕"，修改参数为 700×1100×2，参数及位置如图 2-35 所示。

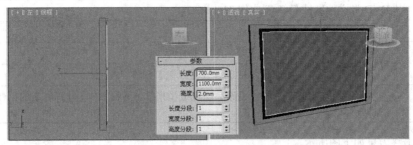

图 2-35　复制的长方体的参数

步骤 ⑤ 在前视图中创建一个 10×80×2 的长方体，再参照长方体的比例创建 4 个半球来代表电视上的按钮，位置如图 2-36 所示。

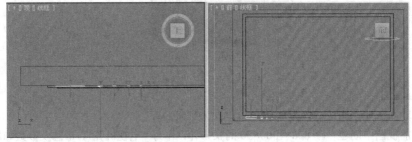

图 2-36　创建长方体及半球

步骤 ⑥ 保存文件，命名为"实例 21.max"。

实 例 总 结

本例通过制作一个简单的液晶电视造型学习了【长方体】、【球体】的创建及修改，首先创建【长方体】作为"电视机壳"，然后复制一个并修改参数，生成电视的黑边，最后创建出大小不等的【长方体】，并利用【球体】生成按钮。

Example **实例** **22** 电视柜

案例文件	DVD\源文件素材\第 2 章\实例 22.max		
视频教程	DVD\视频\第 2 章\实例 22. avi		
视频长度	2 分钟 31 秒	制作难度	★★
技术点睛	长方体 的创建及【复制】操作		
思路分析	本实例通过制作一个电视柜造型来学习【标准基本体】面板中【长方体】的创建方法及参数的精确修改		

本实例的最终效果如下图所示。

操作步骤

步骤 1 启动 3ds Max 2012 中文版，将单位设置为毫米。

步骤 2 单击 ✳ （创建）/○ （几何体）/ 长方体 按钮，在顶视图中单击并拖动鼠标创建一个长方体，作为"柜架"，参数设置如图 2-37 所示。

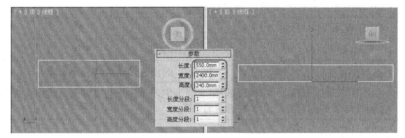

图 2-37　长方体的形态及参数

步骤 3 在前视图中创建两个长方体，作为"柜门"及"把手"，参数及位置如图 2-38 所示。

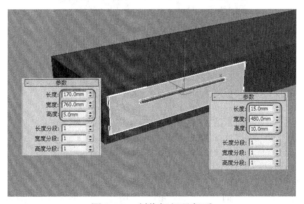

图 2-38　制作柜门及把手

步骤 4 复制两组制作的柜门及把手，位置及形态如图 2-39 所示。

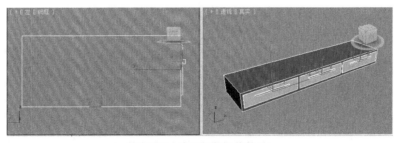

图 2-39　电视柜的最终效果

▶ 技巧

制作完一个完整的造型后，最好将所有的物体成为一组，这样便于管理。首先选择要成为一组的物体，然后执行菜单【组】/【成组】命令，就可以将所有选择的物体成组，如果想改变其中组成物体的参数，执行菜单【组】/【打开】命令即可。

步骤 5 保存进行，命名为"实例 22.max"。

实 例 总 结

本实例制作了一个简单的电视柜，通过这个例子，读者应该对基本作图流程有一个大体的了解。

Example 实例 23 高脚凳

案例文件	DVD\源文件素材\第 2 章\实例 23.max		
视频教程	DVD\视频\第 2 章\实例 23. avi		
视频长度	3 分钟 59 秒	制作难度	★★
技术点睛	圆锥体 、 圆环 、 圆柱体 的创建及【旋转复制】操作		
思路分析	本实例通过制作一个酒吧高脚凳造型来学习【标准基本体】面板中【圆锥体】、【圆环】、【圆柱体】的创建方法及参数的精确修改		

本实例的最终效果如右图所示。

操 作 步 骤

步骤 1 启动 3ds Max 2012 中文版，将单位设置为毫米。

步骤 2 单击 （创建）/ （几何体）/ 圆锥体 按钮，在顶视图中单击并拖动鼠标创建一个的圆锥体，作为"凳座"，形态及参数如图 2-40 所示。

步骤 3 在顶视图中创建两个圆环作为"装饰线"，形态及参数如图 2-41 所示。

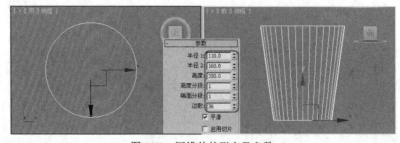

图 2-40 圆锥体的形态及参数

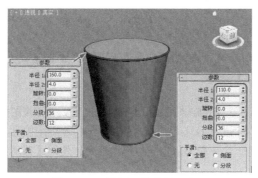

图 2-41　两个圆环的参数及位置

步骤 4 在顶视图中创建一个圆柱体作为"支架"，形态及参数如图 2-42 所示。

步骤 5 复制两个上面创建的圆环，参数及位置如图 2-43 所示。

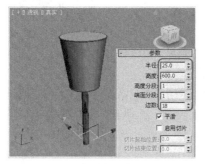

图 2-42　圆柱体的参数及位置

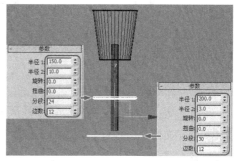

图 2-43　两个圆环的参数及位置

步骤 6 在顶视图中创建一个圆锥体作为"底座"，形态及参数如图 2-44 所示。

步骤 7 在前视图中创建一个圆柱体作为"支架"，形态及参数如图 2-45 所示。

步骤 8 在左视图中对圆柱体进行旋转，效果如图 2-46 所示。

步骤 9 激活工具栏中的 （角度捕捉切换）按钮，将光标放在该按钮的上方，单击鼠标右键，弹出
【栅格和捕捉设置】对话框，设置【角度】为 120°，如图 2-47 所示。

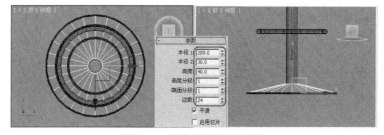

图 2-44　圆锥体的形态及参数

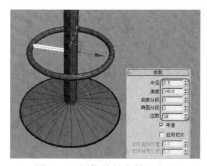

图 2-45　圆柱体的参数及位置

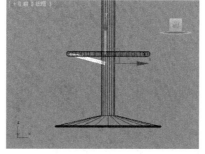

图 2-46　对圆柱体进行旋转　图 2-47　【栅格和捕捉设置】对话框

> ▶ 技巧
>
> 　　在激活 （角度捕捉切换）命令时建议读者使用快捷键来完成，这是一个好习惯，按下 A 键，就可以激活【角度捕捉】命令。

步骤 ⑩ 单击工具栏中的 （选择并旋转）按钮，按住 Shift 键，在顶视图中沿 z 轴将其旋转 120°，在弹出的【克隆选项】对话框中点选【实例】，然后单击 确定 按钮，如图 2-48 所示。

　　此时的支架已旋转复制了 3 个，位置可能有点不太理想，便用【移动】工具调整一下就可以了，最终效果如图 2-49 所示。

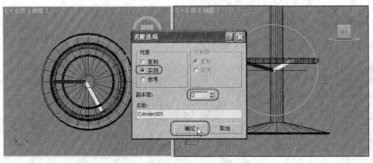

图 2-48　对支架进行旋转复制　　　　　　　　　图 2-49　高脚凳的最终效果

步骤 ⑪ 保存文件，命名为"实例 23.max"。

实 例 总 结

　　本实例通过制作现代的高脚凳造型学习了【圆锥体】、【圆柱体】、【圆环】的创建与修改，并对旋转复制操作进行了详细讲述，以及怎样准确地对物体的角度进行旋转。

第3章 扩展及特殊基本体的应用

本章内容

- ➤ 单人沙发
- ➤ 凳子
- ➤ 装饰柱

- ➤ 艺术茶几
- ➤ 套几
- ➤ 旋转楼梯

- ➤ 推拉门
- ➤ 旋开窗

　　上一章我们带领大家使用【标准基本体】制作了很多简单的家具，如果想要制作一些带有圆倒角或特殊形状的物体它们就无能为力了，这时我们可以通过【扩展基本体】及一些【特殊的基本体】工具来完成，与【标准基本体】相比，它们造型要复杂一些，但还是属于相对简单的几何体建模。

Example 实例 24　单人沙发

案例文件	DVD\源文件素材\第3章\实例24.max		
视频教程	DVD\视频\第3章\实例24. avi		
视频长度	5分钟36秒	制作难度	★★
技术点睛	切角长方体 、 圆柱体 的创建及【对齐】、【复制】的操作		
思路分析	本实例通过制作简单的单人沙发造型，来学习【扩展基本体】面板中【切角长方体】的创建方法及参数的修改		

　　本实例的最终效果如右图所示。

操 作 步 骤

步骤① 启动 3ds Max 2012 中文版，将单位设置为毫米。

步骤② 单击 ✹（创建）/○（几何体）/扩展基本体 ▾/ 切角长方体 按钮，如图3-1所示。

步骤③ 在顶视图中单击并拖动鼠标创建一个【切角长方体】作为"沙发底座"，如图3-2所示。

步骤④ 单击 ◪（修改）按钮进入修改面板，修改【长度】为600，【宽度】为600，【高度】为130，【圆角】为20，【圆角分段】为3，如图3-3所示。

图3-1　激活【切角长方体】按钮

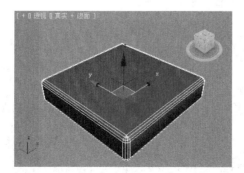

图3-2　创建切角长方体

图3-3　参数设置

▶ **技巧**

　　【切角长方体】的创建与【长方体】的创建方式基本一样，唯一的区别是前者为 3 次创建完成，多了两项参数，它们分别是【圆角】和【圆角分段】。

步骤 ⑤ 在前视图中使用移动复制的方式，将【切角长方体】沿 y 轴向上复制一个，将【圆角】修改为 30，作为"沙发座"，如图 3-4 所示。

步骤 ⑥ 确认复制的切角长方体处于选择状态，按下 Alt+A 组合键，激活【对齐】命令，在前视图中单击下面的切角长方体，参数设置如图 3-5 所示。

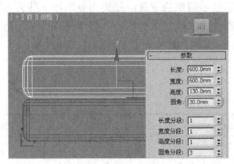

图 3-4　参数及形态

图 3-5　参数设置

步骤 ⑦ 在前视图中创建一个【长度】为 450，【宽度】为 720，【高度】为 120，【圆角】为 20，【圆角分段】3 的切角长方体，作为"扶手"造型，位置及参数设置如图 3-6 所示。

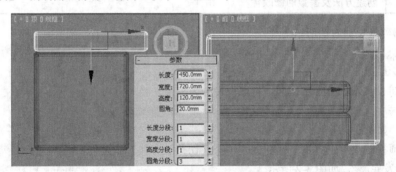

图 3-6　"扶手"造型的位置及参数

步骤 ⑧ 在顶视图中"扶手"的下面创建一个 40×40×100 的长方体，作为"沙发腿"，复制另一个长方体，位置及参数设置如图 3-7 所示。

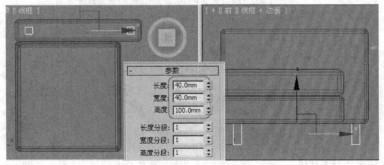

图 3-7　"沙发腿"造型的位置及参数

▶ **技巧**

使用【长方体】来制作沙发腿，要比使用【切角长方体】的面片少 17 倍，所以一定要合理控制好物体的面片数量。

步骤 9 在顶视图中框选 "扶手"、沙发腿" 造型，使用实例复制的方式将其复制一组，位置如图 3-8 所示。

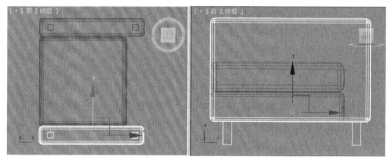

图 3-8 复制后的形态

步骤 10 在左视图中创建一个【长度】450，【宽度】600，【高度】120，【圆角】15，【圆角分段】3 的【切角长方体】，作为沙发 "靠背" 造型，位置及参数设置如图 3-9 所示。

步骤 11 再复制一个切角长方体，将其放在沙发座的上面，调整一下参数，再使用工具栏中的 ↻ （旋转）按钮在前视图中旋转一下，位置及参数如图 3-10 所示。

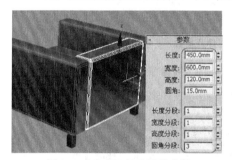

图 3-9 "靠背" 的位置及参数

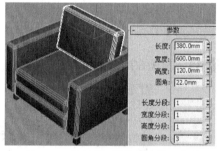

图 3-10 复制的 "靠背" 参数及位置

步骤 12 保存文件，命名为 "实例 24.max"。

实 例 总 结

本实例通过制作简单的沙发学习了【切角长方体】的创建方法，首先在不同的视图中创建【切角长方体】，然后使用复制方式生成其他部分，使用【对齐】命令将它们对齐，通过创建【长方体】来生成 "沙发腿"。

Example 实例 **25** 凳子

案例文件	DVD\源文件素材\第 3 章\实例 25.max		
视频教程	DVD\视频\第 3 章\实例 25. avi		
视频长度	2 分钟 36 秒	制作难度	★★
技术点睛	切角长方体 的创建及【复制】的操作		
思路分析	本实例通过制作凳子造型来学习【扩展基本体】面板中【切角长方体】的创建方法及参数的修改		

本实例的最终效果如下页图所示。

操 作 步 骤

步骤 ① 启动 3ds Max 2012 中文版，将单位设置为毫米。

步骤 ② 单击 ※（创建）/ ○（几何体）/ 扩展基本体 ∨ / 切角长方体 按钮，在顶视图中单击并拖动鼠标创建一个切角长方体，作为"凳子软垫"，参数及形态如图 3-11 所示。

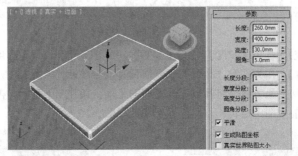

图 3-11 创建的切角长方体及参数

步骤 ③ 在前视图中沿 y 轴向下复制一个切角长方体作为凳子的"横撑"，位置及参数设置如图 3-12 所示。

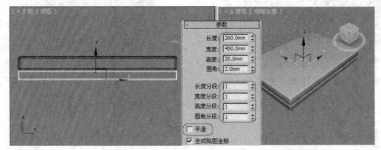

图 3-12 制作凳子的"横撑"

步骤 ④ 将凳子的横撑复制一个，修改其参数并调整位置作为"凳子腿"，如图 3-13 所示。

步骤 ⑤ 在前视图中选择制作的凳子腿，沿 x 轴以实例方式复制一个，完成凳子的制作，效果如图 3-14 所示。

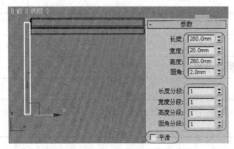

图 3-13 复制的切角长方体

图 3-14 最终效果

步骤 6 保存文件，命名为"实例 25.max"。

实 例 总 结

本实例通过制作简单的凳子造型学习了【切角长方体】的创建，通过精确修改不同的参数来制作出凳子的不同组成部分。

Example 实例 26 装饰柱

案例文件	DVD\源文件素材\第 3 章\实例 26.max		
视频教程	DVD\视频\第 3 章\实例 26. avi		
视频长度	1 分钟	制作难度	★★
技术点睛	软管 的创建		
思路分析	本实例通过制作一个简单的装饰柱造型来学习【扩展基本体】面板中的【软管】的创建方法及参数的精确修改		

装饰柱的最终效果如下图所示。

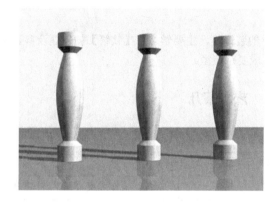

操 作 步 骤

步骤 1 启动 3ds Max 2012 中文版，将单位设置为毫米。

步骤 2 单击 ✱（创建）/ ○（几何体）/ 扩展基本体 ∨ / 软管 按钮，在顶视图中单击并拖动鼠标创建一个软管，作为"装饰柱"，如图 3-15 所示。

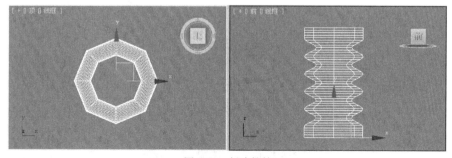

图 3-15　创建软管

步骤 3 单击 ◢（修改）按钮，进入修改面板，对软管的参数进行修改，如图 3-16 所示，此时软管的形态如图 3-17 所示。

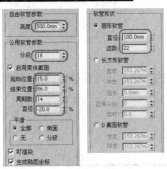

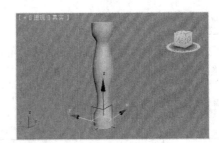

图 3-16 软管的参数　　　　　　　　图 3-17 软管的形态

▶ **技巧**

　　读者可以通过调整各项参数来得到意想不到的造型，其中相关的参数不是靠死记硬背的，而是需要通过经常使用来灵活掌握。

步骤 4 保存文件，命名为"实例 26.max"。

实 例 总 结

　　本实例通过制作一个简单的装饰柱，主要学习了【软管】的创建及参数修改，通过这个例子，希望读者能够通过简单的物体来生成复杂造型。

Example 实例 27 艺术茶几

案例文件	DVD\源文件素材\第 3 章\实例 27.max		
视频教程	DVD\视频\第 3 章\实例 27. avi		
视频长度	3 分钟 06 秒	制作难度	★★
技术点睛	切角圆柱体 、 环形结 的创建及修改		
思路分析	本实例通过制作一个艺术茶几造型来学习【环形结】、【切角圆柱体】的创建方法，以及参数的精确修改		

　　本实例的最终效果如下图所示。

操 作 步 骤

步骤 1 启动 3ds Max 2012 中文版，将单位设置为毫米。

步骤 2 单击 （创建）/ （几何体）/扩展基本体 / 环形结 按钮，在顶视图中单击并拖动鼠标创建一个环形结，作为"支架"，参数及形态如图 3-18 所示。

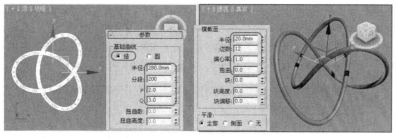

图 3-18　创建的环形结及参数

步骤 ③ 单击 ✳ （创建）/ ○ （几何体）/ 扩展基本体 ▽ / 切角圆柱体 按钮，在顶视图单击并拖动鼠标创建一个切角圆柱体，作为"茶几面"，参数及形态如图 3-19 所示。

步骤 ④ 在顶视图中创建几个茶壶作为装饰，效果如图 3-20 所示。

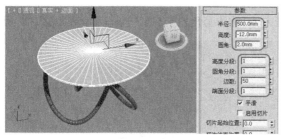

图 3-19　创建的【切角圆柱体】及参数

图 3-20　制作的最终效果

步骤 ⑤ 保存文件，命名为"实例 27.max"。

实 例 总 结

本实例通过制作一个简单的艺术茶几，主要学习了【环形结】、【切角圆柱体】的创建，通过创建环形结生成"支架"，通过创建切角圆柱体生成"茶几面"，最后创建几个茶壶作为装饰。

Example 实例 **28**　套几

案例文件	DVD\源文件素材\第 3 章\实例 28.max		
视频教程	DVD\视频\第 3 章\实例 28. avi		
视频长度	3 分钟 30 秒	制作难度	★ ★
技术点睛	切角长方体 、　长方体 、　C-Ext 的创建及【复制】的操作		
思路分析	本实例通过制作一组套几造型来学习【扩展基本体】面板中的【切角长方体】、【C-Ext】（C 形拉伸体）的创建方法及参数的精确修改		

本实例的最终效果如下图所示。

操 作 步 骤

步骤 ① 启动 3ds Max 2012 中文版，将单位设置为毫米。

步骤 ② 单击 ※（创建）/○（几何体）/扩展基本体 ∨/切角长方体 按钮，在顶视图中单击并拖动鼠标创建一个切角长方体，作为"套几面"，参数如图 3-21 所示。

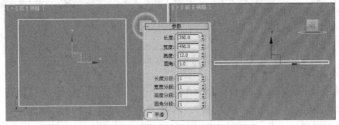

图 3-21 "套几面"造型的位置及参数

步骤 ③ 在顶视图中创建一个 340×440×10 的长方体，作为套几的"支架"，形态及参数如图 3-22 所示。

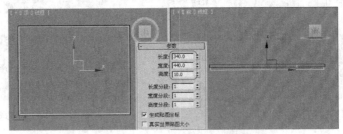

图 3-22 长方体的位置及参数

步骤 ④ 单击 ※（创建）/○（几何体）/扩展基本体 ∨/ C-Ext （C 形拉伸体）按钮，在左视图中单击并拖动鼠标创建一个 C-Ext。进入修改命令面板，修改各项参数，沿 z 轴旋转-90°，如图 3-23 所示。

图 3-23 C 形拉伸体的形态及参数

步骤 ⑤ 在前视图中使用实例方式复制一个，位置如图 3-24 所示。

步骤 ⑥ 使用同样的方法再制作出两个小的套几，中间的尺寸为 300×350，高度为 350，小套几的尺寸为 300×200，高度为 280，最终效果如图 3-25 所示。

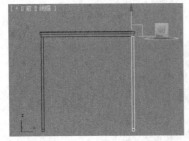

图 3-24 复制后的位置

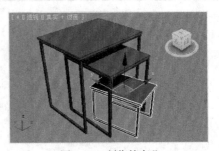

图 3-25 制作的套几

步骤 ⑦ 保存文件，命名为"实例 28.max"。

实 例 总 结

本实例通过制作一组现代的套几造型学习了【切角长方体】、【C-Ext】（C 形拉伸体）的创建及修改。首先通过创建【切角长方体】作为"套几面"，然后再创建【长方体】和【C-Ext】（C 形拉伸体）生成套几的支架和腿。

Example 实例 **29** 旋转楼梯

案例文件	DVD\源文件素材\第 3 章\实例 29.max		
视频教程	DVD\视频\第 3 章\实例 29. avi		
视频长度	2 分钟 48 秒	制作难度	★★
技术点睛	 的创建及精确修改		
思路分析	本实例通过制作一个简单的旋转楼梯造型来学习【楼梯】面板中【旋转楼梯】的创建及参数的修改		

本实例的最终效果如下图所示。

操 作 步 骤

步骤 ① 启动 3ds Max 2012 中文版，将单位设置为毫米。

步骤 ② 单击 （创建）/ （几何体）按钮，在 标准基本体 下拉列表中选择 楼梯 ，然后单击 螺旋楼梯 按钮，在顶视图中单击并拖动鼠标创建一个旋转楼梯，如图 3-26 所示。

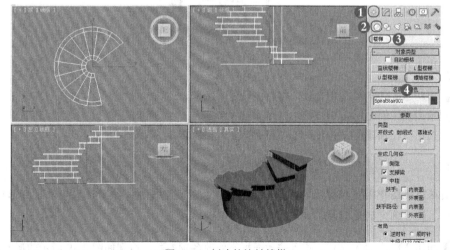

图 3-26　创建的旋转楼梯

步骤 **3** 单击 （修改）按钮进入修改面板，修改各项参数，得到图 3-27 所示的形态。

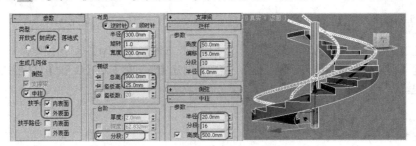

图 3-27　创建的旋转楼梯及参数

步骤 **4** 保存文件，命名为"实例 29.max"。

实例总结

本实例通过制作一个简单的旋转楼梯来学习【楼梯】面板中的【旋转楼梯】的使用及参数的调整。

Example 实例 **30** 推拉门

案例文件	DVD\源文件素材\第 3 章\实例 30.max		
视频教程	DVD\视频\第 3 章\实例 30. avi		
视频长度	2 分钟 21 秒	制作难度	★★
技术点睛	推拉门 的创建及精确修改		
思路分析	本实例通过制作一个简单的推拉门造型来学习【门】面板中【推拉门】的创建及参数的调整		

本实例的最终效果如下图所示。

操作步骤

步骤 **1** 启动 3ds Max 2012 中文版，将单位设置为毫米。

步骤 **2** 单击 （创建）/ （几何体）按钮，在 标准基本体 类下选择 门 ，然后单击 推拉门 按钮，在顶视图中单击并拖动鼠标创建一个推拉门，如图 3-28 所示。

> ▶ 技巧
>
> 　　我们在顶视图中创建推拉门时，首先设置的是推拉门的宽度，然后通过拖动鼠标来确定推拉门的厚度，最后确定的是推拉门的高度。

步骤 **3** 单击 （修改）按钮，进入修改面板，修改各项参数，得到如图 3-29 所示的形态。

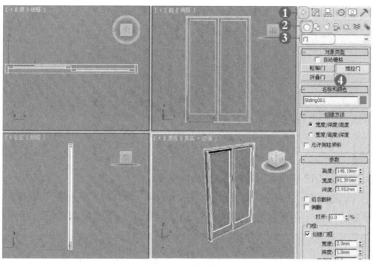

图 3-28　创建的推拉门

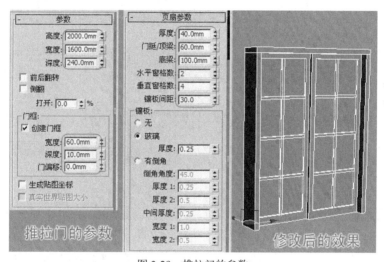

图 3-29　推拉门的参数

步骤 4 保存文件，命名为"实例 30.max"。

实 例 总 结

本实例通过制作一个简单的推拉门造型来学习【门】面板中的【推拉门】的使用及参数的调整。

Example 实例 **31** 旋开窗

案例文件	DVD\源文件素材\第 3 章\实例 31.max		
视频教程	DVD\视频\第 3 章\实例 31. avi		
视频长度	1 分钟 48 秒	制作难度	★★
技术点睛	旋开窗 的创建及精确修改		
思路分析	本实例通过制作一个简单的窗户造型来学习【窗】面板中的【旋开窗】的创建及参数的调整		

本实例的最终效果如下图所示。

操 作 步 骤

步骤 ① 启动 3ds Max 2012 中文版，将单位设置为毫米。

步骤 ② 单击 ✛（创建）/ ○（几何体）按钮，在 标准基本体 下拉列表下选择 窗 ，然后单击 旋开窗 按钮，在顶视图中单击并拖动鼠标创建一个旋开窗造型，如图 3-30 所示。

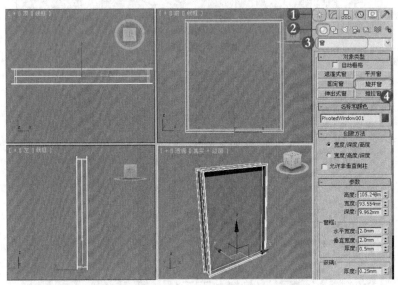

图 3-30 创建的旋开窗

步骤 ③ 单击 ◿（修改）按钮，进入修改面板，修改各项参数，得到如图 3-31 所示的形态。

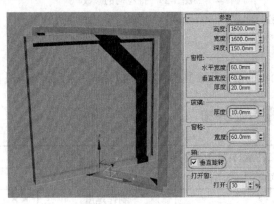

图 3-31 旋开窗的参数

步骤 ④ 保存文件，命名为"实例 31.max"。

实 例 总 结

本实例通过制作一个简单的旋开窗造型来学习【窗】面板中【旋开窗】的使用及参数的调整。

第4章 二维线形的应用

本章内容

- ➤ 铁艺圆凳
- ➤ 中式花饰
- ➤ 垃圾筒
- ➤ 铁艺扶手
- ➤ 搁物架
- ➤ 衣架

在上一章中，我们讲述了扩展基本体的创建和参数的修改，但是在制作效果图时，经常会遇到更为复杂的造型，所以仅使用标准基本体和扩展基本体往往无法完全满足制作效果图的需要。

二维图形在效果图的建模中起着非常重要的作用，通常我们建立的三维模型的方式大都是先创建二维线形，然后添加相应的修改器来完成的，这是效果图制作过程中使用频率最多的一种方法。3ds Max 的二维图形有两类，分别是样条线和 NURBS 曲线，两者都可以作为三维建模的基础或者作为控制器的路径，但它们在计算、生成三维物体的方法上有着本质的区别。NURBS 的算法比较繁琐，但可以非常灵活地控制最后生成的曲线，常用于制作一些复杂的曲面造型。

在本章中我们将着重向大家讲述二维线形的创建及编辑、修改的方法。

Example 实例 **32** 铁艺圆凳

案例文件	DVD\源文件素材\第 4 章\实例 31.max		
视频教程	DVD\视频\第 4 章\实例 31.avi		
视频长度	4 分钟 27 秒	制作难度	★★
技术点睛	线 、 圆 的绘制及【渲染】参数的作用		
思路分析	本实例通过制作铁艺圆凳造型来学习【圆】及【线】的绘制与修改		

本实例的最终效果如下图所示。

操作步骤

步骤 ① 启动 3ds Max 2012 中文版，将单位设置为毫米。

步骤 ② 单击 ❉（创建）/ ◯（几何体）/ 切角圆柱体 按钮，在顶视图中单击并拖动鼠标创建一个切角圆柱体作为"凳座"，参数及形态如图 4-1 所示。

步骤 ③ 单击 ❉（创建）/ ◠（线形）/ 圆 按钮，在顶视图中绘制一个【半径】为 150 的圆，设置一下【渲染】卷展栏下的参数，如图 4-2 所示。

▶ 技巧

　　在默认状态下，二维线形在渲染时是看不见的，必须勾选【渲染】卷展栏下的【在渲染中启用】选项，二维线形才可以在渲染时显示出来。调整【厚度】可改变线形的粗细，勾选【在视口中启用】选项，可以在视图中观察到渲染后的粗细。

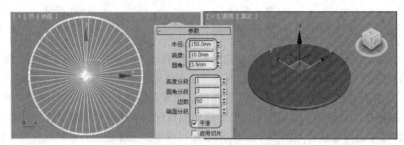

图 4-1　创建的【切角圆柱体】及参数

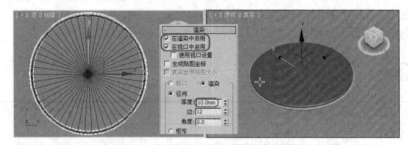

图 4-2　【圆】的位置及【渲染】参数

步骤 **④** 在前视图中沿 y 轴向下复制一个圆，修改【半径】为 180，两个【圆】的距离约为 450，也就是圆凳的高度，效果如图 4-3 所示。

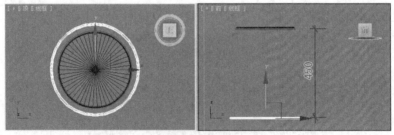

图 4-3　复制后【圆】的位置

步骤 **⑤** 单击 ❋（创建）/ ❑（线形）/〔　线　〕按钮，在前视图中绘制一条线，进入【修改】面板，设置【渲染】卷展栏下的参数，形态及参数如图 4-4 所示。

▶ 技巧

　　在绘制线形时，按住 Shift 键可以绘制水平或垂直的直线。

步骤 **⑥** 按下 1 键，进入 ⋯（顶点）子对象层级，选择上面 4 个顶点，对它们执行约 20 的圆角，如图 4-5 所示。

步骤 **⑦** 单击工具栏中的 ↻（选择并旋转）按钮，按下 A 键，启用【角度捕捉】，在顶视图中按住 Shift 键沿 z 轴旋转 90°，旋转复制一个，效果如图 4-6 所示。

步骤 8 铁艺圆凳的最终效果如图 4-7 所示。

步骤 9 按下 Ctrl+S 键，将制作的线架保存为"实例 32.max"。

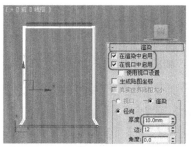

图 4-4　绘制的折线形态

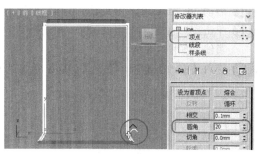

图 4-5　对顶点进行【圆角】操作

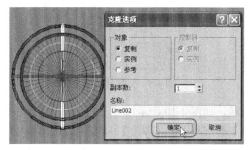

图 4-6　旋转复制

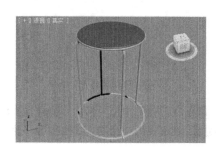

图 4-7　制作的铁艺圆凳

实 例 总 结

本实例通过制作一个铁艺圆凳造型来学习【圆】及【线】的绘制与修改，重点掌握【渲染】卷展栏下各项参数的功能，使绘制的线形可以产生立体的三维效果。

Example 实例 **33** 铁艺扶手

案例文件	DVD\源文件素材\第 4 章\实例 33.max
视频教程	DVD\视频\第 4 章\实例 33. avi
视频长度	5 分钟 59 秒　　制作难度　★★
技术点睛	线　、　圆　的绘制及【渲染】参数的作用
思路分析	本实例通过制作带有花饰的铁艺楼体扶手造型来学习线的绘制及参数的调整

本实例的最终效果如下图所示。

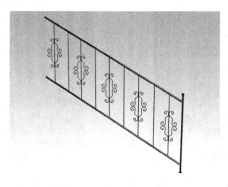

操作步骤

步骤 ① 启动 3ds Max 2012 中文版，将单位设置为毫米。

步骤 ② 单击 ✳ （创建）/ ⟍ （线形）/ ▭线▭ 按钮，在前视图中单击鼠标左键，绘制一条倾斜的直线，如图 4-8 所示。

步骤 ③ 进入【修改】面板，设置【渲染】卷展栏下的参数，如图 4-9 所示。

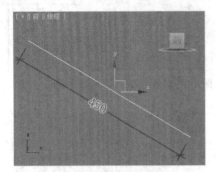

图 4-8　绘制的折线形态

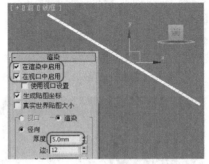

图 4-9　设置【渲染】的参数

步骤 ④ 在前视图中使用移动复制的方法复制一条线，如图 4-10 所示。

步骤 ⑤ 在前视图中绘制立式的线形，设置【渲染】卷展栏下的【厚度】为 2，形态如图 4-11 所示。

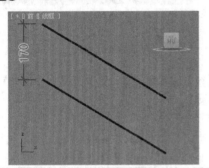

图 4-10　复制的线形

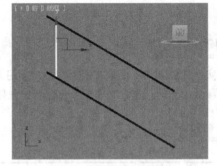

图 4-11　绘制的立式线形

步骤 ⑥ 在前视图中使用线命令绘制出铁艺的花饰，我们可以先以直线的形式进行绘制，只绘制,1/4 就可以了，如图 4-12 所示。

步骤 ⑦ 按下 1 键，进入 ∴ （顶点）层级，选中所有的顶点，右键单击鼠标，在弹出的右键菜单中选择【平滑】命令，将顶点模式改为【平滑】，从而得到过渡平滑的线形，如图 6-13 所示。

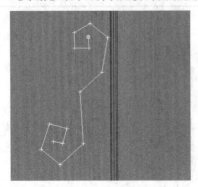

图 4-12　绘制的直线花饰

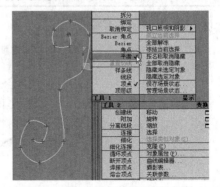

图 4-13　修改顶点为【平滑】方式

步骤 ⑧ 如果有个别的顶点没有修改到位，也可以单独选中该顶点，右键单击鼠标，在弹出的右键菜单中选择【Bezier】模式，通过调整贝塞尔点的控制杆来修改曲线的造型，如图 4-14 所示。

步骤 9 调整完成后关闭 ∴（顶点）层级，单击工具栏中的 ⋈（镜像）按钮，在弹出的【镜像：屏幕 坐标】对话框中选择【镜像轴】为 x 轴，将【偏移】设置为 23.5mm，将【克隆当前选择】设置为【实例】，单击 ████ 确定 ████ 按钮，如图 4-15 所示。

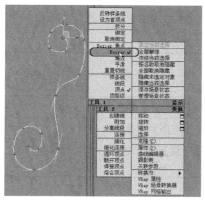

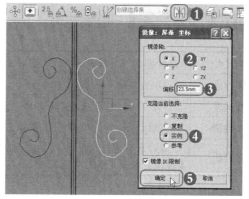

图 4-14　修改顶点为【Bezier】方式

图 4-15　沿 x 轴镜像

步骤 10 同时选择两条线形，沿 y 轴镜像一组，选择任意一个造型，设置【渲染】卷展栏下的【厚度】为 1.5，如图 4-16 所示。

步骤 11 使用复制的方式生成其他的铁艺构件，如图 4-17 所示。

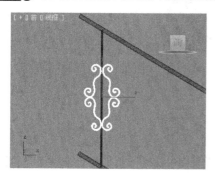

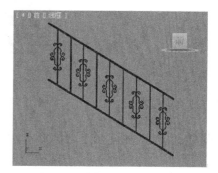

图 4-16　沿 y 轴镜像

图 4-17　制作完成的楼梯构件

步骤 12 使用同样的方法绘制出楼梯扶手，参数及位置如图 4-18 所示。

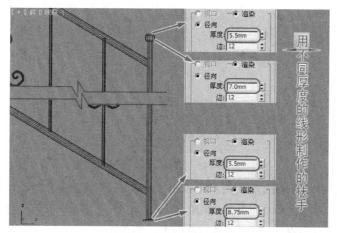

图 4-18　制作的楼梯扶手

步骤 13 按下 Ctrl+S 键，将制作的线架保存为"实例 33.max"。

实 例 总 结

本实例通过制作一个楼梯扶手造型，学习了线形的基本绘制及修改方法，按住 Shift 键可以绘制水平或垂直的直线，重点掌握【渲染】卷展栏下各项参数的功能。

Example 实例 **34** 中式花饰

案例文件	DVD\源文件素材\第 4 章\实例 34.max		
视频教程	DVD\视频\第 4 章\实例 34. avi		
视频长度	5 分钟 43 秒	制作难度	★★
技术点睛	线 、 椭圆 、 矩形 的绘制及【渲染】参数的作用		
思路分析	本实例通过制作一个中式图案造型来学习【椭圆】及【线】的绘制及参数的调整，通过【镜像】命令生成另一侧的图案		

本实例的最终效果如下图所示。

操 作 步 骤

步骤 ① 启动 3ds Max 2012 中文版，将单位设置为毫米。

步骤 ② 单击 ※（创建）/ ⚬（线形）/ 椭圆 按钮，在前视图中绘制一个 830mm×700mm，可渲染厚度为 50mm 的椭圆，并在原位置直接复制一个，修改参数为 755mm×625mm，可渲染厚度设为 30mm，如图 4-19 所示。

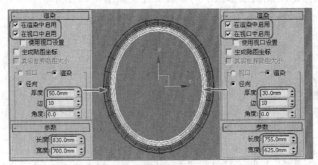

图 4-19　绘制的两个椭圆

步骤 ③ 使用线绘制并进行修改，得到图 4-20 所示的线形，设置【渲染】类下的【厚度】为 45。

步骤 ④ 继续使用直线绘制四连花造型，设置【渲染】卷展栏下的【厚度】为 30；绘制出四周的角花，设置可渲染厚度为 20，具体的造型如图 4-21 所示。

步骤 ⑤ 在前视图中将步骤 4 中绘制的曲线合成为一组，并沿 x 轴镜像一组，如图 4-22 所示。

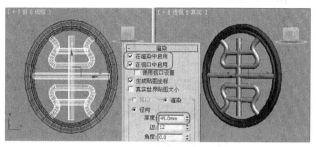

图 4-20　绘制的曲线造型

图 4-21　绘制的曲线造型

图 4-22　镜像曲线造型

步骤 6 在前视图中创建半径为 50 的球体，进行多个复制，并移动到直线的两端和四连花的中心处。

步骤 7 绘制尺寸为 850×2400，角半径为 150 的矩形，设置【渲染】卷展栏下的【厚度】为 30，最终效果如图 4-23 所示。

步骤 8 按下 Ctrl+S 键，将制作的线架保存为"实例 34.max"。

图 4-23　最终效果

实 例 总 结

　　本实例通过制作一个中式图案造型来掌握线形的基本绘制与修改的技巧，重点掌握【渲染】卷展栏下各项参数的功能。

Example 实例 **35** 搁物架

案例文件	DVD\源文件素材\第 4 章\实例 35.max		
视频教程	DVD\视频\第 4 章\实例 35. avi		
视频长度	7 分钟 45 秒	制作难度	★ ★
技术点睛	线 、 矩形 的绘制及【渲染】参数的作用		
思路分析	本实例通过制作搁物架造型来学习【线】的绘制与修改方法		

　　本实例的最终效果如下图所示。

 操 作 步 骤

步骤 ① 启动 3ds Max 2012 中文版，将单位设置为毫米。

步骤 ② 单击 ❋（创建）/ ⚙（线形）/ ▭矩形▭ 按钮，在顶视图中绘制一个 350×500 的矩形，进入修改面板，设置【渲染】卷展栏下的参数，如图 4-24 所示。

图 4-24 矩形的形态及【渲染】参数

步骤 ③ 在左视图中使用【线】命令绘制出侧面的形态，如图 4-25 所示。

> **▶ 技巧**
>
> 在绘制比较复杂的线形过程中，我们可以先以容易控制的直线形态进行绘制，然后通过圆角进行调整、修改，得到圆滑的线形。

步骤 ④ 按下 1 键，进入 ⋯（顶点）子对象层级，选择上面的两个顶点，对它们执行数值为 80 的圆角操作，如图 4-26 所示。

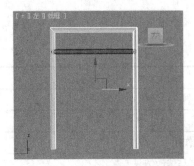

图 4-25 绘制的线形

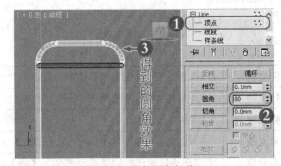

图 4-26 执行圆角操作

步骤 ⑤ 在顶视图中复制一个当前对象，并将其放在另一侧，位置如图 4-27 所示。

▶ 技巧

在绘制比较对称的线形的过程中，我们可以先绘制其中的一部分，然后通过复制或者镜像来得到另外的部分，从而得到一致的线形。

步骤 6 在前视图中绘制一条直线，然后在顶视图中以实例方式复制一条，设置一下【渲染】卷展栏下的参数，如图 4-28 所示。

图 4-27 复制后的位置

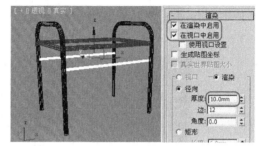

图 4-28 绘制的线形

步骤 7 在左视图中绘制线形，然后对其进行圆角处理，最后设置一下【渲染】卷展栏下的参数，复制 8 个后将其附加为一体，如图 4-29 所示。

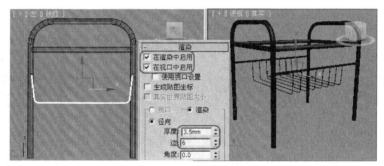

图 4-29 绘制的线形

步骤 8 在顶视图中使用旋转复制的方式复制一组，如图 4-30 所示。

步骤 9 在两端绘制两条直线，完成铁筐的制作，效果如图 4-31 所示。

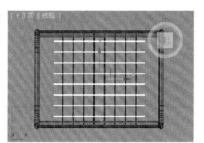

图 4-30 旋转复制后的效果

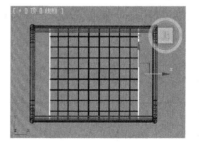

图 4-31 绘制的线形

步骤 10 在前视图中将制作的铁筐沿 y 轴向下方复制一组，效果如图 4-32 所示。

步骤 11 使用同样的方法制作出搁物架上部的造型，效果如图 4-33 所示。

步骤 12 在前视图中创建一个圆环作为轮子，在左视图中使用【缩放】工具沿 x 轴放大一些，再复制 4 个，效果如图 4-34 所示。

步骤 13 将所有的造型赋予一种黑色，在顶视图中创建一个 350×500×8 的长方体（作为玻璃隔板），最终的效果如图 4-35 所示。

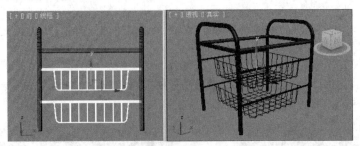

图 4-32　复制后的效果

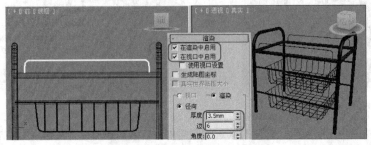

图 4-33　制作搁物架上部的造型

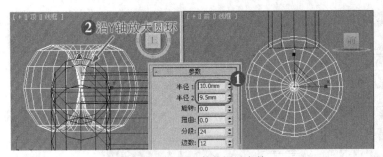

图 4-34　圆环的位置及参数

图 4-35　搁物架的最终效果

步骤 ⑭ 按下键盘上的 Ctrl+S 键，将制作的线架保存为"实例 35.max"。

实 例 总 结

本实例通过制作一个搁物架造型，掌握线形的基本绘制与修改的技巧，重点掌握【渲染】卷展栏下各项参数的功能。

Example 实例 **36** 垃圾筒

案例文件	DVD\源文件素材\第 4 章\实例 36.max		
视频教程	DVD\视频\第 4 章\实例 36. avi		
视频长度	4 分钟 59 秒	**制作难度**	★★
技术点睛	线 、 圆 的绘制及【阵列】工具的使用		
思路分析	本实例通过制作垃圾筒造型来学习线的绘制与编辑修改操作，以及配合【阵列】工具来制作相关的造型		

本实例的最终效果如下图所示。

操 作 步 骤

步骤① 启动 3ds Max 2012 中文版,将单位设置为毫米。

步骤② 激活顶视图,绘制半径为 350 的圆,设置【可渲染】卷展栏下的厚度为 25,在前视图中绘制图 4-36 所示的线形,设置【可渲染】卷展栏下的厚度为 8,调整至合适的位置。

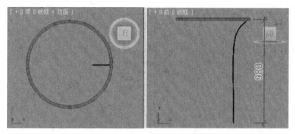

图 4-36 绘制的圆和曲线

要想将绘制的线形组合成垃圾筒的外壳,就需要用到【阵列】工具,下面我们就来学习它的使用方法。

步骤③ 确认绘制的线形处于选择状态,在工具栏的【视图】下方选择【拾取】,如图 4-37 所示。

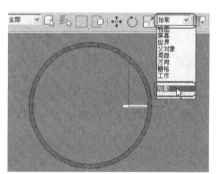

图 4-37 选择【拾取】

步骤④ 在顶视图中单击绘制的圆,此时的【视图】窗口即变为了 Circle01 的坐标窗口,然后单击 (使用轴点中心)下的 (使用变换坐标中心)按钮,如图 4-38 所示。

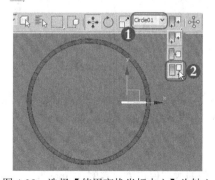

图 4-38 选择【使用变换坐标中心】为轴心

此时我们选择了 ▦ （使用变换坐标中心）按钮，就是以当前坐标系统的轴心为轴心，那么当前的坐标系统是什么呢？就是我们刚才在视图中拾取的圆的圆心。

步骤 5 确认绘制的线形处于选择状态，执行菜单【工具】/【阵列】命令，在弹出的对话框中设置参数，如图 4-39 所示。

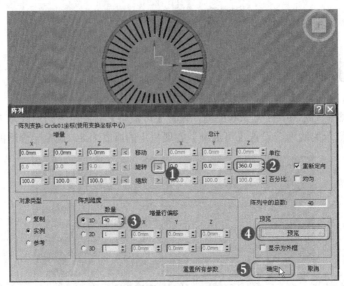

图 4-39　执行阵列操作

步骤 6 在【阵列】对话框中设置完参数后先单击 ▭ 预览 ▭ 按钮观看效果，再单击 ▭ 确定 ▭ 按钮，生成所需要的阵列效果。

> ▶ **技巧**
>
> 　　【阵列】工具可以让物体沿指定的轴心进行环形复制，熟练运用此工具，可以快速进行环形建模。

步骤 7 激活顶视图，在阵列后的线形内部创建一个管状体，具体的参数和位置如图 4-40 所示。

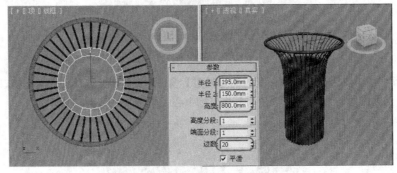

图 4-40　创建的管状体

步骤 8 激活前视图，沿 y 轴向下复制一个管状体，修改其参数，设置【半径 1】为 280，【半径 2】为 50，【高度】为 15，作为垃圾筒的"底座"。

步骤 9 在顶视图中绘制半径为 205 的圆，修改其可渲染的厚度为 10，然后将其复制并调整至合适的位置，如图 4-41 所示。

步骤 10 按下 Ctrl+S 键，将制作的线架保存为"实例 36.max"。

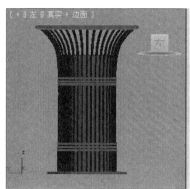

图 4-41　绘制并复制的圆

实 例 总 结

本实例通过制作一个垃圾筒造型让我们掌握了线形的基本绘制与修改技巧，重点掌握了【阵列】的使用方法。

Example 实例 **37** 衣架

案例文件	DVD\源文件素材\第 4 章\实例 37.max		
视频教程	DVD\视频\第 4 章\实例 37.avi		
视频长度	3 分钟	制作难度	★★
技术点睛	线　的绘制及【渲染】类下的参数设置		
思路分析	本实例通过制作衣架造型来学习【螺旋线】及【线】的绘制与修改，通过设置【渲染】类下的参数让线形产生厚度		

衣架的最终效果如下图所示。

操 作 步 骤

步骤 **1** 启动 3ds Max 2012 中文版，将单位设置为毫米。

步骤 **2** 单击 ✴（创建）/ ⬡（线形）/ 螺旋线 按钮，在顶视图绘制一个螺旋线（作为底座），修改【渲染】及【参数】卷展栏下的参数，如图 4-42 所示。

步骤 **3** 在前视图中使用 　线　 命令绘制出衣架的形态，修改一下【渲染】卷展栏下的参数，线形的形态及参数如图 4-43 所示。

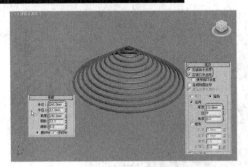

图 4-42 绘制的螺旋线

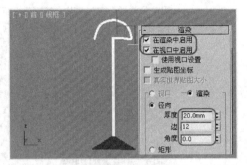

图 4-43 绘制的衣架形态

步骤 ④ 在顶视图中使用 线 命令再绘制出衣架上面的裤子架造型，形态及位置如图 4-44 所示。

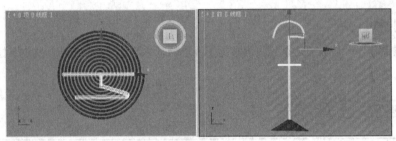

图 4-44 绘制的裤子架造型

步骤 ⑤ 按下 Ctrl+S 键，将制作的线架保存为"实例 37.max"。

实 例 总 结

本实例通过制作一个衣架造型，主要学习【螺旋线】及【线】的绘制，最后通过设置【渲染】卷展栏下的参数来完成衣架造型的制作。

第5章　二维线形转三维对象的应用

本章内容

- ➢ 【挤出】——墙体
- ➢ 【挤出】——窗格
- ➢ 【车削】——果盘
- ➢ 【车削】——台灯

- ➢ 【倒角】——休闲沙发
- ➢ 【倒角】——装饰架
- ➢ 【倒角剖面】——门及门套
- ➢ 【倒角剖面】——会议桌

- ➢ 【放样】——窗帘
- ➢ 【放样】——中式台灯
- ➢ 【多截面放样】——圆桌布
- ➢ 【多截面放样】——欧式柱

在前面的内容中，我们学习了二维线形的绘制和修改，但这些只是一些简单的二维线形，要想利用二维线形来绘制复杂的造型就必须为它添加适当的编辑修改命令，通过这些命令使二维线形生成三维对象，一步步绘制出复杂的结构造型。下面我们将学习【挤出】、【车削】、【倒角】、【倒角剖面】、【放样】等修改命令的用法。

Example 实例 38 【挤出】——墙体

案例文件	DVD\源文件素材\第5章\实例38.max		
视频教程	DVD\视频\第5章\实例38. avi		
视频长度	3分钟02秒	制作难度	★★
技术点睛	线 的绘制及【挤出】命令的使用		
思路分析	本实例通过导入AutoCAD图纸并使用【挤出】命令来制作一个套二双厅的墙体，在操作的过程中，希望读者除了掌握【挤出】命令外，还应了解AutoCAD文件导入3ds Max的过程		

本实例的最终效果如右图所示。

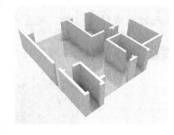

操作步骤

步骤 ① 启动3ds Max 2012中文版，将单位设置为毫米。

步骤 ② 单击菜单栏中 按钮类下的【导入】命令，在弹出的【选择要导入的文件】对话框中选择本书配套光盘"源文件素材/第5章/套二厅平面图.dwg"文件，然后单击 打开(O) 按钮，如图5-1所示。

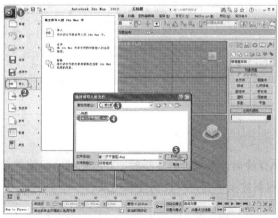

图5-1 【导入】套二双厅CAD图纸

▶ 技巧

对于复杂的场景，最好的方法是将 AutoCAD 中绘制的图纸导入到 3ds Max 中，这样可以很清楚地看到户型的结构、门窗的位置，便于建立模型。

步骤 ③ 在弹出的【AutoCAD DWG/DXF 导入选项】对话框中单击 确定 按钮，如图 5-2 所示。

图 5-2 【AutoCAD DWG/DXF 导入选项】对话框

▶ 技巧

在这个【AutoCAD DWG/DXF 导入选项】对话框中不要勾选其他选项，如果勾选会导致导入时间成倍地增加。对于大场景来说更加明显。

步骤 ④ 此时套二双厅的 AutoCAD 图纸就导入到 3ds Max 中了，效果如图 5-3 所示。

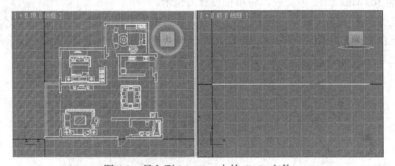

图 5-3 导入到 3ds Max 中的 CAD 文件

▶ 技巧

我们在使用 AutoCAD 绘制的图纸进行建模时，可以先将平面图移动到原点（0，0）的位置，这样便于在 3ds Max 中控制建模位置，以提高建模速度。

我们导入平面图的目的就是起到一个参照的作用，为建立模型提供方便，并且能更清楚地理解这个

户型的结构。

步骤 ⑤ 按下 Ctrl+A 键，选择所有线形，为线形指定一个便于观察的颜色，如图 5-4 所示。

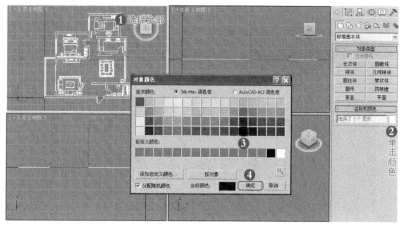

图 5-4　为线形指定一个统一的颜色

步骤 ⑥ 执行菜单【组】/【成组】命令，在弹出的对话框中单击 确定 按钮，如图 5-5 所示。

▶ **技巧**

　　成组的目的是将场景中比较零碎的线形或对象组合成一个整体，这样在后面操作时选择起来会比较方便。

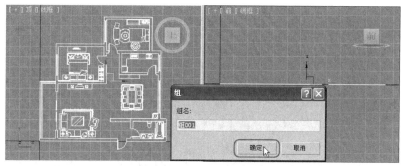

图 5-5　将 CAD 图纸成组

步骤 ⑦ 激活顶视图，按下 Alt+W 键，将视图最大化显示。

步骤 ⑧ 按下 S 键启用捕捉，捕捉模式采用 2.5 维捕捉，将光标停放在捕捉按钮上方，单击鼠标右键，在弹出的【栅格和捕捉设置】对话框中设置一下【捕捉】及【选项】，如图 5-6 所示。

图 5-6　设置捕捉模式

步骤 ⑨ 单击 ❋（创建）/ ⎍（线形）/ ⬚ 线 ⬚ 按钮，在顶视图中绘制墙体的内部封闭线形，如图 5-7 所示。

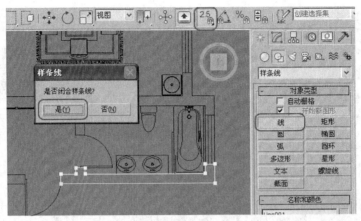

图 5-7　绘制的封闭线形

▶ **技巧**

　　我们在制作模型的过程中，系统的栅格往往会影响观察，可以按下 G 键来切换显示或隐藏栅格。

步骤 ⑩ 在命令面板中将 ⬚ 开始新图形 ⬚ 前面的选项取消勾选，这样接下来绘制的线形是一体的，如图 5-8 所示。

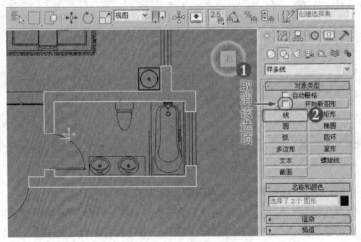

图 5-8　绘制的封闭线形

▶ **技巧**

　　在绘制线形时，取消勾选 ⬚ 开始新图形 ⬚ 是一种非常好的绘制方法，这样无论绘制什么样的线形，它们都会附加为一体，

步骤 ⑪ 使用同样的方法将其他房间的墙体绘制出来，最终效果如图 5-9 所示。

步骤 ⑫ 单击 ⬚（修改）按钮，进入【修改】面板，在修改器窗口中为绘制的线形添加一个【挤出】命令，将【数量】设置为 2800（即房间的层高为 2.8 米），如图 5-10 所示。

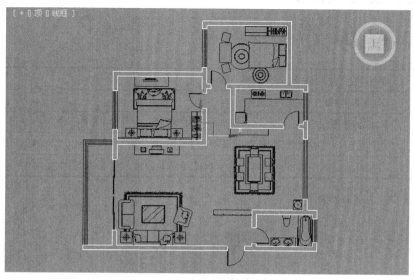

图 5-9　绘制其他房间的墙体

▶ 技巧

【挤出】是在效果图制作过程中使用率相对较高的一个命令，在执行【挤出】命令之前，线形必须是封闭的，否则挤出后的物体是空的。

步骤 ⑬ 保存文件，命名为"实例 38.max"。

实 例 总 结

【挤出】是效果图制作过程中用到最多的命令，本例通过制作一个套二双厅的墙体学习了【挤出】命令的使用，其中关键是对线形的掌握，如果熟练掌握了线形的编辑，那么在制作墙体时会比较轻松。

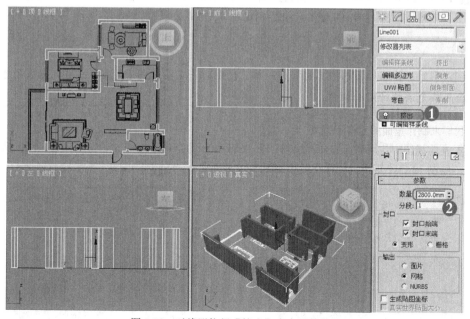

图 5-10　对线形执行【挤出】命令后的效果

Example 实例 **39** 【挤出】——窗格

案例文件	DVD\源文件素材\第 5 章\实例 39.max		
视频教程	DVD\视频\第 5 章\实例 39.avi		
视频长度	7 分钟 34 秒	制作难度	★★
技术点睛	线 、 矩形 的绘制及【挤出】命令的使用		
思路分析	本实例通过制作窗格造型来熟练掌握【矩形】的绘制与【挤出】命令的使用		

本实例的最终效果如右图所示。

操作步骤

步骤 ① 启动 3ds Max 2012 中文版，将单位设置为毫米。

步骤 ② 启用捕捉命令，选择栅格点捕捉。

步骤 ③ 单击 ❋ (创建) / ◯ (线形) / 矩形 按钮，在前视图中创建一个 2000×2200 的矩形，作为"墙体"，再创建一个 1600×400 的小矩形，作为"窗格洞"，将小矩形复制两个，如图 5-11 所示。

步骤 ④ 执行【编辑样条线】命令，再将它们附加为一体，然后添加【挤出】修改命令，设置【数量】为 100，即隔断厚度为 100 毫米，效果如图 5-12 所示。

> ▶ **技巧**
>
> 复制线形时，如果后面想将其附加为一体，复制时一定要采用【复制】方式，若采用【实例】方式，后面将无法执行附加操作。

下面我们来制作里面的窗格造型。

步骤 ⑤ 在前视图中使用捕捉方式再绘制一个 1600×400 的矩形，如图 5-13 所示，然后在上面的位置绘制 13 个小矩形，位置及尺寸如图 5-14 所示。

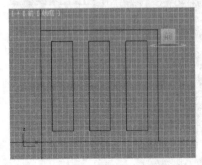

图 5-11 绘制的 3 个矩形

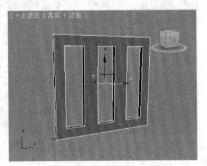

图 5-12 【挤出】后的隔断造型

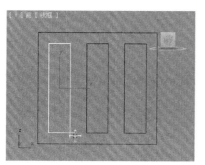

图 5-13　绘制的矩形

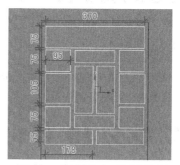

图 5-14　绘制的 13 个小矩形

▶ 技巧

　　熟练使用【捕捉】命令，可以大大提高作图的质量和速度，一般情况下使用【栅格点】和【顶点】捕捉形式。

步骤 6 选择下面的 12 个小矩形，在前视图中复制 3 组，如图 5-15 所示，将顶部的矩形再复制一个放在下面，如图 5-16 所示。

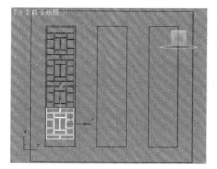

图 5-15　复制后的形态

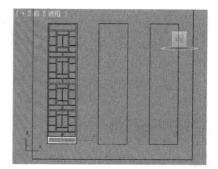

图 5-16　复制顶部的矩形

▶ 技巧

　　通常我们在制作比较复杂的模型时，最好使用 AutoCAD 来绘制截面，然后导入到 3ds Max 中，这样可以大大提高作图的质量与速度。

步骤 7 选择其中一个矩形，执行【编辑样条线】命令，再将它们附加为一体;然后添加【挤出】修改命令，设置【数量】为 15（即窗格厚度为 15 毫米），在前视图中启用捕捉工具复制 3 个，效果如图 5-17 所示。

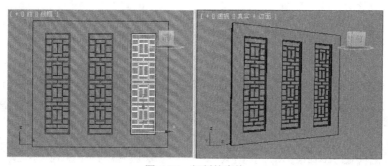

图 5-17　复制的窗格

步骤 **8** 保存文件，命名为"实例39.max"。

实 例 总 结

本实例通过制作一个窗格造型进一步学习了二维线形的编辑，通过上面这两个实例，希望读者对【挤出】修改命令有一个更好的认识。

Example 实例 **40** 【车削】——果盘

案例文件	DVD\源文件素材\第 5 章\实例 40.max		
视频教程	DVD\视频\第 5 章\实例 40. avi		
视频长度	5 分钟 35 秒	制作难度	★★
技术点睛	线　　的绘制及【车削】命令的使用		
思路分析	本实例通过制作果盘及果盘中的苹果造型来学习【车削】命令的使用与修改		

本实例的最终效果如右图所示。

操 作 步 骤

步骤 **1** 启动 3ds Max 2012 中文版，将单位设置为毫米。

步骤 **2** 单击 （创建）/ （线形）/ 　线　 按钮，在前视图中使用【线】命令绘制出盘子的剖面线，如图 5-18 所示。

步骤 **3** 单击 （修改）按钮，进入修改面板，进入 （样条线）子层级，为绘制的线形添加一个轮廓，比例控制合适就可以了，效果如图 5-19 所示。

▶ **技巧**

在绘制线形时，为了将整体形态控制好，首先使用【角点】的方式绘制出来，然后再进行修改。

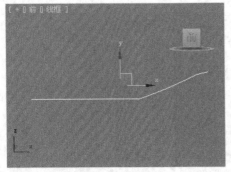

图 5-18　绘制的线形

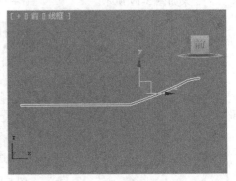

图 5-19　添加轮廓后的效果

步骤 ④ 进入⋯（顶点）子层级，选择右面的两个顶点，单击 切角 按钮，在前视图中拖动鼠标，此时的直角就会变为圆角，效果如图 5-20 所示。

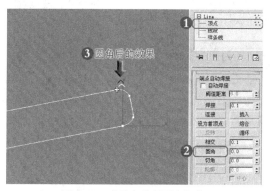

图 5-20　对顶点进行圆角操作

▶ 技巧

　　在激活⋯（顶点）、◠（线段）、◠（样条线）子层级时，建议读者使用快捷键，其分别为 1、2、3。

步骤 ⑤ 调整完成之后，在 修改器列表 中执行【车削】命令，勾选【焊接内核】选项。为了让盘子显得更圆滑一些，将【分段】设置为 40，单击【对齐】项下的 最小 按钮，如图 5-21 所示。

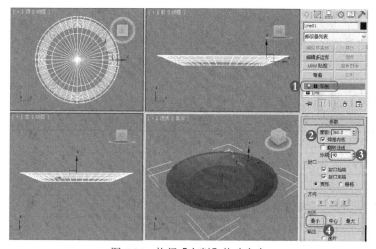

图 5-21　执行【车削】修改命令

▶ 技巧

　　在执行【车削】命令时，通过单击【对齐】下的 最小 、 中心 、 最大 按钮，可以得到不同造型效果。

步骤 ⑥ 在前视图中使用【线】命令绘制出苹果的剖面线，形态效果如图 5-22 所示。

步骤 ⑦ 在 修改器列表 中执行【车削】修改命令，单击【对齐】项下的 最小 按钮，效果如图 5-23 所示。

步骤 ⑧ 复制多个已制作好的苹果，修改一下大小与形状，最终效果如图 5-24 所示。

步骤 ⑨ 保存文件，命名为"实例 40.max"。

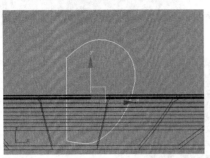

图 5-22　绘制的剖面线

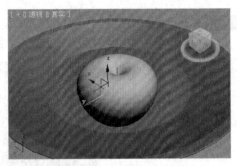

图 5-23　执行【车削】后的效果

图 5-24　制作的水果与盘子

实 例 总 结

　　【车削】是很简单、很实用的建模修改命令，使用此命令的前提是对线形具有熟练的操作能力与修改能力。在制作果盘造型之前，应该对【车削】命令有一个清楚的了解，本实例的重点是线形的掌握，通过绘制标准的线形，并配合适当的命令，制作出逼真的三维模型。

Example 实例 **41** 【车削】——台灯

案例文件	DVD\源文件素材\第 5 章\实例 41.max		
视频教程	DVD\视频\第 5 章\实例 41. avi		
视频长度	2 分钟 44 秒	制作难度	★ ★
技术点睛	线　　　的绘制及【车削】修改命令的使用		
思路分析	本实例通过制作台灯造型来继续学习【车削】修改命令的使用		

　　本实例的最终效果如下图所示。

步骤 1 启动 3ds Max 2012 中文版，将单位设置为毫米。

步骤 2 单击 ✱（创建）/ ◯（线形）/ ▢▢▢ 线 ▢▢▢ 按钮，在前视图中绘制封闭线形，控制其尺寸为：水平 150、垂直 400。按下 1 键，激活 ⋮⋮（顶点）按钮，调整线形的形态，如图 5-25 所示。

▶ **技巧**

　　在绘制线形的时候，为了将整体的形态控制好，首先使用【角点】的方式绘制出来，然后再进行修改。

步骤 3 确认绘制的线形处于选择状态，在 修改器列表 ▾ 中执行【车削】命令，单击【对齐】项下的 最小 按钮，如图 5-26 所示。

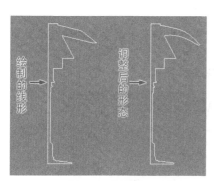

图 5-25　调整线形

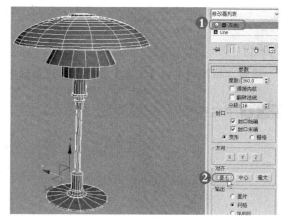

图 5-26　执行【车削】命令后单击【最小】按钮

步骤 4 保存文件，命名为"实例 41.max"。

实 例 总 结

　　通过本实例我们了解到：【车削】命令可以将绘制的二维线形围绕某一指定的轴向进行 360° 旋转，从而得到一个完整的圆周状造型。

Example 实例 **42** 【倒角】——休闲沙发

案例文件	DVD\源文件素材\第 5 章\实例 42.max		
视频教程	DVD\视频\第 5 章\实例 42.avi		
视频长度	5 分钟 07 秒	制作难度	★★
技术点睛	文本 的绘制及【倒角】修改命令的使用		
思路分析	本实例通过制作休闲沙发造型来学习在已经绘制的【文本】基础上通过添加【编辑样条线】修改命令修改得到特殊的造型，再配合【倒角】修改命令的使用，制作出逼真的沙发造型		

本实例的最终效果如下图所示。

操 作 步 骤

步骤 ① 启动 3ds Max 2012 中文版，将单位设置为毫米。

步骤 ② 单击 ※ （创建）/ ❑ （线形）/ 文本 按钮，在【参数】卷展栏下的窗口中输入"@"符号，按下 Shift+❷ 键即可。为输入的文字选择一种字体，【大小】设置为 1000，如图 5-27 所示。

▶ **技巧**

通过二维线形中的【文本】，再配合适当的命令，可以制作出场景中需要的各种效果文字。

步骤 ③ 在前视图中单击鼠标左键，拖出文本文字，效果如图 5-28 所示。

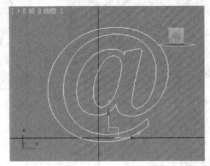

图 5-27　设置文本的参数　　　　　　　　　　图 5-28　拖出的文字

步骤 ④ 选择文本，在 修改器列表 中执行【编辑样条线】修改命令，按下 1 键，激活 ⋯（顶点）子对象，使用 优化 命令加入多个顶点，然后使用移动工具调整形态，效果如图 5-29 所示。

步骤 ⑤ 确认文本处于被选择状态，在 修改器列表 中执行【倒角】修改命令，调整【倒角值】参数，如图 5-30 所示，生成的造型如图 5-31 所示。

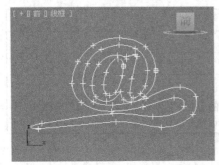

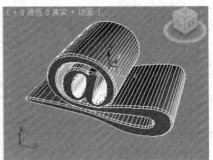

图 5-29　对文本进行编辑　　　图 5-30　设置倒角参数　　　图 5-31　生成的造型

▶ 技巧

在使用【倒角】修改命令的过程中，绘制的二维线形之间必须有足够的距离，否则在调整下面的【倒角参数】时，若数值过大，会得到很乱的造型。

步骤 6 在修改器列表中，回到【Text】级别，调整【步数】为 2，如图 5-32 所示。

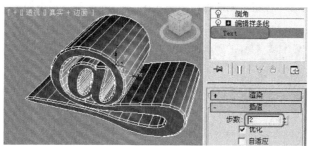

图 5-32　调整步数后的效果

▶ 技巧

从上图可以看到，物体的面片数量太多，这样会直接影响计算机的运行速度，所以调整【步数】就可以改变物体的面片数量。

步骤 7 保存文件，命名为"实例 42.max"。

实例总结

本实例通过文本工具来制作一个造型新颖的休闲沙发，在绘制文本之后重点是怎样使用【编辑样条线】修改命令进行修改，在 ⋯（顶点）子对象下用到了 优化 命令，最终调整成我们所需要的线形效果，最后为文本添加【倒角】修改命令，调整参数生成休闲沙发造型。

Example 实例 **43** 【倒角】——装饰架

案例文件	DVD\源文件素材\第 5 章\实例 43.max		
视频教程	DVD\视频\第 5 章\实例 43. avi		
视频长度	6 分钟 45 秒	制作难度	★ ★
技术点睛	【倒角】修改命令的使用		
思路分析	本实例通过制作一个装饰架造型讲述了如何为线形切角及施加轮廓		

本实例的最终效果如下图所示。

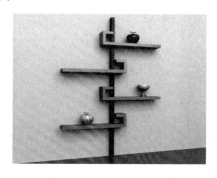

操作步骤

步骤① 启动 3ds Max 2012 中文版，将单位设置为毫米。

步骤② 在顶视图绘制一个 120×80 的矩形，如图 5-33 所示。

步骤③ 执行【编辑样条线】命令，按下 1 键，激活 ·· （顶点）子对象，选择矩形的所有顶点，在【几何体】类下 切角 按钮右侧的窗口中输入 5，按 Enter 键，形态如图 5-34 所示。

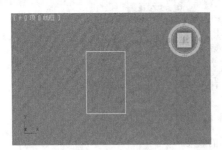

图 5-33　绘制的矩形

图 5-34　执行切角的效果

> **▶ 技巧**
>
> 在执行 切角 操作的时候，建议读者直接使用手工拖动就可以设置倒角的大小，因为我们制作的是视觉效果图。

步骤④ 为矩形添加一个【挤出】命令，【数量】设置为 2600，如图 5-35 所示。

步骤⑤ 在前视图中绘制图 5-36 所示的线形，然后施加 40 的轮廓，作为装饰架的搁板，效果如图 5-37 所示。

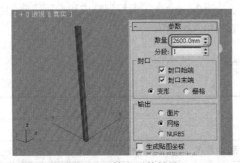

图 5-35　挤出后的效果

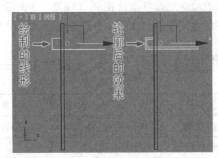

图 5-36　向线形施加轮廓后的形态

步骤⑥ 为施加轮廓的线形添加一个【倒角】命令，调整倒角的数值如图 5-37 所示。

步骤⑦ 在前视图用【镜像】命令复制一个，放在下方，然后选择两个复制一组，效果如图 5-38 所示。

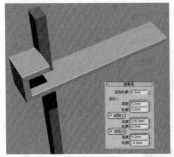

图 5-37　设置倒角参数

图 5-38　生成的造型

步骤 8 搁板的上面可以用【车削】命令来制作几个装饰瓶。

步骤 9 保存文件，命名为"实例 43.max"。

▶ **技巧**

我们使用【倒角】修改命令可以制作一些带有倒角的物体，如倒角字、家具的边缘等。总之，熟练掌握【倒角值】参数的调整，会制作出很好的造型效果。

实 例 总 结

本实例通过制作一个装饰架讲述了如何挤出一个造型，然后执行【倒角】修改命令，调整级别 1、级别 2、级别 3 的参数，再配合【阵列】工具，就可以得到我们所需的造型。

Example 实例 **44** 【倒角剖面】——门及门套

案例文件	DVD\源文件素材\第 5 章\实例 44.max		
视频教程	DVD\视频\第 5 章\实例 44. avi		
视频长度	9 分钟 24 秒	制作难度	★ ★
技术点睛	线 、 圆 的绘制及【倒角剖面】修改命令的使用		
思路分析	本实例通过制作门套造型来学习【倒角剖面】修改命令的具体操作		

本实例的最终效果如下图所示。

操 作 步 骤

步骤 1 启动 3ds Max 2012 中文版，将单位设置为毫米。

步骤 2 在前视图中创建两个矩形，大矩形尺寸为 2000×800，小矩形尺寸为 1600×600。选择其中一个矩形，执行【编辑样条线】修改命令，将它们附加为一体，然后为其添加一个【倒角】修改命令，调整参数如图 5-39 所示。

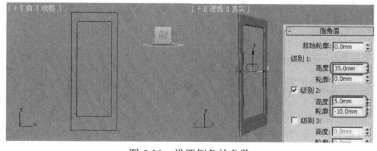

图 5-39　设置倒角的参数

步骤 ③ 在小矩形的位置处启用捕捉创建一个尺寸为 1600×600 的矩形，然后执行【挤出】修改命令，【数量】设置为 20，位置如图 5-40 所示。

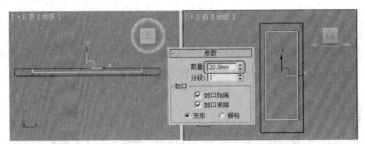

图 5-40　制作的门板

步骤 ④ 在前视图中创建一个 280×170 的矩形，并将其复制 14 个，位置如图 5-41 所示。

步骤 ⑤ 在前视图中再创建一个尺寸为 30×600 的矩形，将其垂直复制 3 个，如图 5-42 所示。再创建一个尺寸为 1600×30 的矩形，将其水平复制一个，如图 5-43 所示。

步骤 ⑥ 将所有的矩形附加为一体，然后执行【倒角】修改命令，调整参数如图 5-44 所示。

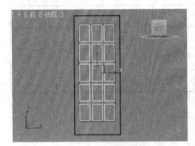　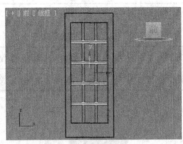　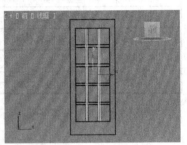

图 5-41　创建的矩形　　　　　图 5-42　水平的矩形　　　　　图 5-43　垂直的矩形

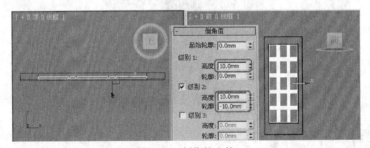

图 5-44　制作的方格

步骤 ⑦ 使用线命令绘制出把手的外轮廓，然后执行【倒角】修改命令，形态如图 5-45 所示。

步骤 ⑧ 激活透视图，按下 Shift＋Q 键，快速渲染透视图，效果如图 5-46 所示。

图 5-45　制作的把手　　　　　　　　　　图 5-46　渲染效果

步骤 ⑨ 在前视图中使用线命令绘制出门框的形态，作为【倒角剖面】的"截面"，形态如图 5-47 所示。

步骤 ⑩ 在顶视图中使用线命令绘制出门套的剖面线，形态如图 5-48 所示。

步骤 ⑪ 确认路径处于被选择状态，在修改器窗口中执行【倒角剖面】修改命令，单击 `拾取剖面` 按钮，在前视图单击绘制的"剖面线"，此时门套形成。

步骤 ⑫ 如果感觉门套的大小与门不匹配，可以回到修改器列表中激活顶点，将 `Ⅱ`（显示最终结果）激活，在前视图中调整顶点的位置直到合适为止，如图 5-49 所示。门套的最终效果如图 5-50 所示。

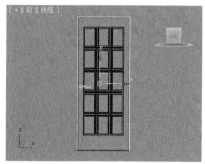

图 5-47　绘制的路径

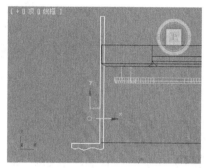

图 5-48　绘制的剖面线

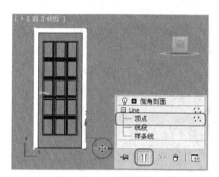

图 5-49　调整门套的形状

图 5-50　制作的门套

▶ **技巧**

　　如果读者发现制作的门套是翻转的，可以选择【剖面线】，然后进入 `∿`（样条线）子对象层级，单击下方的 `镜像` 按钮将其调整过来。

步骤 ⑬ 我们还可以再绘制线形并添加【挤出】修改命令，制作出墙体与门及门套进行组合。

步骤 ⑭ 保存文件，命名为"实例 44.max"。

实 例 总 结

　　本实例通过制作一个方格木门及门套造型，讲述了如何将多个矩形附加为一体，然后执行【倒角】修改命令，调整级别 1、级别 2 的参数，就可以得到我们所需的造型。最后使用【倒角剖面】修改命令来生成门套造型。

Example 实例 **45** 【倒角剖面】——会议桌

案例文件	DVD\源文件素材\第 5 章\实例 45.max
视频教程	DVD\视频\第 5 章\实例 45. avi

视频长度	3 分钟	制作难度	★★
技术点睛	矩形 、 线 的绘制及【倒角剖面】命令的使用		
思路分析	本实例通过制作会议桌造型来学习【倒角剖面】修改命令的具体操作。首先在顶视图中创建矩形作为截面，绘制线形作为剖面线，然后使用【倒角剖面】修改命令生成三维物体		

本实例的最终效果如下图所示。

操 作 步 骤

步骤 ① 启动 3ds Max 2012 中文版，将单位设置为毫米。

步骤 ② 单击 （创建）/ （线形）/ 矩形 按钮，在顶视图中创建一个 2500×600 的矩形作为【倒角剖面】命令中的"截面"，该矩形的【角半径】为 260，如图 5-51 所示。

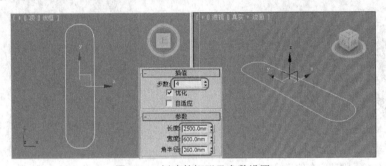

图 5-51 创建的矩形及参数设置

▶ 技巧

我们将【步数】设置为 4 的目的是优化物体的面片数量，加快计算机的运行速度，对于后面制作整体效果图来说这一步是很重要的。

步骤 ③ 在前视图中创建一个 900×650 的矩形，创建这个矩形的目的主要是用于做参照尺寸，再以矩形的大小为参照，使用【线】命令绘制一个封闭线形作为会议桌的"剖面线"，将矩形删除，线形的形态如图 5-52 所示。

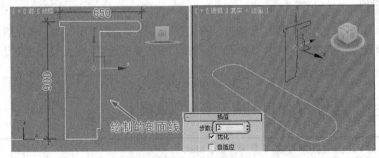

图 5-52 绘制的剖面线

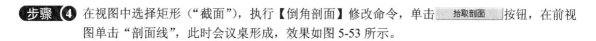

步骤 ④ 在视图中选择矩形（"截面"），执行【倒角剖面】修改命令，单击 `拾取剖面` 按钮，在前视图单击"剖面线"，此时会议桌形成，效果如图 5-53 所示。

> ▶ **技巧**
>
> 　可在修改器窗口中将【倒角剖面】的子对象展开，在视图中移动黄色的线框，根据自己的需要来调整会议桌的造型。

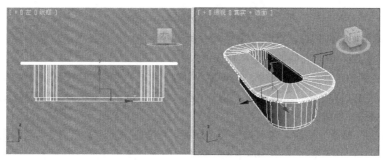

图 5-53　制作的会议桌

步骤 ⑤ 保存文件，并命名为"实例 45.max"。

实 例 总 结

　本实例制作了一个会议桌造型，通过在顶视图中创建【矩形】，并调整其【角半径】参数来得到圆角矩形，作为会议桌的截面，然后在前视图中按照尺寸绘制出剖面线，最后使用【倒角剖面】修改命令生成会议桌造型。

Example 实例 **46** 【放样】——窗帘

案例文件	DVD\源文件素材\第 5 章\实例 46.max		
视频教程	DVD\视频\第 5 章\实例 46. avi		
视频长度	4 分钟 05 秒	制作难度	★ ★
技术点睛	____线____ 的绘制及【放样】命令的使用		
思路分析	本实例通过制作窗帘造型来学习【放样】命令的使用方法，以及参数的精确修改		

　本实例的最终效果如下图所示。

操 作 步 骤

步骤 ① 启动 3ds Max 2012 中文版，将单位设置为毫米。

步骤 ② 在顶视图中绘制一条曲线作为放样的截面线，在前视图中绘制一条直线，作为放样的路径，形态如图 5-54 所示。

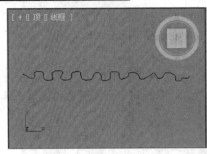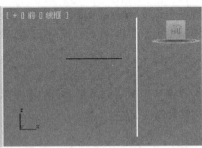

图 5-54　绘制的截面线与路径

我们在制作效果图时应按照实际尺寸来绘制截面线与路径，也就是按照房间的高度与窗的宽度。现在练习时可以随意绘制，但是它们的比例不能相差太大。

步骤 ③ 在前视图中选择绘制的直线，单击 ❉（创建）/ ◯（几何体）按钮，在 标准基本体 ▾ 下拉列表中选择 复合对象 ▾ 项，单击 放样 按钮，再单击 获取图形 按钮，在顶视图中单击曲线，生成放样对象。

步骤 ④ 单击 ◿（修改）按钮，进入修改命令面板，将【图形步数】设为 1，再单击修改命令面板下端的 [+　　变形　　] 项下的 缩放 按钮，弹出【缩放变形】对话框。在控制线上添加上一个点，调整它的形态，如图 5-55 所示。

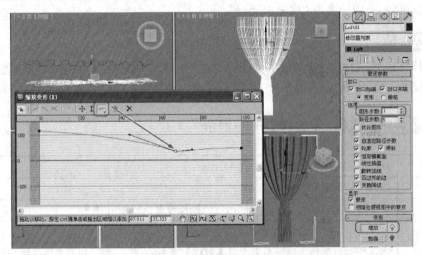

图 5-55　对窗帘进行缩放

▶ **技巧**

窗口中的顶点形态，要耐心地逐一调整，最好的调整结果与上图中的形态相似，因为只有这样才能出现我们想要的效果。读者也可以自行调整出其他的形态，以观察生成的不同造型。

经过缩放修改后会发现窗帘是对称的，下面我们调整它的形态。

步骤 ⑤ 形态调整完成后关闭【缩放变形】，在修改器窗口中将【图形】激活，在前视图框选创建的窗帘，在修改器堆栈中选择 Loft 下的"图形"子对象，然后在视图中选择曲线，再单击 左 或 右 按钮，目的就是让路径偏离形体一端，这样窗帘就不对称了，其形态如图 5-56 所示。

▶ **技巧**

使用工具栏中的 ✛（移动）可以手工调整对齐，这样可以更好地控制对齐的位置。

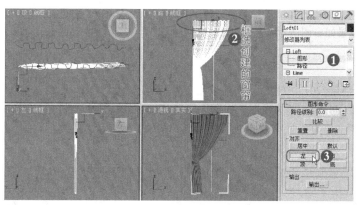

图 5-56　选择对齐类下的左边

步骤 6 退出【图形】子对象，单击工具栏中的 ⚙（镜像）按钮，此时弹出【镜像】对话框，选择 x 轴，将【偏移】设置为 800，在【克隆当前选择】项下选择【实例】，然后单击 确定 按钮，如图 5-57 所示。

图 5-57　镜像另一侧的窗帘

▶ 技巧

如果感觉窗帘的高度不够，可以选择路径，然后进入 ⋯（顶点）子对象层级进行调整；若不满意褶皱，可选择截面，进入 ⋯（顶点）子对象层级进行修改。

步骤 7 将制作的模型保存，文件名为"实例 46.max"。

实 例 总 结

本实例通过制作一个窗帘学习了【放样】命令的操作，并了解【截面】与【路径】之间的关系，掌握变形项下 缩放 命令的使用，在使用【放样】命令时，【缩放】是其中使用最多的一个选项。

Example 实例 47 【放样】——中式台灯

案例文件	DVD\源文件素材\第 5 章\实例 47.max		
视频教程	DVD\视频\第 5 章\实例 47. avi		
视频长度	4 分钟 54 秒	制作难度	★★
技术点睛	星形 、 线 的绘制及【放样】命令的使用		
思路分析	本实例通过制作中式台灯造型来学习【放样】命令的使用，首先创建一个【星形】作为"截面"，在前视图绘制一条直线作为"路径"，然后使用【放样】命令来生成灯罩，再调整【缩放】及【扭曲】产生艺术造型，最后用【车削】制作一个灯座		

本实例的最终效果如右图所示。

操 作 步 骤

**步骤① **启动 3ds Max 2012 中文版，将单位设置为毫米。

**步骤② **单击 ✳ （创建）/ ☑ （线形）/ 星形 按钮，在顶视图中绘制
一个星形（作为截面），在前视图中绘制一条长度为 400 的直线
（作为路径），其形态如图 5-58 所示。

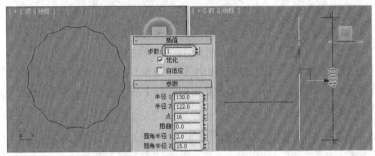

图 5-58　绘制的星形及直线

**步骤③ **将绘制的星形转换为可编辑样条线，然后为其施加一个值为 1 的轮廓，如图 5-59 所示。

**步骤④ **在前视图中选择绘制的直线（路径），执行【放样】命令，在顶视图中单击星形，生成放样对
象。为了优化模型，修改一下其步数，如图 5-60 所示。

图 5-59　为星形施加轮廓

图 5-60　放样对象

步骤⑤ **单击 ☑ （修改）按钮，进入修改命令面板，再单击修改命令面板下方 **+　　　变形
项下的 缩放 按钮，会弹出【缩放变形】窗口，调整其两端的顶点，形态如图 5-61 所示。

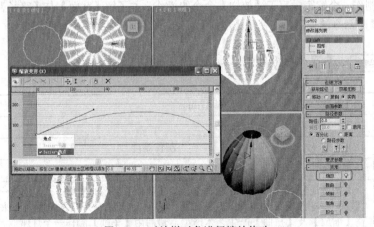

图 5-61　对放样对象进行缩放修改

步骤 6 单击修改命令面板下方 [+ 　　　变形　　　] 项下的 [扭曲] 按钮，弹出【扭曲变形】对话框，调整两端的顶点，形态如图 5-62 所示。

步骤 7 如果发现灯罩不是很平滑，可以修改【图形步数】为 2，【路径步数】为 8，这样就可以得到一个平滑的效果。

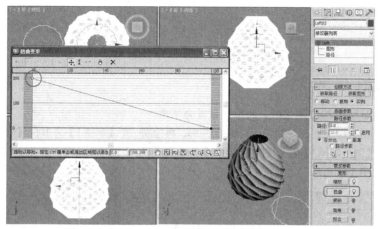

图 5-62　对放样对象进行扭曲修改

步骤 8 在前视图使用（线）绘制出台灯底座的剖面，然后执行【车削】修改命令，单击【对齐】项下的 [最小] 按钮，形态如图 5-63 所示。

步骤 9 为灯罩赋予一种灯的材质，为灯座赋予木纹材质，效果如图 5-64 所示。

图 5-63　制作的台灯座

图 5-64　赋予材质后的效果

步骤 10 将制作的模型保存，文件名为"实例 47.max"。

实 例 总 结

本实例通过制作一个中式台灯学习了【放样】命令的操作，并了解了【截面】与【路径】之间的关系，掌握【变形】项下的 [缩放] 以及 [扭曲] 命令的使用。

Example 实例 48 【多截面放样】——圆桌布

案例文件	DVD\源文件素材\第 5 章\实例 48.max		
视频教程	DVD\视频\第 5 章\实例 48.avi		
视频长度	3 分钟 53 秒	**制作难度**	★ ★
技术点睛	[圆] 、 [星形] 的绘制及【放样】命令的使用		
思路分析	本实例通过制作圆桌布造型来学习【多截面放样】命令的操作，以及根据实际对其进行精确修改		

本实例的最终效果如右图所示。

操 作 步 骤

步骤① 启动 3ds Max 2012 中文版,将单位设置为毫米。

步骤② 在顶视图绘制一个【半径】值为 100 的圆形,再绘制一个【半径 1】为 105,【半径 2】为 98,【点】
为 22、【圆角半径 1】为 5,【圆角半径 2】为 5 的星形。在前视图绘制一条直线,控制其长度约 130,
形态如图 5-65 所示。

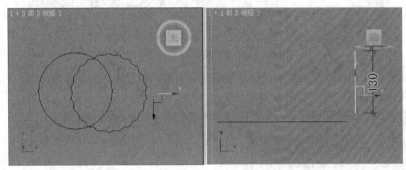

图 5-65　创建的两个截面和一条路径

步骤③ 在前视图中选择绘制的直线,单击 ✳ (创建)/◯ (几何体)按钮,在 标准基本体 ▾ 下
拉列表中选择 复合对象 ▾ ,单击 放样 按钮,再单击 获取图形 按钮,在顶视图中单
击圆,此时生成放样对象。

步骤④ 在【路径参数】下的【路径】右侧窗口中输入参数 100,再次单击 获取图形 按钮,在顶视图
中单击星形,生成的"桌布"造型的形态如图 5-66 所示。

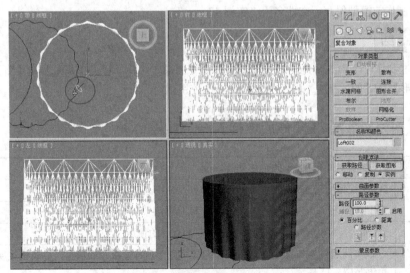

图 5-66　放样后的"桌布"造型

　　桌布拐角的地方应该再圆滑一点，应该用【变形】卷展栏下的【倒角】命令来完成。

步骤 ⑤ 单击修改命令面板下端 ⊞ ▕▔▔▔▔ 变形 ▔▔▔▔▏ 下的 ▕ 倒角 ▏ 按钮，弹出【倒角变形】对话框。在控制线上加一个点，调整形态，如图 5-67 所示。

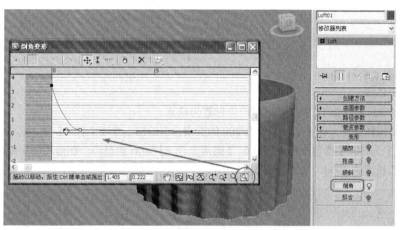

图 5-67　调整【倒角】命令

　　读者如果感觉桌布下方的褶皱不太理想，可以选择【星形】，然后添加一个【编辑样条线】修改命令，再进入 ┅ （顶点）子对象层级进行调整，此时【放样】对象会跟随调整而改变。

步骤 ⑥ 将制作的模型保存，文件名为"实例 48.max"。

　　【放样】是建模中重要的组成部分，通过放样可以制作复杂的模型，更重要的是放样提供了很多控制选项，较三维建模有更强的控制力，尤其是【缩放】，在制作复杂造型时使用的频率是最高的。

实 例 总 结

　　本实例通过制作一个圆桌布学习了多截面放样的操作，以及【路径】参数的作用，在进行多个截面放样时一定要合理设置这个参数。

Example 实例 **49** 【多截面放样】——欧式柱

案例文件	DVD\源文件素材\第 5 章\实例 49.max		
视频教程	DVD\视频\第 5 章\实例 49. avi		
视频长度	5 分钟 05 秒	**制作难度**	★★
技术点睛	▕ 圆 ▏、▕ 星形 ▏的绘制及【放样】命令的使用		
思路分析	本实例通过制作欧式柱造型来学习【多截面放样】命令的操作并根据实际的造型状态进行精确修改		

　　本实例的最终效果如右图所示。

操 作 步 骤

步骤 ① 启动 3ds Max 2012 中文版，将单位设置为毫米。

步骤 ② 在顶视图绘制一个【半径】值为 200 的圆形，再绘制一个【半径 1】为 200，【半径 2】为 190，【点】为 30，【圆角半径 1】为 6，【圆角半径 2】为 6 的星形。在前视图中绘制一条直线，控制其长度约 2000，形态如图 5-68 所示。

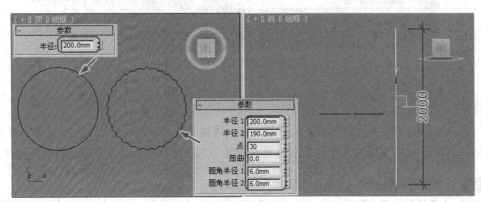

图 5-68　创建两个截面和一条路径

步骤 ③ 在前视图中选择绘制的直线，单击 ❋（创建）/○（几何体）按钮，在 标准基本体 ▼ 中选择 复合对象 ▼，单击 放样 按钮，再单击 获取图形 按钮，然后在顶视图单击圆，此时生成放样对象。

步骤 ④ 在【路径参数】下的【路径】右侧窗口中输入参数 10，再次单击 获取图形 按钮，在顶视图中再单击圆形，确保位于柱子的 10% 的位置是圆形，再输入 12，获取星形，造型的形态如图 5-69 所示。

步骤 ⑤ 再次输入 88，获取星形，确保位于柱子 88% 的位置是星形，最后输入 90，获取圆形，生成的造型如图 5-70 所示。

图 5-69　获取星形后的效果

图 5-70　生成的造型

步骤 **6** 单击修改命令面板下端 <kbd>+ 变形</kbd> 下的 <kbd>缩放</kbd> 按钮，弹出【缩放变形】对话框。在控制线的左端添加 6 个点，并调整它的形态，在右面再添加上 6 个点，调整形态，最终效果如图 5-71 所示。

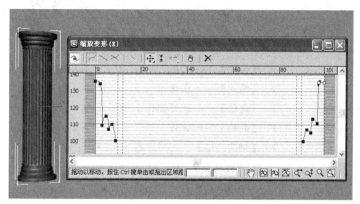

图 5-71　调整【缩放变形】命令

▶ **技巧**

如果想让两边的点完全一样，除了调整之外，还可以在【缩放变形】窗口下方的两个窗口中输入数值，第 1 个窗口代表 x 轴，第 2 个窗口代表 y 轴。

步骤 **7** 将制作的模型保存，文件名为"实例 49.max"。

实 例 总 结

本实例通过制作一个欧式柱造型重点掌握多截面放样的操作，并学习如何修改多截面放样得到物体，从而可以在其基础上制作出更丰富的造型。

第6章 三维对象修改器的应用

本章内容

- ➤ 【弯曲】——旋转楼梯
- ➤ 【弯曲】——弧形墙
- ➤ 【扭曲】——装饰柱
- ➤ 【扭曲】——花瓶
- ➤ 【锥化】——石桌石凳
- ➤ 【锥化】——台灯

- ➤ 【噪波】——山形
- ➤ 【噪波】——床垫
- ➤ 【晶格】——装饰摆件
- ➤ 【晶格】——珠帘
- ➤ 【编辑网格】——显示器
- ➤ 【编辑网格】——方形装饰柱

- ➤ 【FFD 长方体】——枕头
- ➤ 【FFD 长方体】——休闲沙发
- ➤ 【布尔】——时尚凳
- ➤ 【超级布尔】——椭圆镜及搁板

　　本章将讲述三维物体的常用修改命令，在 3ds Max 的修改工具中有大量的三维修改命令，通过使用这些命令可以对三维对象进行一些复杂的变形和编辑，快捷地创建一些精度要求很高的复杂三维造型。在本章中我们主要介绍【弯曲】、【扭曲】、【锥化】、【噪波】、【晶格】、【编辑网格】、【FFD 长方体】、【布尔】以及【超级布尔】等辑修改命令。

Example 实例 50 【弯曲】——旋转楼梯

案例文件	DVD\源文件素材\第 6 章\实例 50.max		
视频教程	DVD\视频\第 6 章\实例 50. avi		
视频长度	2 分钟 44 秒	制作难度	★★★
技术点睛	【弯曲】命令的使用		
思路分析	本实例通过制作旋转楼梯来学习【弯曲】命令的使用。首先使用【线】命令绘制楼梯的截面线，然后使用 ✓（线段）子对象下的【拆分】命令添加顶点，使用【挤出】修改命令生成三维物体，最后使用【弯曲】修改命令生成旋转楼梯		

　　本实例的最终效果如右图所示。

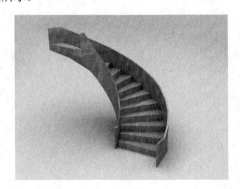

操 作 步 骤

步骤 ① 启动 3ds Max 2012 中文版，将单位设置为毫米。

步骤 ② 单击工具栏中的 ²⁵（捕捉）按钮，将光标放在上面单击鼠标右键，弹出【栅格和捕捉设置】对话框，点选【栅格点】选项。

步骤 ③ 将前视图最大化显示（按下快捷键 Alt+W）。

步骤 ④ 单击 ❋（创建）/ ♂（线形）/ 　线　 按钮，在前视图中绘制如图 6-1 所示的线形，控制踏步的数值为：水平三个栅格、垂直两个栅格。

步骤⑤ 进入修改命令面板，按下 2 键，进入 ✎（线段）子对象层级，在前视图中选择下面的线段，然后在【拆分】右侧的窗口中输入 10，再单击 拆分 按钮，此时选择的线段加上 10 个顶点，如图 6-2 所示。

> ▶ 技巧
>
> 在对 ✎（线段）子对象进行【拆分】的过程中，⋯（顶点）的类型必须是【角点】方式，否则它不是等分的。

步骤⑥ 为绘制的线形添加【挤出】修改命令，将【数量】设置为 150，效果如图 6-3 所示。

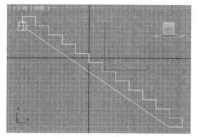

图 6-1　绘制的楼梯截面线

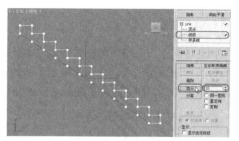

图 6-2　为线段进行加点

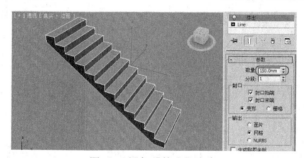

图 6-3　添加【挤出】命令

> ▶ 技巧
>
> 为 ✎（线段）增加 ⋯（顶点）的目的是为后面进行【弯曲】时达到好的效果，如果不增加顶点，就不能进行弯曲。

步骤⑦ 使用同样的方法在前视图中绘制出楼梯挡板的截面，然后为其增加 12 个顶点，效果如图 6-4 所示。

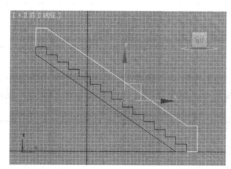

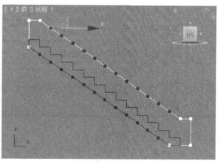

图 6-4　绘制出挡板的截面

步骤 ⑧ 在命令面板执行【挤出】修改命令，设置【数量】为 2。在顶视图中沿 y 轴向下复制一个，使用【对齐】命令进行对齐。

步骤 ⑨ 选择所有的造型，在修改器列表中执行【弯曲】修改命令，将【角度】设置为 90，勾选 x 轴，其效果如图 6-5 所示。

步骤 ⑩ 保存文件，命名为"实例 50.max"。

▶ 技巧

在使用【弯曲】修改命令时，可以勾选【限制效果】项，然后调整【上限】参数，在修改器列表中打开■，激活——中心——子对象层级，然后使用工具栏中的移动改变弯曲的位置。

实 例 总 结

本实例通过制作一个旋转楼梯造型学习了线形的绘制与修改，使用／（线段）子对象下的【拆分】命令为线形合理地增加顶点，使用【挤出】修改命令让线形生成三维物体，使用【弯曲】命令将楼梯变成旋转楼梯，重要是掌握【弯曲】修改命令的使用及其参数的作用。

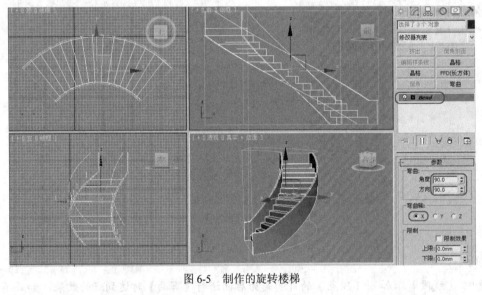

图 6-5 制作的旋转楼梯

Example 实例 **51** 【弯曲】——弧形墙

案例文件	DVD\源文件素材\第 6 章\实例 51.max		
视频教程	DVD\视频\第 6 章\实例 51. avi		
视频长度	2 分钟 27 秒	制作难度	★★★
技术点睛	【弯曲】修改命令的使用		
思路分析	本实例通过制作弧形墙来学习【弯曲】修改命令的使用，首先制作一个带有两个窗的墙体，为了达到弯曲效果，使用／（线段）子对象下的【拆分】命令添加顶点，以及怎样改变不理想的效果		

本实例的最终效果如下图所示。

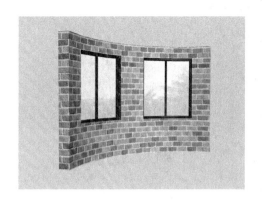

操作步骤

步骤 ① 启动 3ds Max 2012 中文版，将单位设置为毫米。

步骤 ② 单击菜单栏 ⑥ 按钮下的【打开】命令，打开本书配套光盘"源文件素材/第 6 章/墙体.max"文件，如图 6-6 所示。

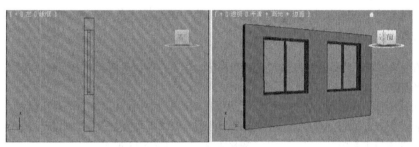

图 6-6　打开的"墙体.max"文件

步骤 ③ 删除玻璃，选择墙体，在修改器列表中回到【线段】子对象级别，为其增加顶点，如图 6-7 所示。

步骤 ④ 使用同样的方法为窗框增加顶点，如图 6-8 所示。

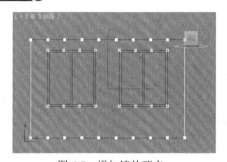

图 6-7　增加墙体顶点

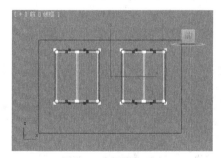

图 6-8　窗框增加顶点

▶ 技巧

　　因为我们使用了实例复制，所以只对一个窗框进行修改就可以了。

步骤 ⑤ 在前视图中创建一个 1480×3380 的矩形，作为"玻璃"，为其添加一个【编辑样条线】修改命令，进入【线段】子对象级别，增加适当的顶点，然后执行【挤出】命令，将【数量】设置为 8，移动到窗框的中间位置，生成玻璃造型。

步骤 ⑥ 选择所有物体，为其添加一个【弯曲】修改命令，调整各项参数，如图 6-9 所示。

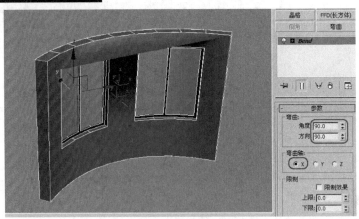

图6-9 调整弯曲参数

▶ 技巧

在使用修改命令时必须先确定场景中的对象处于被选择状态，否则【修改器列表】中的命令将不可以使用。

从上面的效果来看，墙体及窗框虽然已经弯曲了，但是存在很多问题，上面有很明显的黑斑及连线，下面我们就来调整。

步骤 7 选择墙体，在修改器窗口中回到【编辑样条线】下的 ·· (顶点) 子对象级别，在前视图中选择左下方的顶点，单击 设为首顶点 按钮，将当前的顶点变为首顶点。如图6-10所示。

步骤 8 回到【挤出】修改命令，点选【栅格】选项，如图6-11所示。

▶ 技巧

当我们发现【挤出】的墙体有黑斑或者连线时，有两个方法进行修改：改变线形的首顶点或选择【挤出】下方的【栅格】选项。

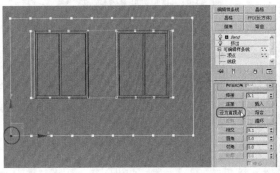

图6-10 变顶点

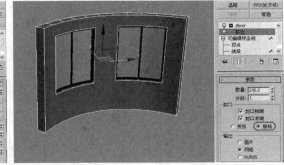

图6-11 调整【挤出】下的参数

步骤 9 单击菜单栏 ⑤ 按钮下的【另存为】命令，将制作的场景保存为"实例51.max"。

实 例 总 结

本实例通过制作一个弧形墙造型，重点学习了怎样编辑【弯曲】后出现的错误。为墙体及窗框增加顶点的目的是为了达到弯曲的效果。为墙体、窗框添加【弯曲】修改命令，在修改器窗口中改变墙体的【首顶点】，在【挤出】修改命令下勾选【栅格】，最终弧形墙制作完成。

Example 实例 52 【扭曲】——装饰柱

案例文件	DVD\源文件素材\第 6 章\实例 52.max		
视频教程	DVD\视频\第 6 章\实例 52. avi		
视频长度	3 分钟 08 秒	制作难度	★★★
技术点睛	【扭曲】命令的使用		
思路分析	本实例通过制作装饰柱造型来学习【扭曲】修改命令的使用，首先绘制【星形】，执行【挤出】修改命令生成柱子，然后执行【扭曲】修改命令制作出扭曲的效果，最后用【车削】修改命令制作出柱头及柱座		

本实例的最终效果如右图所示。

操作步骤

步骤 ① 启动 3ds Max 2012 中文版，将单位设置为毫米。

步骤 ② 单击 (创建)/ (线形)/ 星形 按钮，在顶视图中绘制一个星形，参数及形态如图 6-12 所示。

步骤 ③ 为星形执行【挤出】修改命令，设置【数量】为 1200，【段数】为 20，效果如图 6-13 所示。

图 6-12 【星形】的参数及形态

图 6-13 执行【挤出】修改命令

▶ 技巧

　　我们在修改三维对象的形态时，对象必须有足够的段数，否则达不到我们所需要的效果，设置【段数】的目的就是让柱子出现扭曲形态。

步骤 ④ 为其添加一个【扭曲】修改命令，调整各项参数，如图 6-14 所示。
步骤 ⑤ 使用【车削】修改命令为柱子制作出柱头及柱座，效果如图 6-15 所示。

图 6-14　执行【扭曲】命令

图 6-15　制作的柱头及柱座

步骤 ⑥ 将制作的模型进行保存，命名为"实例 52.max"。

实 例 总 结

　　本实例通过制作一个装饰柱造型，学习使用【挤出】命令生成三维物体，然后配合【扭曲】命令制作出扭曲的效果。

Example 实例 **53** 【扭曲】——花瓶

案例文件	DVD\源文件素材\第 6 章\实例 53.max		
视频教程	DVD\视频\第 6 章\实例 53. avi		
视频长度	2 分钟 18 秒	制作难度	★★★
技术点睛	【扭曲】命令的使用		
思路分析	本实例通过制作花瓶造型来学习【扭曲】命令的使用与参数的修改，首先绘制【星形】，执行【挤出】命令生成三维造型，执行【扭曲】命令制作出扭曲的效果		

　　本实例的最终效果如下图所示。

操作步骤

步骤 ① 启动 3ds Max 2012 中文版，将单位设置为毫米。

步骤 ② 单击 ✱（创建）/ ◔（线形）/ 星形 按钮，在顶视图绘制一个星形，参数及形态如图 6-16 所示。

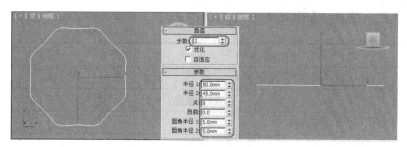

图 6-16 【星形】的参数及形态

步骤 ③ 为星形添加【编辑样条线】修改命令，按下 3 键进入 ∧（样条线）子对象层级，为绘制的线形添加一个值为 1 的轮廓，执行【挤出】修改命令，设置【数量】为 300，【段数】为 20，效果如图 6-17 所示。

图 6-17 执行【挤出】修改命令

▶ 技巧

设置【段数】为 20，目的是在后面施加【锥化】及【扭曲】修改命令后能达到我们所需要的效果。

步骤 ④ 为【挤出】后的星形添加【锥化】修改命令，设置参数如图 6-18 所示。

步骤 ⑤ 最后添加【扭曲】修改命令，调整一下参数，参数的设置及形态如图 6-19 所示。

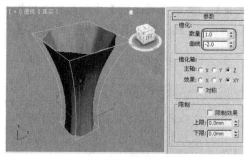

图 6-18 执行【锥化】修改命令

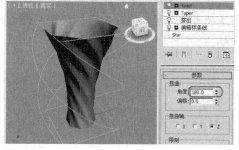

图 6-19 执行【扭曲】修改命令

步骤 ⑥ 最后用【挤出】修改命令制作一个底放在下面。

步骤 ⑦ 保存模型，命名为"实例 53.max"。

本实例通过制作一个花瓶造型，学习使用【挤出】及【锥化】命令生成三维物体，然后配合【扭曲】命令制作出扭曲效果的花瓶。

Example 实例 **54** 【锥化】——石桌石凳

案例文件	DVD\源文件素材\第 6 章\实例 54.max		
视频教程	DVD\视频\第 6 章\实例 54. avi		
视频长度	1 分钟 58 秒	制作难度	★★★
技术点睛	【锥化】命令的使用		
思路分析	本实例通过制作一组石桌石凳造型来学习【锥化】命令的使用，首先创建一个【切角圆柱体】，使用【锥化】命令生成石桌，复制一个修改后作为石凳		

本实例的最终效果如右图所示。

操 作 步 骤

步骤 **1** 启动 3ds Max 2012 中文版，将单位设置为毫米。

步骤 **2** 单击 ❋（创建）/ ⬡（几何体）/ 切角圆柱体 按钮，在顶视图中单击并拖动鼠标创建一个切角圆柱体，作为"石桌"，参数及形态如图 6-20 所示。

步骤 **3** 在修改命令面板中执行【锥化】修改命令，将【曲线】设置为 1.0，其效果如图 6-21 所示。

> ▶ 技巧
>
> 在使用【锥化】修改命令时，可以勾选【限制效果】，然后在【上限】右侧的窗口中输入合适的数值，然后在修改器列表中将 ➕ 打开，激活 └── 中心 层级，用工具栏中的移动工具进行调整。

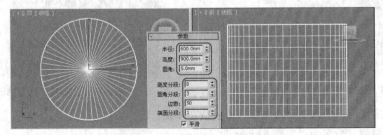

图 6-20　创建的切角圆柱体及参数

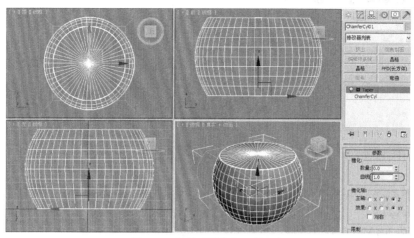

图 6-21 调整【锥化】下的参数

步骤 4 在顶视图复制一个，修改【半径】为 200，【高度】为 400，如图 6-22 所示。

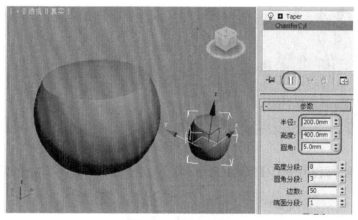

图 6-22 制作的石凳

步骤 5 在顶视图中使用阵列或者旋转复制的方法来生成多个石凳。

步骤 6 保存文件，命名为"实例 54.max"。

实 例 总 结

本实例通过制作一个石桌造型，重点掌握了【锥化】修改命令下【曲线】及【锥化轴】参数的作用，并运用移动复制的方式，复制一个石桌并调整参数后作为石凳造型。

Example 实例 55 【锥化】——台灯

案例文件	DVD\源文件素材\第 6 章\实例 55.max		
视频教程	DVD\视频\第 6 章\实例 55. avi		
视频长度	2 分钟 07 秒	制作难度	★★★
技术点睛	【锥化】命令的使用		
思路分析	本实例通过制作台灯造型来深入学习【锥化】修改命令的使用。首先创建管状体并执行【锥化】修改命令生成灯罩，创建圆柱体执行【锥化】修改命令生成灯座		

本实例的最终效果如下图所示。

步骤 ① 启动 3ds Max 2012 中文版，将单位设置为毫米。

步骤 ② 单击 ☀ (创建)/ ◯ (几何体)/ 管状体 按钮，在顶视图单击并拖动鼠标创建一个管状体，作为台灯的"灯罩"，修改参数如图 6-23 所示。

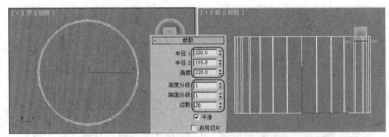

图 6-23 管状体的形态及参数

步骤 ③ 在修改命令面板中执行【锥化】命令，将【数量】设置为-0.5，其效果如图 6-24 所示。

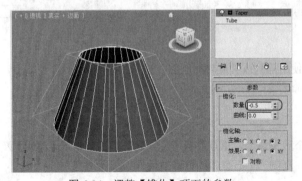

图 6-24 调整【锥化】项下的参数

步骤 ④ 单击 ☀ (创建)/ ◯ (几何体)/ 圆柱体 按钮，在顶视图中拖动鼠标创建一个圆柱体（作为台灯的"底座"），位置及参数如图 6-25 所示。

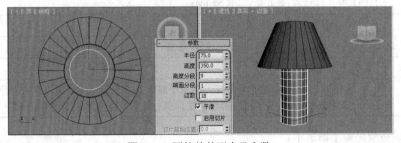

图 6-25 圆柱体的形态及参数

▶ 技巧

设置【圆柱体】的【边数】目的是为了在施加【锥化】修改命令时，调整【弯曲】参数时达到圆滑的效果。

步骤 5 在修改命令面板中执行【锥化】修改命令，【数量】设置为- 0.5，设置【曲线】值为 4.0，其效果如图 6-26 所示。

步骤 6 保存文件，命名为"实例 55.max"。

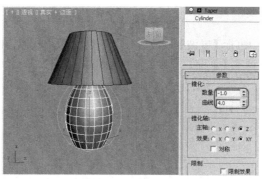

图 6-26　调整【锥化】类下的参数

实 例 总 结

本实例通过制作一个台灯造型，重点学习了【锥化】修改命令下的【数量】、【曲线】及【锥化轴】参数的作用，通过创建【标准基本体】再添加【锥化】修改命令生成台灯。

Example 实例 **56** 【噪波】——山形

案例文件	DVD\源文件素材\第 6 章\实例 56.max		
视频教程	DVD\视频\第 6 章\实例 56. avi		
视频长度	2 分钟 07 秒	制作难度	★★★
技术点睛	【噪波】命令的使用		
思路分析	本实例通过制作山形造型来学习【噪波】修改命令的使用，首先创建【平面】对象，再设置足够的段数，使用【噪波】修改命令产生起伏效果		

本实例的最终效果如下图所示。

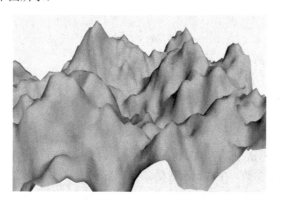

操 作 步 骤

步骤 1 启动 3ds Max 2012 中文版，将单位设置为毫米。

步骤 2 单击 ＊（创建）/ ○（几何体）/ 　平面　 按钮，在顶视图中单击并拖动鼠标创建一个平面，参数及形态如图 6-27 所示。

▶ 技巧

　　必须设置足够的段数，才能达到好的效果，段数越多，出现的凹凸效果越圆滑，如果段数比较少，出现的效果会很生硬。

步骤 3 在修改命令面板中执行【噪波】修改命令，将【比例】设置为 300，勾选【分形】，设置【迭代次数】为 10，调整【强度】下的 Z 参数为 500，效果如图 6-28 所示。

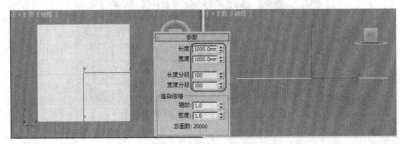

图 6-27　创建的平面及参数

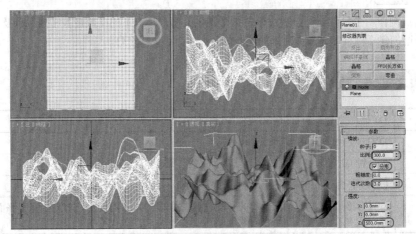

图 6-28　调整【噪波】下的参数

▶ 技巧

　　如果想改变"山形"的形态，可以调整【种子】的数值。

步骤 4 将文件进行保存，命名为"实例 56.max"。

实 例 总 结

　　本实例通过制作一个山形造型，学习了首先创建平面对象，然后设置好各项参数，再为它添加一个【噪波】修改命令，调整各项参数，生成山形造型。

Example 实例 57 【噪波】——床垫

案例文件	DVD\源文件素材\第 6 章\实例 57.max		
视频教程	DVD\视频\第 6 章\实例 57. avi		
视频长度	2 分钟 03 秒	制作难度	★ ★ ★
技术点睛	【噪波】命令的使用		
思路分析	本实例通过制作床垫造型来学习【噪波】修改命令的使用，首先创建【切角长方体】，并设置足够的段数，再使用【编辑多边形】命令进行局部【噪波】命令产生起伏效果		

本实例的最终效果如下图所示。

操 作 步 骤

步骤 ① 启动 3ds Max 2012 中文版，将单位设置为毫米。

步骤 ② 单击 （创建）/ （几何体）/ 切角长方体 按钮，在顶视图中单击并拖动鼠标创建一个切角长方体，参数及形态如图 6-29 所示。

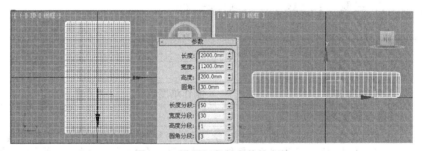

图 6-29　设置切角长方体的参数

步骤 ③ 在修改命令面板中执行【编辑多边形】修改命令，按下 4 键，进入 （多边形）子对象层级，使用工具栏中的 （选择对象）命令在顶视图中选择上表面，如图 6-30 所示。

步骤 ④ 按住 Alt 键，在前视图中将下面的多边形减选，如图 6-31 所示。

图 6-30　选择的面

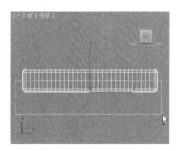

图 6-31　将下面的多边形减选

▶ 技巧

　　在选择多边形时，一定要使用 ↖ （选择对象）命令进行，如果使用 ✛ （移动）进行选择，就会移动到一边，将出现错误的效果。

步骤 5 在修改命令面板中执行【噪波】修改命令，将【比例】设置为100，勾选【分形】，设置【迭代次数】为10，调整【强度】下的 Z 值为20，其效果如图6-32所示。

步骤 6 保存文件，命名为"实例57.max"。

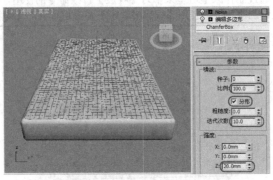

图6-32　调整噪波下的参数

实 例 总 结

　　本实例制作了一个床垫造型，首先创建【建切角长方体】，设置各项参数，再用【编辑多边形】命令局部选择面，然后使用【噪波】修改命令表现出凹凸不平的效果。

Example 实例 **58** 【晶格】——装饰摆件

案例文件	DVD\源文件素材\第6章\实例58.max		
视频教程	DVD\视频\第6章\实例58.avi		
视频长度	3分钟14秒	制作难度	★★★
技术点睛	【晶格】命令的使用		
思路分析	本实例通过制作装饰摆件造型来学习【晶格】修改命令的使用，首先创建【长方体】，使用【晶格】修改命令生成装饰摆件的主体，再用【圆柱体】及【切角长方体】制作出底座		

　　本实例的最终效果如下图所示。

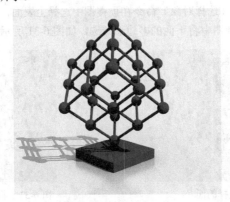

步骤 ① 启动 3ds Max 2012 中文版，将单位设置为毫米。

步骤 ② 单击 ※ （创建）/ ○ （几何体）/ 长方体 按钮，在前视图中单击并拖动鼠标创建一个长方体，修改参数如图 6-33 所示。

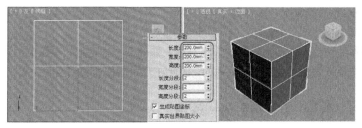

图 6-33 长方体的形态及参数

步骤 ③ 激活主工具栏中的 ○ （旋转）按钮并在其上面单击鼠标右键，在弹出的【旋转变换输入】对话框中设置 X、Y、Z 的数值，效果如图 6-34 所示效果。

图 6-34 旋转长方体

步骤 ④ 为旋转后的长方体添加【晶格】修改命令，调整各项参数如图 6-35 所示。此时的效果如图 6-36 所示。

图 6-35 调整【晶格】下的参数

图 6-36 摆件主体的效果

步骤 ⑤ 在顶视图中创建【半径】为 6，【高度】为 12 的圆柱体和【长度】为 180，【宽度】为 180，【高度】为 30，【圆角】为 1 的切角长方体，调整其位置如图 6-37 所示，作为装饰摆件的支架和底座。

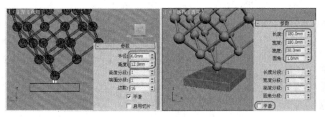

图 6-37 制作装饰摆件的支架和底座

▶ 技巧

> 【晶格】修改命令与其他命令有所不同，它可分别用在三维对象和二维线形上。

步骤 6 保存文件，命名为"实例 58.max"。

实 例 总 结

本实例通过制作装饰摆件造型来重点学习【晶格】修改命令的使用。在练习的过程中我们要注意参与造型的对象参数与最终的效果是有直接关系的，因此在开始制作前我们要明确相关物体的参数及形态。

Example 实例 **59** 【晶格】——珠帘

案例文件	DVD\源文件素材\第 6 章\实例 59.max		
视频教程	DVD\视频\第 6 章\实例 59. avi		
视频长度	1 分钟 19 秒	制作难度	★★★
技术点睛	【晶格】命令的使用		
思路分析	本实例通过制作一个现代的珠帘造型来学习【晶格】修改命令的使用，首先创建【平面】设置合理段数，然后使用【晶格】命令生成珠帘		

本实例的最终效果如右图所示。

操 作 步 骤

步骤 1 启动 3ds Max 2012 中文版，将单位设置为毫米。

步骤 2 单击 ✲ （创建）/ ◯ （几何体）/ 平面 按钮，在顶视图中单击并拖动鼠标创建一个平面，修改参数如图 6-38 所示。

图 6-38　平面的形态及参数

▶ 技巧

调整分段是为了设置珠帘的数量，这要根据实际情况进行调整。

步骤 ③ 在修改命令面板中添加一个【晶格】修改命令，调整各项参数如图 6-39 所示，此时长方体的效果如图 6-40 所示。

图 6-39 调整【晶格】下的参数

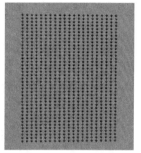

图 6-40 执行【晶格】后的效果

步骤 ④ 保存文件，命名为"实例 59.max"。

实 例 总 结

本实例制作了一个简易的珠帘造型，首先创建了一个【平面】造型，为了得到合理的结构，设置各项【分段】，然后为弧添加一个【晶格】修改命令并调整各项参数生成珠帘。

Example 实例 60 【编辑网格】——显示器

案例文件	DVD\源文件素材\第 6 章\实例 60.max		
视频教程	DVD\视频\第 6 章\实例 60. avi		
视频长度	3 分钟 28 秒	制作难度	★★★
技术点睛	【编辑网格】命令的使用		
思路分析	本实例通过制作电脑的显示器造型来学习【编辑网格】命令的使用，首先创建一个【切角长方体】，再添加【编辑网格】命令，并使用■（多边形）及∴（顶点）生成显示器		

本实例的最终效果如右图所示。

操 作 步 骤

步骤 ① 启动 3ds Max 2012 中文版，将单位设置为毫米。

步骤 ② 在前视图中创建一个 360×400×400×2 的切角长方体，段数分别设置为 3×3×6×3，其参数设置及形态如图 6-41 所示。

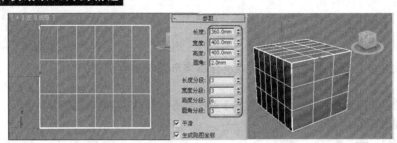

图 6-41　创建的切角长方体的形态及参数

步骤 ③ 确认切角长方体处于选中状态，单击命令面板中的 ◿（修改）按钮，在修改命令面板中执行【编辑网格】命令。激活 ⁚（顶点）按钮，在前视图中选择中间的两排顶点，分别向四周移动，制作出显示器屏幕的外框，如图 6-42 所示。

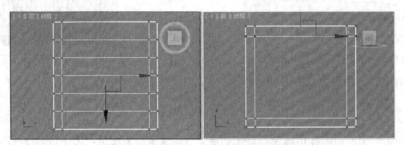

图 6-42　创建的切角长方体的形态及参数

步骤 ④ 激活 ▣（多边形）按钮，在前视图中选择中间的多边形，单击"编辑几何体"下的 `倒角` 按钮后，将光标放在激活的视图中向下拖动鼠标，挤出斜面的厚度，松开鼠标后再向下拖动，制作出斜面的倾斜度，挤出和倒角的大小可以在透视图中观察，如图 6-43 所示。

步骤 ⑤ 激活 ⁚（顶点）按钮，在顶视图中选择后面的 5 排顶点，单击 ◹（选择并均匀缩放）按钮，向下拖动光标，缩放后的形态如图 6-44 所示。

步骤 ⑥ 保存模型，文件名为"实例 60.max"。

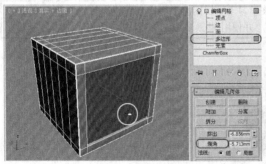

图 6-43　执行倒角命令后的形态

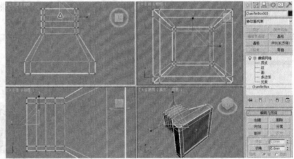

图 6-44　比例缩放后的顶点效果

▶ **技巧**

　　如果想将显示器制作得很漂亮，可以用工具栏中的 ✛（移动）按钮在各个视图中仔细调整，才能制作出比较理想的造型。

实 例 总 结

本实例制作了一个显示器造型，首先创建切角长方体，设置好合理的参数，然后为它添加一个【编辑网格】修改命令，进入 ■（多边形）及 ∴（顶点）子对象层级调整形态，最终生成显示器。

Example 实例 **61**　【编辑网格】——方形装饰柱

案例文件	DVD\源文件素材\第 6 章\实例 61.max		
视频教程	DVD\视频\第 6 章\实例 61. avi		
视频长度	1 分钟 54 秒	制作难度	★★
技术点睛	【编辑网格】命令的使用		
思路分析	本实例通过制作工程装修中常用到的装饰柱造型来学习【编辑多边形】的强大的编辑修改功能。首先创建一个【长方体】，然后为其添加【编辑多边形】修改命令，使用 ■（多边形）下的【倒角】生成装饰柱		

本实例的最终效果如下图所示。

操 作 步 骤

步骤 ❶ 启动 3ds Max 2012 中文版，将单位设置为毫米。

步骤 ❷ 在顶视图中创建一个 200×200×80 的长方体，形态及参数如图 6-45 所示。

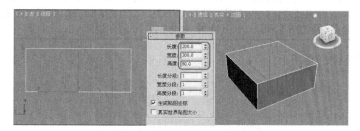

图 6-45　长方体的形态及参数

步骤 ❸ 在修改命令面板中执行【编辑网格形】修改命令，按下 4 键，进入 ■（多边形）子对象层级，在透视图中选择上表面，在 挤出 右侧的窗口中输入 50，按下 Enter 键，如图 6-46 所示。

步骤 ❹ 在 倒角 右侧的窗口中输入-40，按下 Enter 键，生成柱座，效果如图 6-47 所示。

步骤 ❺ 此时再【挤出】1000，按下 Enter 键，生成柱子的高度，设置【挤出】为 50，再设置【倒角】为 40，最后设置【挤出】为 80，生成装饰柱，最终效果如图 6-48 所示。

步骤 ❻ 保存文件，命名为"实例 61.max"。

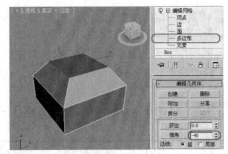

图 6-46　设置【挤出】　　　　　　　　　图 6-47　设置【倒角】

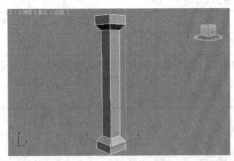

图 6-48　　制作的装饰柱

实 例 总 结

　　本实例制作了一个装饰柱造型，首先创建一个长方体，然后设置各项的段数，选择【编辑网格】修改命令。激活■（多边形）子对象层级，然后运用【挤出】及【倒角】命令制作出装饰柱。

Example 实例 62 【FFD 长方体】——枕头

案例文件	DVD\源文件素材\第 6 章\实例 62.max		
视频教程	DVD\视频\第 6 章\实例 62. avi		
视频长度	2 分钟 21 秒	制作难度	★★
技术点睛	【FFD 长方体】命令的使用		
思路分析	本实例通过制作枕头造型来学习【FFD（长方体）】命令的使用，首先创建一个【切角长方体】，再使用【FFD（长方体）】命令生成枕头的形态		

　　本实例的最终效果如下图所示。

操 作 步 骤

步骤 ① 启动 3ds Max 2012 中文版，将单位设置为毫米。

步骤 2 单击 <kbd>创建</kbd>（创建）/ <kbd>几何体</kbd>（几何体）/ <kbd>切角长方体</kbd> 按钮，在顶视图中单击并拖动鼠标创建一个切角长方体，参数及形态如图 6-49 所示。

步骤 3 在修改命令面板中执行【FFD 长方体】修改命令，单击 <kbd>设置点数</kbd> 按钮，在弹出的【设置 FFD 尺寸】对话框中设置【长度】和【宽度】为 5，【高度】为 3，单击 <kbd>确定</kbd> 按钮，如图 6-50 所示。

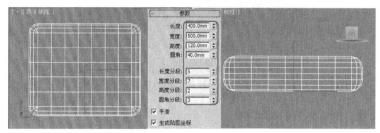

图 6-49 设置【切角长方体】的参数

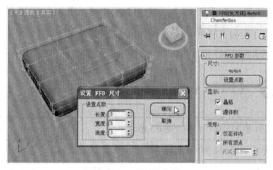

图 6-50 设置点数

> ▶ **技巧**
>
> 【FFD（长方体）】是一个很强大的三维修改命令，在执行此命令之前，对象必须有足够的段数，否则即使调整控制点，对象的形态也不会跟随改变。

步骤 4 按下 1 键，进入 <kbd>控制点</kbd> 子层级，在顶视图中选择四周的控制点，然后在前视图使用工具栏中的 <kbd>选择并均匀缩放</kbd>（选择并均匀缩放）按钮沿 y 轴进行缩放，效果如图 6-51 所示。

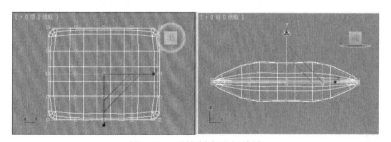

图 6-51 对控制点进行缩放

步骤 5 在不同的视图可以单独选择控制点进行调整，直到满意为至，最终效果如图 6-52 所示。

> ▶ **技巧**
>
> 如果想得到更多的控制点，更方便地进行调整，在【设置 FFD 尺寸】对话框中可以将数值设置得多一些。

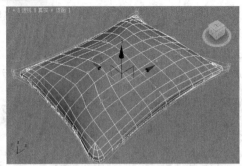

图 6-52　枕头的最终效果

步骤 6 保存文件，命名为"实例 62.max"。

实 例 总 结

　　本实例制作了一个枕头造型，首先创建了【切角长方体】，然后合理地设置各项参数，添加【FFD 长方体】命令，设置控制点数，进入【控制点】子层级，使用 🔲（缩放）及 ✛（移动）命令制作出枕头的形态，最终完成枕头的制作。

Example **实例** **63** 【FFD 长方体】——休闲沙发

案例文件	DVD\源文件素材\第 6 章\实例 63.max		
视频教程	DVD\视频\第 6 章\实例 63.avi		
视频长度	1 分钟 50 秒	制作难度	★★
技术点睛	【FFD 长方体】命令的使用		
思路分析	本实例通过制作休闲沙发造型来学习【FFD 长方体】修改命令的使用方法，首先创建一个【球体】，为其设置合理的段数，再使用【FFD 长方体】命令下的【控制点】制作出休闲沙发的形态		

　　本实例的最终效果如下图所示。

操 作 步 骤

步骤 1 启动 3ds Max 2012 中文版，将单位设置为毫米。

步骤 2 单击 ✳（创建）/ ◯（几何体）/ ▢球体▢ 按钮，在顶视图中单击并拖动鼠标创建一个球体，参数及形态如图 6-53 所示。

步骤 3 在修改命令面板中执行【FFD 长方体】修改命令，单击▢设置点数▢按钮，在弹出的【设置 FFD 尺寸】对话框中，设置【长度】和【宽度】为 4，【高度】为 2，单击▢确定▢按钮，如图 6-54 所示。

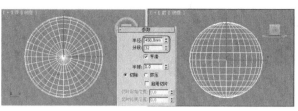
图 6-53　球体的参数

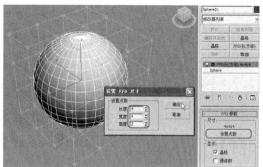
图 6-54　设置点数

▶ 技巧

在进行选择控制点时，可以进行框选，将中间的 4 个控制点全部选择，如果下面的点也选择上了，可以按住 Alt 键将下面的点减选。

步骤 ④ 按下 1 键，进入 控制点 子层级，在顶视图中选择中间的 4 个控制点，在前视图中使用移动工具沿 y 轴往下方移动，并进行缩放，效果如图 6-55 所示。

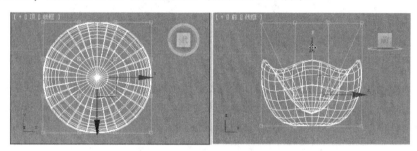
图 6-55　对控制点进行移动

步骤 ⑤ 在不同的视图中可以单独选择控制点进行调整，直到满意为至。

步骤 ⑥ 保存文件，命名为"实例 63.max"。

实 例 总 结

本实例制作了一个枕头造型，首先创建出【球体】，再添加【FFD 长方体】修改命令，设置【控制点数】，进入【控制点】子层级，使用 ✛（移动）命令制作出休闲沙发的形态。

Example 实例 **64** 【布尔】——时尚凳

案例文件	DVD\源文件素材\第 6 章\实例 64.max		
视频教程	DVD\视频\第 6 章\实例 64. avi		
视频长度	5 分钟	制作难度	★★
技术点睛	【布尔】命令的操作		
思路分析	本实例通过制作一个时尚凳造型，主要学习【布尔】命令的使用		

时尚凳的效果如下图所示。

操 作 步 骤

步骤 ① 启动 3ds Max 2012 中文版，将单位设置为毫米。

步骤 ② 用线命令在前视图绘制出如图 6-56 所示的线形（长和宽为：600×400），然后为线形施加轮廓，效果如图 6-57 所示。

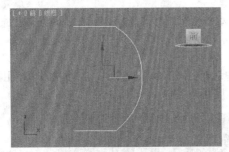

图 6-56 绘制的线形

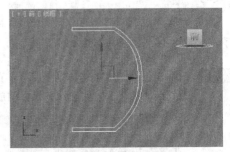

图 6-57 为线形施加轮廓

步骤 ③ 确认绘制的线形处于选择状态，在修改器列表中执行【车削】命令，勾选【焊接内核】选项。为了让凳子更圆滑一些，将【分段】设置为 30，单击【对齐】类下的 最小 按钮。

步骤 ④ 在前视图创建一个球体，位置及参数如图 6-58 所示。

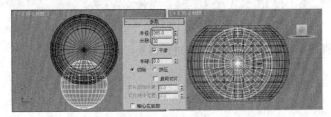

图 6-58 创建的球体

▶ **技巧**

参与【布尔】运算的物体，必须有相交的部分，如果没有相交，在执行【交集】和【差集】的时候，将不会出现运算结果。

步骤 ⑤ 在顶视图复制一个，放在对面，然后用旋转复制一组，如图 6-59 所示。

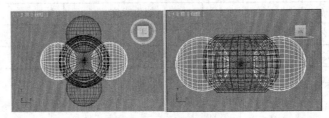

图 6-59 复制的球体

步骤 6 选择其中的一个球体，然后执行【编辑网格】命令，单击【编辑几何体】类下的 [附加] 按钮，单击视图中的另外三个球体，将它们附加为一体。

▶ **技巧**

将球体附加为一体，在进行【布尔】运算的时候可以一次性将要减掉的物体进行布尔。

步骤 7 选择通过执行【车削】得到的造型，然后单击 ☀ （创建）/ ○ （几何体）按钮，在 [标准基本体 ▼] 选项窗口类下选择 [复合对象 ▼]，单击 [布尔] 按钮，再单击【拾取布尔】类下的 [拾取操作对象B] 按钮，如图 6-60 所示。

步骤 8 在视图中单击已经附加为一体的球体，效果如图 6-61 所示。

图 6-60 选择布尔运算命令

图 6-61 布尔运算后的效果

▶ **技巧**

布尔运算命令最好执行一次，如果执行第二次或多次布尔时，得到的造型经常出错或出现一些乱线，最好将想要布尔掉的物体附加为一体一次执行完成。

步骤 9 在凳子的上面我们可以再创建一个切角圆柱体来作为"座垫"。

步骤 10 将文件进行保存，命名为"实例 64.max"。

实 例 总 结

本实例通过制作一个时尚凳造型，主要学习【布尔】命令的使用。通过线形的绘制及为线形施加轮廓，制作出参加运算的物体，并重点学习了怎样将多个物体一次进行【布尔】命令操作。

Example **实例** **65** 【超级布尔】——椭圆镜及搁板

案例文件	DVD\源文件素材\第 6 章\实例 65.max		
视频教程	DVD\视频\第 6 章\实例 65. avi		
视频长度	5 分钟	制作难度	★ ★
技术点睛	【超级布尔】的操作		
思路分析	本实例通过制作椭圆镜及搁板的最终效果造型，主要学习【超级布尔】命令的使用		

椭圆镜与搁板的效果如下图所示。

操 作 步 骤

步骤 ① 启动 3ds Max 2012 中文版，将单位设置为毫米。

步骤 ② 在顶视图创建一个切角长方体，参数如图 6-62 所示，在前视图沿 y 轴以实例的方式复制一个切角长方体，作为镜子的搁板。

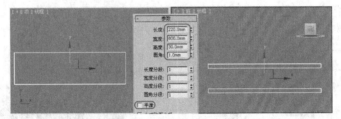

图 6-62　创建切角长方体

步骤 ③ 在前视图绘制长度为 400，宽度为 750 的椭圆，为绘制的椭圆添加【挤出】命令，设置挤出的数量为 20，作为镜子，调整其位置如图 6-63 所示。

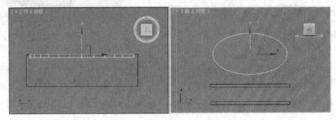

图 6-63　绘制的椭圆

步骤 ④ 确认制作的镜子处于选择状态，直接将其在原位置以复制的方式复制一个并回到椭圆层级（按下 Shift＋V 键），为其添加【编辑样条线】命令，在 ∧（样条线）层级下执行数量为-15 的轮廓，如图 6-64 所示，作为镜子外框的宽度。

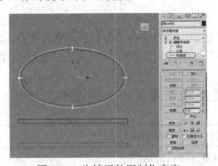

图 6-64　为镜子外框制作宽度

步骤 ⑤ 修改执行轮廓后的线形的挤出数量为 100，作为镜子外框的厚度。

　　下面的步骤我们就要用到【超级布尔】命令来制作镜子外框的最终造型了。首先需要我们创建两个长方体并调整它们各自的形态作为参与布尔的物体。

　　为了便于观察，我们将镜子外框之外的物体全部隐藏。

步骤 6 在视图中创建两个长方体，控制它们的长、宽、高分别大于镜子外框，再用旋转工具调整长方体的形态，如图 6-65 所示。

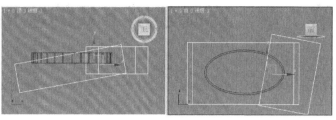

图 6-65　两个长方体的形态

步骤 7 确认制作的镜子外框处于选择状态，然后单击 [创建]/○（几何体）按钮，在 标准基本体 选项窗口类下选择 复合对象 ，单击 ProBoolean（超级布尔）按钮，再单击【拾取布尔对象】类下的 开始拾取 按钮，如图 6-66 所示。

步骤 8 在视图中依次单击创建的长方体就可以得到镜子外框的最终效果了，如图 6-67 所示。

图 6-66　选择【超级布尔】命令

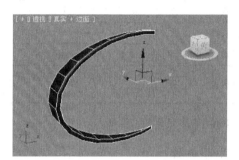

图 6-67　超级布尔后的镜子外框

▶ **技巧**

【超级布尔】命令的出现，替代了布尔运算命令中需要将多个参与布尔的物体附加为一体的步骤，从而可以更快速、准确的进行效果图的制作。

步骤 9 将隐藏的物体全部取消隐藏，得到椭圆镜及搁板的最终效果如图 6-68 所示。

步骤 10 保存文件，命名为"实例 65.max"。

图 6-68　椭圆镜及搁板的最终效果

实 例 总 结

本实例通过制作椭圆镜及搁板的最终效果造型，主要学习【超级布尔】命令的使用。可以同时对若干个独立的物体进行布尔运算，而不需要对参与布尔运算的多个物体提前进行附加为一体，也可以得到准确的造型效果。

第 7 章　高级建模工具的应用

本章内容

➤ 【NURBS 曲面】——双人床罩　➤ 【编辑多边形】——餐桌餐椅　➤ 【编辑多边形】——电脑椅

➤ 【面片栅格】——单人床　　　➤ 【编辑多边形】——咖啡杯

　　3ds Max 中的高级建模工具可以制作出一些曲面的、复杂的造型，相对前面讲述的一些命令要复杂得多，而且功能强大。本章通过制作一些比较复杂的造型来讲述一下高级建模的方法及思路。

Example 实例 66　【NURBS 曲面】——双人床罩

案例文件	DVD\源文件素材\第 7 章\实例 66.max		
视频教程	DVD\视频\第 7 章\实例 66.avi		
视频长度	2 分钟 49 秒	制作难度	★★★
技术点睛	【网格平滑】命令的使用		
思路分析	本实例通过制作双人床罩造型来学习如何使用【NURBS 曲面】命令制作逼真的床罩及床罩的褶皱造型。首先创建【点曲面】设置各项参数，然后使用移动及缩放制作出褶皱效果		

　　本实例的最终效果如右图所示。

操 作 步 骤

步骤① 启动 3ds Max 2012 中文版，将单位设置为毫米。

步骤② 单击创建命令面板 标准基本体 ▼ 右面的 ▼ 按钮，在弹出的下拉列表中选择【NURBS 曲面】，单击 点曲面 按钮，如图 7-1 所示。

步骤③ 在顶视图中创建【长度】为 2000，【宽度】为 1500，【长度点数】为 11，【宽度点数】为 19 的点曲面，效果如图 7-2 所示。

图 7-1　创建点曲面

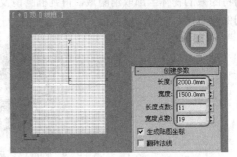

图 7-2　创建的【点曲面】及参数

> ▶ **技巧**
>
> 　　我们设置点曲面的【长度点数】和【宽度点数】值为奇数，是为了在制作床罩均匀的褶皱形态时，恰到好处地每间隔一个点数选择一个控制点。

步骤 4 在修改器列表中将【NURBS 曲面】前面的 ⊞ 号展开，激活其下的 点 子对象层级，然后在顶视图中选择中间的所有控制点，如图 7-3 所示。

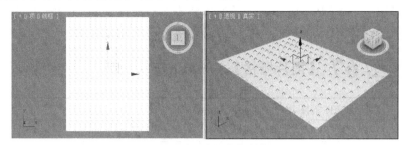

图 7-3　选择中间的控制点

步骤 5 在前视图中使用【移动】工具沿 y 轴向上移动 4 个网格的位置，在视图中生成的形态如图 7-4 所示。

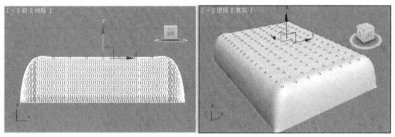

图 7-4　移动控制点

步骤 6 在顶视图中按住 Ctrl 键，选择 4 周的控制点（每间隔一个控制点选择一个），如图 7-5 所示。

步骤 7 使用工具栏中的 ⬚（选择并均匀缩放）按钮沿 xy 轴进行缩放，效果如图 7-6 所示。

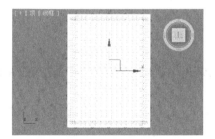

图 7-5　选择的点

图 7-6　进行缩放

步骤 8 可以在透视图中进行单独调整，最终效果如图 7-7 所示。

步骤 9 保存文件，命名为"实例 66.max"。

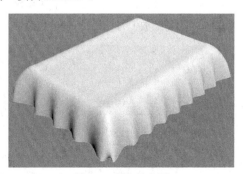

图 7-7　制作的床罩

实 例 总 结

本实例通过制作一个双人床罩造型来学习【NURBS 曲面】下的【点曲面】的创建及修改，通过▣（缩放）及✣（移动）命令来制作出褶皱，最终完成床罩的制作。

Example 实例 **67** 【面片栅格】——单人床

案例文件	DVD\源文件素材\第 7 章\实例 67.max		
视频教程	DVD\视频\第 7 章\实例 67. avi		
视频长度	3 分钟 01 秒	制作难度	★★★
技术点睛	【面片栅格】、【网格平滑】命令的使用		
思路分析	本实例通过制作单人床造型来学习【面片栅格】面板中【四边形面片】的创建与修改，并配合【网格平滑】修改命令制作出单人床造型		

本实例的最终效果如右图所示。

操 作 步 骤

步骤 **1** 启动 3ds Max 2012 中文版，将单位设置为毫米。

步骤 **2** 单击创建命令面板中 标准基本体 ▾ 右面的▾按钮，在弹出的下拉列表中选择【面片栅格】，单击 四边形面片 按钮。

步骤 **3** 在顶视图中创建【长度】为 2000，【宽度】为 1200，【长度分段】为 3，【宽度分段】为 2 的四边形面片，效果如图 7-8 所示。

步骤 **4** 在修改命令面板中执行【网格平滑】修改命令，按下 1 键，进入┄（顶点）子对象层级物体，然后在顶视图中选择中间所有的顶点，如图 7-9 所示。

步骤 **5** 在前视图中用【移动】工具沿 y 轴向上移动 4 个网格的位置，在视图中生成的形态如图 7-10 所示。

步骤 **6** 在顶视图中按住 Ctrl 键，选择 4 周的顶点（每间隔一个顶点选择一个），如图 7-11 所示。

步骤 **7** 使用工具栏中的▣（选择并均匀缩放）按钮沿 xy 轴进行缩放，效果如图 7-12 所示。

图 7-8　创建的四边形面片

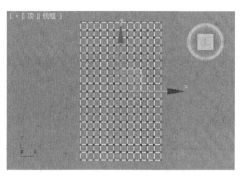

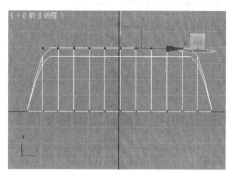

图 7-9　选择中间的控制点　　　　　　　　图 7-10　移动控制点

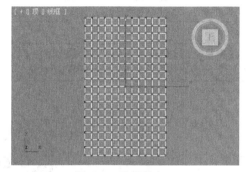

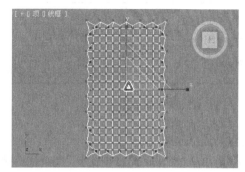

图 7-11　选择的点　　　　　　　　　　图 7-12　进行缩放

▶ 技巧

　　在进行每间隔一个顶点选择一个的时候，可以在前视图和左视图中框选选择，这样会同时选择两边的顶点。

步骤 8　在顶视图中选择上面的一些顶点，在前视图中沿 y 轴向上移动，作为"枕头"，如图 7-13 所示。

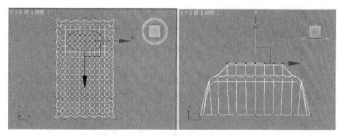

图 7-13　制作的枕头

步骤 9　可以在透视图中单独选择不同的顶点进行调整，最终效果如图 7-14 所示。

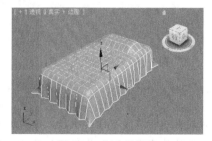

图 7-14　制作的床罩

步骤 10　保存文件，命名为"实例 67.max"。

本实例通过制作一个单人床垫造型学习了【四边形面片】的创建以及配合【网格平滑】修改命令的使用，然后用【网格平滑】下的 （顶点）子对象层级制作出褶皱效果。

Example 实例 68 【网格平滑】——靠垫

案例文件	DVD\源文件素材\第 7 章\实例 68.max		
视频教程	DVD\视频\第 7 章\实例 68. avi		
视频长度	2 分钟 46 秒	制作难度	★★★
技术点睛	【网格平滑】修改命令的使用		
思路分析	本实例通过制作沙发靠垫造型来学习【网格平滑】修改命令的使用，首先创建【长方体】并设置合理的段数，然后使用【网格平滑】修改命令配合缩放、移动制作出靠垫		

本实例的最终效果如下图所示。

操 作 步 骤

步骤 ① 启动 3ds Max 2012 中文版，将单位设置为毫米。

步骤 ② 在前视图中创建一个长方体，参数及形态如图 7-15 所示。

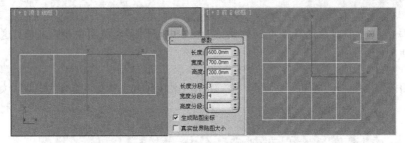

图 7-15 创建的方体及参数

步骤 ③ 在修改命令面板中执行【网格平滑】修改命令。将【迭代次数】值设置为 1，勾选【显示框架】选项。激活 （顶点）子对象按钮，在前视图中选择四周的顶点，如图 7-16 所示。

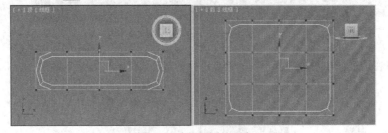

图 7-16 选择周围的顶点

▶ 技巧

【迭代次数】可用于设置对表面进行重复平滑的次数。每增加一次，表面的复杂程度会提至原来的 4 倍。平滑效果会提高，但计算速度会大大降低。如果运算用时过长，可以按下 Esc 键返回前一次的设置。

步骤 ④ 在顶视图中使用工具栏中的 ⊡（缩放）沿 *y* 轴往下拖动，形态如图 7-17 所示。

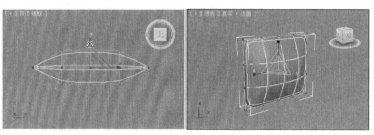

图 7-17　将周围的顶点进行缩放

步骤 ⑤ 如果感觉不够平滑，可以将【迭代次数】值设置为 2，设置【控制级别】参数值为 1，此时控制点就会增多了，读者可以对靠垫进行更精细地调整。调整后的形态如图 7-18 所示。

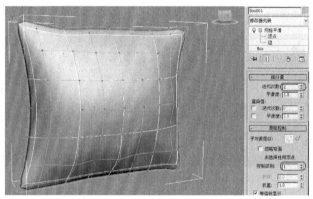

图 7-18　精细调整后的形态

▶ **技巧**

　　如果想更好地表现靠垫造型，平时必须多观察现实生活中靠垫形态，还需要靠材质及灯光来表现真实的纹理效果。

步骤 ⑥ 保存文件，命名为"实例 68.max"。

实 例 总 结

　　本实例制作了一个靠垫造型，首先创建一个长方体，然后设置各项段数，再使用【网格平滑】修改命令，激活 ⋮⋮（顶点）子对象层级，然后运用 ⊡（缩放）及 ✛（移动）命令进行调整，最终生成靠垫。

Example 实例 **69** 【可编辑多边形】——餐桌餐椅

案例文件	DVD\源文件素材\第 7 章\实例 69.max		
视频教程	DVD\视频\第 7 章\实例 69. avi		
视频长度	6 分钟 02 秒	**制作难度**	★ ★ ★
技术点睛	【可编辑多边形】命令、 挤出 及 倒角 的使用		
思路分析	本实例通过制作方形浴缸造型来学习【可编辑多边形】命令的使用		

　　本例的最终效果如下图所示。

操 作 步 骤

步骤 ① 启动 3ds Max 2012 中文版，将单位设置为毫米。

步骤 ② 单击 ✳ （创建）/ ○（几何体）/ 长方体 按钮，在前视图创建一个长方体，参数及形态如图 7-19 所示。

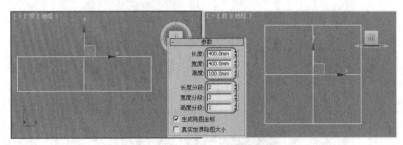

图 7-19　创建的长方体及参数

步骤 ③ 将长方体转换为【可编辑多边形】，按下 4 键，进入 ■（多边形）层级子物体，在透视图中选择侧面的面，单击 挤出 右面的小按钮，设置挤出高度为 50，单击 ☑（确定）按钮，如图 7-20 所示。

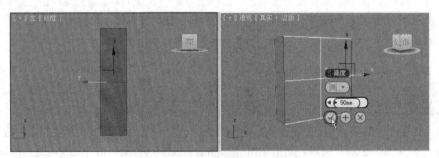

图 7-20　挤出后的面

步骤 ④ 用同样的方法将上、下的面挤出，如图 7-21 所示。

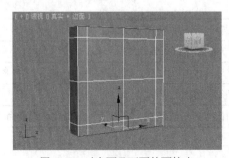

图 7-21　对上面及下面的面挤出

步骤 5 为了后面制作椅子座，下面必须用挤出来增加段数，厚度为 100 就可以了，效果如图 7-22 所示。

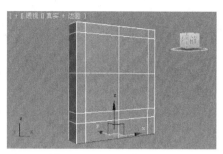

图 7-22　对下面的面挤出

步骤 6 在透视图中选择底下侧面的面，如图 7-23 所示。

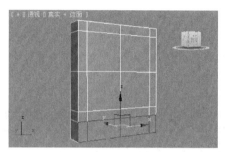

图 7-23　选择的面

步骤 7 第一次挤出的数量是 50，第二次是 400，第三次是 50，效果如图 7-24 所示。

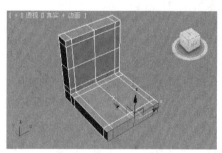

图 7-24　连续挤出三次

步骤 8 按下 1 键，进入 ∴（顶点）层级子物体，用工具栏中的移动、缩放等工具进行调整，最终的效果如图 7-25 所示。

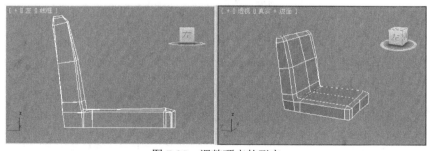

图 7-25　调整顶点的形态

步骤 9 按下 4 键，进入 ■（多边形）层级子物体，将下面的面删除，效果如图 7-26 所示。

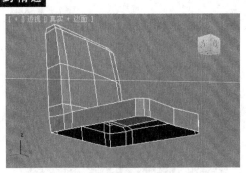

图 7-26　删除下面的面

椅子靠背及座垫就基本上完成了，下面对它进行圆滑一下就可以了。

步骤 ⑩ 在修改命令面板中勾选【细分曲面】类下的【使用 NURMS 细分】选项，修改【迭代次数】值为 1，效果如图 7-27 所示。

> ▶ **技巧**
>
> 【迭代次数】的功能是使面光滑，如果设置为 2 的话会更圆滑，但是面片太多，影响机器的运行速度，因此只设置为 1 就可以了。

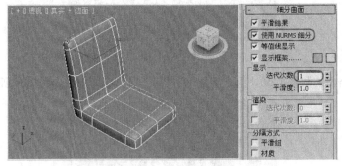

图 7-27　设置【细分曲面】类下的数值

下面我们继续来制作椅子腿造型。

步骤 ⑪ 在顶视图中创建一个 45×45×50 的长方体，段数分别设置为 1，将长方体转换为【可编辑多边形】，按下 4 键，进入 ■（多边形）层级子物体，在透视图中选择下面的面，使用 倒角 制作出梯形的效果，单击 ⊞ 按钮连续 7 次，最后单击 ☑（确定）按钮，效果如图 7-28 所示。

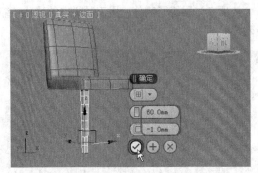

图 7-28　用倒角制作的椅子腿

步骤 ⑫ 在修改器列表中执行【弯曲】命令，【角度】设置为 12，【方向】设置为 150，如图 7-29 所示。

▶ 技巧

在执行【弯曲】命令的时候，必须退出■（多边形）层级子物体，否则达不到弯曲的效果。

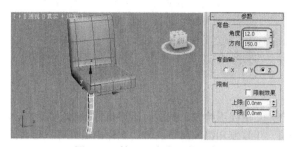

图 7-29 椅子腿弯曲后的形态

▶ 技巧

读者也可以进入⁙（顶点）层级子物体，调整"椅子腿"形态。如果灵活地用好【可编辑多边形】命令，也可以制作出很漂亮的造型。

步骤 ⑬ 用工具栏中的镜像命令将其他的三条制作出来，效果如图 7-30 所示。

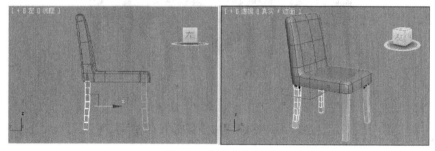

图 7-30 制作的椅子腿

餐椅的造型已经制作出来了，下面我们来制作餐桌造型。

步骤 ⑭ 在顶视图中创建一个 800×1600×40 的长方体，段数分别设置为 3×3×1，作为餐桌，如图 7-31 所示。

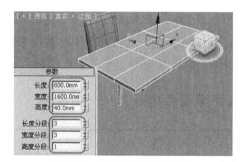

图 7-31 创建的长方体及参数

步骤 ⑮ 将长方体转换为【可编辑多边形】，按下 1 键，进入⁙（顶点）层级，在顶视图中调整顶点的位置。然后按下 4 键，进入■（多边形）层级，在透视图中选下面四个角的面，执行挤出命令，数量为 660，效果如图 7-32 所示。

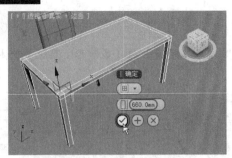

图 7-32　用挤出命令来制作桌腿

步骤 ⑯ 餐桌上面的桌布，是用线形绘制出截面，然后执行挤出生成。

步骤 ⑰ 将餐椅成为一组，用复制和镜像命令的方式制作出另外五把餐椅。

步骤 ⑱ 下面是我们为其赋予材质后的效果，如图 7-33 所示。

图 7-33　餐桌餐椅赋予材质后的效果

　　一般情况下，为了表现的效果更好，设计师往往会在已经做好的家具上摆放一些装饰品，这样就将整个的气氛提高了，衬托的造型更加美观。所以我们将制作完成的餐桌上方放上餐具、花饰、桌布。

步骤 ⑲ 将制作的模型保存起来，文件名为"实例 69.max"文件。

实 例 总 结

　　本例通过制作餐桌餐椅造型，我们熟悉了将创建的长方体转换为【可编辑多边形】的操作方法，以及如何使用其中的命令编辑制作出餐椅餐桌的造型。

Example 实例 **70** 【可编辑多边形】——咖啡杯

案例文件	DVD\源文件素材\第 7 章\实例 70.max		
视频教程	DVD\视频\第 7 章\实例 70. avi		
视频长度	10 分钟 20 秒	制作难度	★★★
技术点睛	【可编辑多边形】命令及类下的 切角 、 桥 、 封口 的使用		
思路分析	本实例通过制作咖啡杯造型来学习【可编辑多边形】命令的使用		

本实例的最终效果如下图所示。

操 作 步 骤

步骤① 启动 3ds Max 2012 中文版,将单位设置为毫米。

步骤② 在顶视图中创建一个长方体,参数及形态如图 7-34 所示。

图 7-34 【长方体】的形态及参数

▶ 技巧

在制作这样的类似造型时,也可以创建【圆柱体】来制作,但是必须控制好段数,然后使用【可编辑多边形】命令进行修改。

步骤③ 将长方体转换为【可编辑多边形】,按下 1 键,进入 ∴ (顶点)子对象层级,使用【移动】工具进行调整,效果如图 7-35 所示。

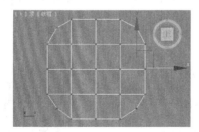

图 7-35 调整后的形态

步骤④ 按下 2 键,进入 ◁ (边)子对象层级,在前视图中选择如图 7-36 所示的两条边。

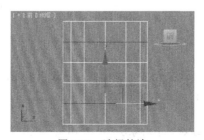

图 7-36 选择的边

步骤 **5** 单击 切角 右面的小按钮,在弹出的【助手标签】中设置【边切角量】为8,单击☑(确定)按钮,如图 7-37 所示。

步骤 **6** 使用同样的方法为中间水平的边进行切角,效果如图 7-38 所示。

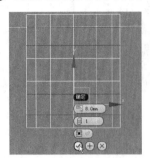

图 7-37 对边进行切角

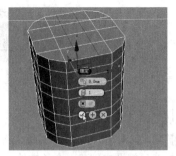

图 7-38 对边进行切角

下面我们来制作杯把。

步骤 **7** 使用线命令在前视图绘制出杯把的形态,如图 7-39 所示。

步骤 **8** 选择长方体,按下 4 键,进入■(多边形)子对象层级,选择如图 7-40 所示的面。

步骤 **9** 单击 沿样条线挤出 右面的小按钮,在弹出的【助手标签】中单击☍(拾取样条线)按钮,在前视图中拾取绘制的线形,设置分段为 10,单击☑(确定)按钮,效果如图 7-41 所示。

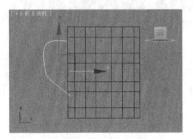

图 7-39 绘制的线形

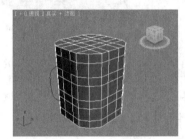

图 7-40 选择的面

步骤 **10** 选择如图 7-42 所示的面,单击 桥 按钮,此时的两个面就焊接为一体了。

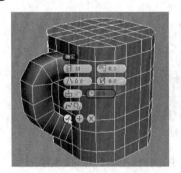

图 7-41 拾取样条线

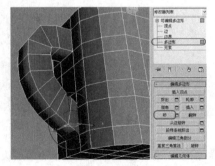

图 7-42 执行桥操作

▶ **技巧**

在使用【桥】命令时,可以单击右面的小按钮,在弹出的【跨越多边形】对话框中可以设置【分段】、【锥化】、【偏移】、【平滑】等参数。

步骤 **11** 按下 1 键,进入⋮(顶点)子对象层级,使用工具栏中的移动进行调整,直到满意为止,效果如图 7-43 所示。

步骤 ⑫ 按下 4 键，进入▣（多边形）子对象层级，在前视图中选择上面的面全部删除，效果如图 7-44 所示。

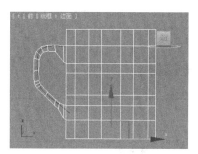

图 7-43　调整后的形态

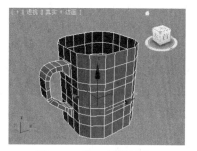

图 7-44　删除上面的面

步骤 ⑬ 按下 3 键，进入◗（边界）子对象层级，选择上面的边界，单击 封口 按钮，如图 7-45 所示。

步骤 ⑭ 按下 4 键，进入▣（多边形）子对象层级，选择上面的面，使用 倒角 命令制作出咖啡杯的深度，效果如图 7-46 所示。

> ▶ **技巧**
>
> 在执行【倒角】命令时，最好在透视图观看一下【倒角】的效果，一定要根据实际情况进行操作。

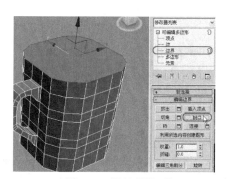

图 7-45　进行【封口】

图 7-46　使用【倒角】制作

步骤 ⑮ 按下 1 键，进入⠤（顶点）子对象层级，对咖啡杯的的形态进行细致调整，最终效果如图 7-47 所示。

步骤 ⑯ 在修改器列表中执行【涡轮平滑】修改命令，将【迭代次数】设置为 2，效果如图 7-48 所示。

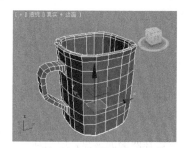

图 7-47　调整后的形态

图 7-48　添加【涡轮平滑】修改命令

步骤 ⑰ 保存模型，文件名为"实例 70.max"。

实 例 总 结

本实例通过制作咖啡杯造型对【可编辑多边形】命令进行了深入讲解，需要配合【涡轮平滑】修改命令制作出更为复杂的造型。

Example 实例 **71** 【可编辑多边形】——电脑椅

案例文件	DVD\源文件素材\第 7 章\实例 71.max		
视频教程	DVD\视频\第 7 章\实例 71.avi		
视频长度	7 分钟 07 秒	制作难度	★★★
技术点睛	【可编辑多边形】命令、挤出 修改命令的使用		
思路分析	本例通过制作电脑椅造型来学习【可编辑多边形】命令的使用，实例的目的是让读者掌握用工具栏中的移动、旋转进行灵活的调整		

最终的电脑椅效果如下图所示。

操 作 步 骤

步骤 ❶ 启动 3ds Max 2012 中文版，将单位设置为毫米。

步骤 ❷ 在顶视图中创建一个 550×700×120 的长方体，段数分别改变为 3×3×1，如图 7-49 所示。

步骤 ❸ 转换为【可编辑多边形】，按下 4 键，进入 ■（多边形）层级子物体，在前视图中选择侧面的两个面，单击 挤出 右面的小按钮，设置挤出高度为 120，单击 ⊘（确定）按钮，如图 7-50 所示。

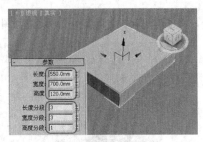

图 7-49 创建的长方体

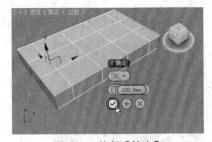

图 7-50 执行【挤出】

步骤 ❹ 按下 1 键，进入 ∴（顶点）层级子物体，在前视图中选择两侧的顶点，用工具栏中的 ✛（移动）工具向上移动顶点，形态如图 7-51 所示。

步骤 ❺ 用工具栏中的 ▣（缩放）工具在顶视图中沿 y 轴进行缩放，如图 7-52 所示。

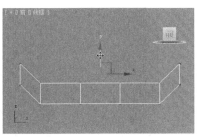
图 7-51　对顶点进行移动

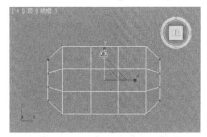
图 7-52　对顶点进行缩放

步骤 ⑥ 用工具栏中的 ⟳（旋转）及 ✛（移动）工具在前视图中沿 z 轴进行旋转、移动，调整后的形态如图 7-53 所示。

步骤 ⑦ 按下 4 键，进入 ■（多边形）层级子物体，在前视图中选择两侧的面。再执行【挤出】命令，挤出的高度为 120，形态如图 7-54 所示。

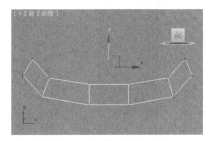
图 7-53　调整顶点的形态

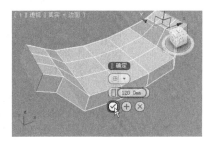
图 7-54　对面进行挤出

步骤 ⑧ 按下 1 键，将 ⁚（顶点）激活，用移动工具调整顶点的位置，再用上面同样的方法对面挤出 3 次，用移动及旋转工具在不同的视图调整顶点的位置，效果如图 7-55 所示。

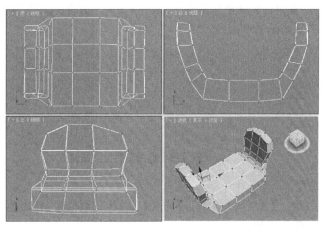
图 7-55　调整后的形态

下面我们再用同样的方法来制作椅子的靠背。

步骤 ⑨ 按下 4 键，进入 ■（多边形）层级子物体，在透视图中选择后面的面执行挤出，挤出的高度为 120，形态如图 7-56 所示。

步骤 ⑩ 按 1 键，将 ⁚（顶点）激活，在左视图中选择外面的顶点，用旋转和移动工具在左视图中调整，形态如图 7-57 所示。

步骤 ⑪ 按下 4 键，进入 ■（多边形）层级子物体，对靠背再进行挤出 5 次，然后用工具栏中的旋转、移动工具进行调整，效果如图 7-58 所示。

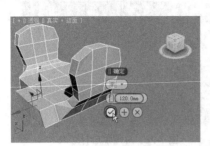

图 7-56 对后面的面执行挤出

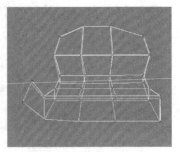

图 7-57 调整顶点的形态

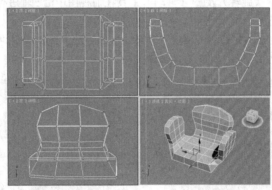

图 7-58 制作的靠背造型

现在椅子的大体形态已基本制作完成，这要根据每个人的能力来调整。有的人调整完成后很漂亮，有的人做的效果可能会差一些，多练习必定会得到好的效果。

步骤 ⑫ 在修改命令面板中勾选【细分曲面】下的【使用 Nurms 曲线】选项。修改【迭代次数】值为 2，使面光滑。如果数值设置为 3 或 4，则面片太多，影响机器的运行速度。因此只设置为 2 就可以了。效果如图 7-59 所示。

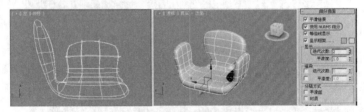

图 7-59 设置【细分曲面】类下的数值

下面来制作椅子腿造型。

步骤 ⑬ 在顶视图中创建一个【半径】为 18，【高度】为 120 的圆柱体（作为椅子腿的金属"支架"），位置及参数如图 7-60 所示。

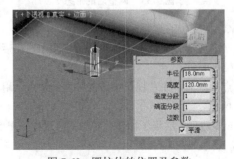

图 7-60 圆柱体的位置及参数

步骤 ⑭ 在前视图中用移动复制的方式复制一个，修改其【半径】为 30，【高度】为 300，放置在合适的位置，如图 7-61 所示。

步骤 ⑮ 在顶视图中创建一个 30×380×40 的长方体，位置及参数如图 7-62 所示。

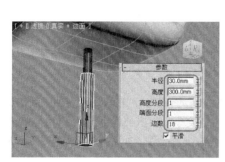

图 7-61　复制的圆柱体

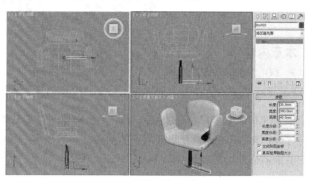

图 7-62　创建的方体位置及参数

步骤 ⑯ 将长方体转换为【可编辑多边形】，按 1 键，将 （顶点）激活，在前视图及顶视图中调整顶点的形态，如图 7-63 所示。

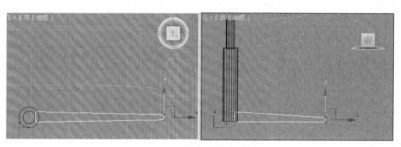

图 7-63　调整顶点的形态

步骤 ⑰ 用工具栏中的镜像工具将另一侧的制作出来，同时选择两个长方体，使用旋转复制的方式在顶视图中复制，在操作的时候一定要把角度捕捉打开，效果如图 7-64 所示。

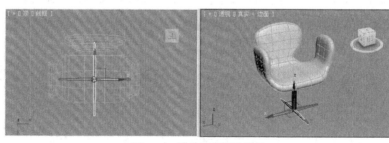

图 7-64　旋转复制后的效果

步骤 ⑱ 将制作的模型保存起来，文件名为"实例 71.max"。

实 例 总 结

本例通过制作电脑椅造型，熟练掌握【可编辑多边形】的操作方法，我们可以发现重点是对现实生活中物体形状的控制，才能制作出好的造型。

第 8 章　VRay 基础

本章内容

➤ 指定 VRay 渲染器　　　　➤ 光子图的保存与调用　　　　➤ 【VRay 高动态范围贴图】

➤ VRay 的整体介绍　　　　➤ VRay 的【景深】效果　　　　➤ VRay 的【焦散】效果

作为拥有最多客户的 3ds Max 来说，渲染器一直是其最为薄弱的一部分，在其还没有加入新的渲染器的时候，3ds Max 一直是很多用户的软肋，面对众多三维软件的竞争，很多公司都开发了外挂 3ds Max 下的渲染器插件。例如 Brazil、FinalRender、VRay 等一些优秀的渲染器插件。本章就是对外挂在 3ds Max 下的 VRay 渲染器做比较详细的讲解。

Example 实例 72 指定 VRay 渲染器

案例文件	DVD\源文件素材\第 8 章\实例 72.max		
视频教程	DVD\视频\第 8 章\实例 72. avi		
视频长度	2 分钟 49 秒	制作难度	★★★
技术点睛	指定 VRay 渲染器		
思路分析	本实例详细地讲述了怎样指定 VRay 渲染器为当前渲染器		

操 作 步 骤

步骤 ① 启动 3ds max 2012 中文版。

步骤 ② 按下 F10 键，打开【渲染设置】对话框，选择【公用】选项卡，在【指定渲染器】卷展栏下单击 按钮，在弹出的【选择渲染器】对话框中选择 V-Ray Adv 2.00.03，如图 8-1 所示。

图 8-1　将 VRay 指定为当前渲染器

步骤 ③ 此时当前的渲染器已经指定为 VRay 渲染器了，可以看到由三个选项卡组成，如图 8-2 所示。

大家要注意，这些渲染控制卷展栏中的各项参数可以让你控制渲染过程中的各个方面，例如渲染质量、渲染速度以及特殊效果，这是 VRay 渲染器的基础。

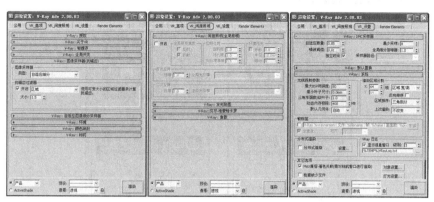

图 8-2　V-Ray Adv 2.00.03 的参数面板

实 例 总 结

本实例详细讲述了怎样指定 VRay 渲染器为当前渲染器。只有指定了 VRay 渲染器，才能够使用它来进行设置和渲染。

Example 实例 73 VRay 的整体介绍

案例文件	DVD\源文件素材\第 8 章\实例 73A.max		
视频教程	DVD\视频\第 8 章\实例 73. avi		
视频长度	3 分钟 01 秒	制作难度	★★★
技术点睛	VRay 渲染器的使用及灯光的设置		
思路分析	本实例主要讲解通过为客厅渲染，来学习 VRay 渲染草图参数的设置、灯光的设置，以及最终渲染输出 VRay 渲染参数的设置。实例的目的是让读者对 VRay 渲染器的操作有一个清晰的思路		

客厅渲染后的最终效果如下图所示。

操 作 步 骤

步骤 ① 启动 3ds Max 2012 中文版，打开随书光盘"源文件素材"/"第 8 章"/"实例 73.max"文件，这个场景的材质及相机已设置完成了。

步骤 ② 按下 M 键，打开【材质编辑器】对话框，此时发现有的材质球是黑色的，效果如图 8-3 所示。

 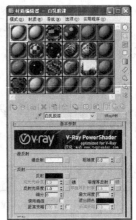

没有指定VRay渲染器材质球的效果　　　　指定了VRay渲染器材质球的效果

图 8-3　VRay 渲染器指定的前后显示效果

出现这种现象，是因为没有指定 VRay 为当前渲染器，如果指定了，这种现象就自动消失了。

步骤 3 确认当前视图为摄影机视图，然后单击 （快速渲染）按钮，进行快速渲染，此时会发现效果不理想，如图 8-4 所示，这是因为场景中没有设置参数及灯光。

图 8-4　渲染的效果

下面我们就来设置一下 VRay 的渲染参数。

步骤 4 按下 F10 键，在打开的【渲染设置】对话框中选择【VR_基项】选项卡，设置【全局开关】、【图像采样器（抗锯齿）】、【环境】参数。再选择【VR_间接照明】选项卡，首先打开全局光，设置一下其他参数，如图 8-5 所示。

图 8-5　设置 VRay 的渲染参数

步骤 5 单击 ○ 按钮，进行快速渲染，此时会发现如图 8-6 所示的效果。

图 8-6　渲染的效果

下面来创建 VRay 平面光，放在窗户的位置。主要模拟天光的效果。

步骤 6 单击 ◁（灯光）/ VRay ▼ / VR_光源 按钮，在前视图中单击并拖动鼠标，创建一盏 VRay 灯光，调整一下参数，灯光的颜色调整为淡蓝色，将它移动到窗户的位置。在顶视图中沿 y 轴镜像一下，如图 8-7 所示的位置。

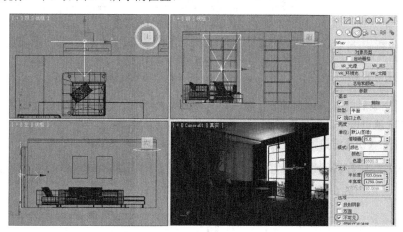

图 8-7　VRay 灯光的位置及参数

步骤 7 在前视图中用实例的方式复制一盏，放在另一个窗户的位置，如图 8-8 所示。

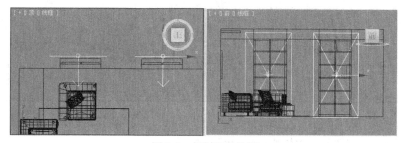

图 8-8　复制后的效果

步骤 8 在顶视图天花的位置可以创建一盏 VRay 灯光，用来模拟天花的灯槽效果，亮度设置为 2 就可以了，位置及参数如图 8-9 所示。

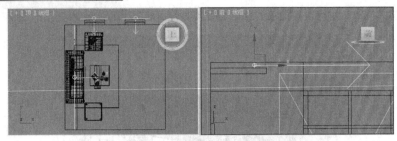

图 8-9　设置的灯槽灯光

灯光设置完成了，下面来设置一下最终的渲染参数，来消除黑斑以及灰秃秃的效果。

步骤 ⑨ 首先将模拟天光的 VRay 平面光的【细分】修改为 30，如图 8-10 所示。

步骤 ⑩ 按下 F10 键，在打开的【渲染设置】对话框中，调整一下【图像采样器（抗锯齿）】、【颜色映射】、【发光贴图】、【灯光缓冲】的参数，如图 8-11 所示。

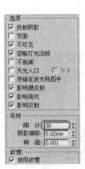

图 8-10　设置灯光的细分

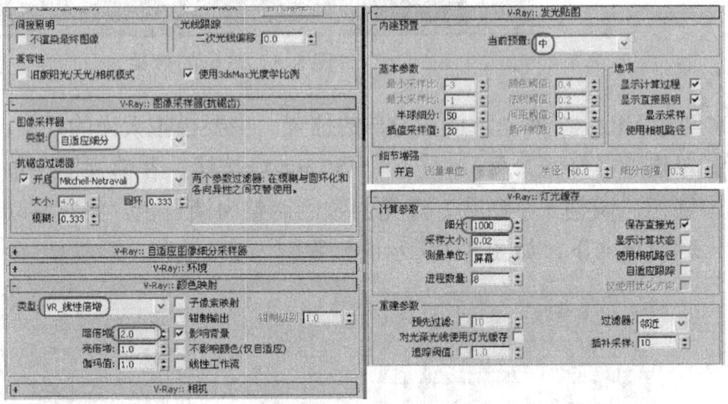

图 8-11　调整渲染参数

步骤 ⑪ 设置完成后单击 公用 选项卡，就可以开始渲染光子图了，可以先将尺寸设置得小一些，500×375 就可以了，如图 8-12 所示。

步骤 ⑫ 单击 （快速渲染）按钮进行渲染，渲染的效果如图 8-13 所示。

图 8-12　设置渲染尺寸

图 8-13　渲染的效果

步骤 ⑬ 保存场景，文件名为"实例 73A.max"。

本实例通过渲染一个简单的客厅场景，来学习 VRay 渲染器的使用，主要是 VRay 灯光的设置以及参

数的设置。

Example 实例 **74** 光子图的保存与调用

案例文件	DVD\源文件素材\第 8 章\实例 74A.max		
视频教程	DVD\视频\第 8 章\实例 74. avi		
视频长度	6 分钟 02 秒	制作难度	★★★
技术点睛	怎样保存及调用 VRay 的光子图		
思路分析	本实例主要讲解通过为客厅渲染一张小的光子图，怎样进行保存，然后再进行调用保存的光子图用来渲染一张大尺寸的图像，目的主要是提高渲染速度		

客厅渲染后的最终效果如下图所示。

操 作 步 骤

步骤 ❶ 启动 3ds Max 2012 中文版，打开随书光盘"源文件素材"/"第 8 章"/"实例 74.max"文件，这个场景的材质及相机已设置完成了。

步骤 ❷ 单击 ☕（快速渲染）按钮，进行快速渲染，效果如图 8-14 所示。

图 8-14 渲染的效果

下面我们首先将渲染的光子图进行保存。

步骤 ❸ 在【发光贴图】卷展栏中单击 保存 按钮，如图 8-15 所示。

步骤 ❹ 在弹出的【保存发光贴图】对话框中选择一个路径，命名为"发光贴图"，单击 保存(S) 按钮，如图 8-16 所示。

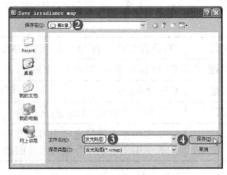

图 8-15 保存光子图　　　　　　　　　　　　图 8-16 为光子图确认路径

步骤 5 在模式右侧的下拉列表中选择【从文件】，在弹出的【加载发光贴图】对话框中选择刚才保存的"发光贴图.vrmap"文件，如图 8-17 所示。

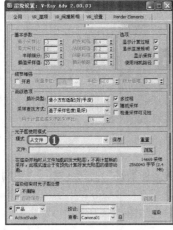

图 8-17 打开保存的光子图

步骤 6 用同样的方法将【灯光缓冲】下的光子图保存起来，然后再加载过来，加载后的效果如图 8-18 所示。

步骤 7 单击 公用 选项卡，设置输出的尺寸为 2000×1500，单击 渲染 按钮，开始渲染，如图 8-19 所示。

图 8-18 载入灯光缓冲的光子图　　　　　　　　图 8-19 设置渲染尺寸

步骤 8 经过 20 多分钟的时间就可以渲染完成了，最终渲染的效果如图 8-20 所示。

图 8-20　渲染的效果

步骤 9 单击 ▣（保存图像）按钮，在弹出的【保存图像】对话框中，首先指定一个文件的路径，将文件命名为"客厅"，保存类型选择*.tif 格式，将渲染后的图进行保存，如图 8-21 所示。

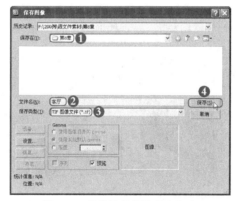

图 8-21　将渲染的图片保存起来

步骤 10 在弹出的【TIF 图像控制】对话框中单击 确定 按钮。

步骤 11 保存场景，文件名为"实例 74A.max"。

实 例 总 结

本实例通过渲染一个简单的客厅场景，来学习光子图的保存与加载，从而可以明白渲染光子图的目的是为了提高渲染速度，最终将渲染的大尺寸效果图进行保存。

Example 实例 **75** VRay 的【景深】效果

案例文件	DVD\源文件素材\第 8 章\实例 75A.max		
视频教程	DVD\视频\第 8 章\实例 75. avi		
视频长度	10 分钟 20 秒	制作难度	★★★
技术点睛	VRay【景深】的使用		
思路分析	本实例主要讲解通过为客厅进行渲染，来学习 VRay 渲染器的【景深】效果，从而使作品达到近实远虚或者近虚远实的特殊效果		

客厅渲染后的效果如下图所示。

操 作 步 骤

步骤 ① 启动 3ds Max 2012 中文版，打开随书光盘"源文件素材"/"第 8 章"/"实例 75.max"文件。这个场景的材质及相机已设置完成了。

步骤 ② 单击 （快速渲染）按钮，进行快速渲染，此时会发现没有景深效果，如图 8-22 所示。

图 8-22 渲染的效果

步骤 ③ 按下 F10 键，在打开的【渲染设置】对话框中选择【VR_基项】选项卡，打开【相机】类下的【景深】选项，调整一下【光圈】及【焦距】的参数，如图 8-23 所示。

步骤 ④ 单击 按钮，开始渲染，如图 8-24 所示。

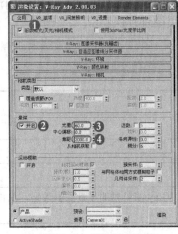

图 8-23 调整景深参数

图 8-24 渲染的效果

如果要得到近虚远实的景深效果，只要勾选"从相机获取"选项就可以了。

步骤 ⑤ 保存场景。文件名"实例 75A.max"。

实 例 总 结

本实例通过为一个简单的客厅进行景深效果的渲染，学习了如何使用 VRay 中的【景深】功能来得到特殊的渲染效果。

Example 实例 **76** VRay 的【高动态范围贴图】

案例文件	DVD\源文件素材\第 8 章\实例 76A.max		
视频教程	DVD\视频\第 8 章\实例 76. avi		
视频长度	7 分钟 07 秒	制作难度	★★★
技术点睛	VRay【高动态范围贴图】的使用		
思路分析	本实例主要讲解通过渲染一个简单的场景，来学习 VRay 渲染器【VRayHDRI】（高动态范围贴图）的使用		

场景渲染后的效果如下图所示。

操 作 步 骤

步骤 ❶ 启动 3ds Max 2012 中文版，打开随书光盘"源文件素材"/"第 8 章"/"实例 76.max"文件，这个场景的材质及相机已设置完成了。

步骤 ❷ 单击 （快速渲染）按钮，进行快速渲染，此时会发现没有景深效果，如图 8-25 所示。

图 8-25　渲染的效果

从上面的渲染效果来看，茶壶及球体都具备了金属及玻璃材质的反射属性，只是反射的效果不太理想，反射的主要来源是场景中的环境色（黑色）。如果我们在这里使用环境贴图将是一个不错的办法，反射的效果相对来说会好一些，它们将会反射环境贴图中的内容。环境贴图也就是用一幅 jpg 或 tif 格式的效果图作为场景中的环境背景。

> ▶ 技巧
>
> 　　如果想得到更好的效果，必须使用 VRayHDRI 高动态范围贴图，其目的和作用是为了使三维场景的光线更真实，从而真正地模拟出真实世界的光照效果。HDRI 是"线性"图像即经过 Gamma 校正处理的，好的 HDRI 一般应该是 360 度全景模式的，HDRI 的查看可以使用 HDRView。

步骤 3 按下 8 键，打开【环境和效果】对话框，单击 无 按钮，在弹出的【材质/贴图浏览器】对话框中选择【VR_HDRI】（高动态范围贴图），单击 确定 按钮，如图 8-26 所示。

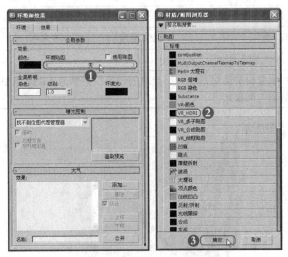

图 8-26　选择【VR_HDRI】

步骤 4 此时将【环境贴图】用实例的方式复制到材质编辑器中任意一个没有使用的材质球上，如图 8-27 所示。

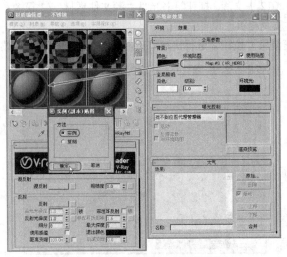

图 8-27　用实例方式复制到材质球中

步骤 5 单击 浏览 按钮，在弹出的【选择 HDR】对话框中选择随书光盘"源文件素材"/"第 8 章"/"贴图"文件夹下的"hdri01.hdr"文件，如图 8-28 所示。

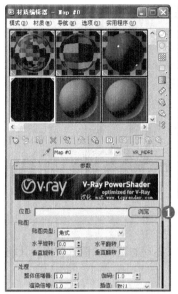

图 8-28　选择一张高动态范围贴图

步骤 6 单击栏 ○（快速渲染）按钮，进行快速渲染摄影机视图，渲染的效果如图 8-29 所示。

通过上面的渲染效果来看，画面的效果有很好的提高，这就是使用 VRayHDRI 的作用，为了得到更理想的画面效果，接下来稍微调一下 VRayHDRI 贴图的亮度、水平旋转角度和贴图方式。

步骤 7 在【材质编辑器】中调整【整体倍增器】为 1.5，【水平旋转】为 35，【贴图类型】选择【球体】，如图 8-30 所示。

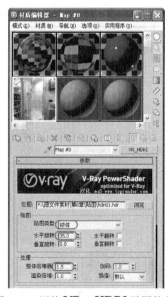

图 8-29　渲染的效果　　　　　　　　　　图 8-30　调整 VRayHDRI 贴图的参数

步骤 8 单击 ○（快速渲染）按钮，进行快速渲染场景，渲染的效果如图 8-31 所示。

步骤 9 保存场景，文件名为"实例 76A.max"。

图 8-31　渲染的效果

实 例 总 结

　　本实例通过一个简单的场景，详细讲述了【VRayHDRI】（高动态范围贴图）使用，让场景中带有反射的材质具有更好的真实性。

Example 实例 77 VRay 的【焦散】效果

案例文件	DVD\源文件素材\第 8 章\实例 77A.max		
视频教程	DVD\视频\第 8 章\实例 77. avi		
视频长度	7 分钟 07 秒	制作难度	★★★
技术点睛	VRay【焦散】的效果		
思路分析	本实例主要讲述通过为一个简单的场景渲染，来学习 VRay 渲染器【焦散】效果的使用		

　　VRay 的焦散效果如下图所示。

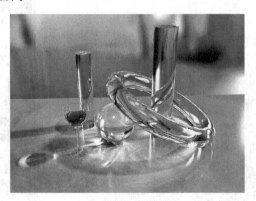

操 作 步 骤

步骤 ① 启动 3ds Max 2012 中文版，打开随书光盘"源文件素材"/"第 8 章"/"实例 77.max"文件。这个场景的材质、灯光和相机已设置完成了。

步骤 ② 首先我们为场景施加【高动态范围贴图】作为环境，来增加玻璃的真实性，如图 8-32 所示。

步骤 ③ 按下 F10 键，打开【渲染设置】对话框，设置一下各项渲染参数，如图 8-33 所示。

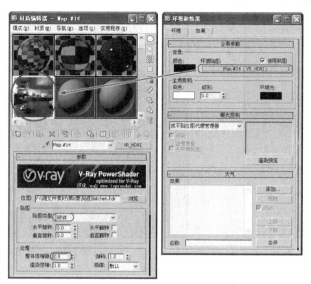

图 8-32　用实例的方式复制到材质球中

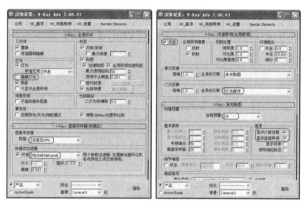

图 8-33　设置渲染参数

步骤 4 单击 （快速渲染）按钮，进行快速渲染，渲染的效果如图 8-34 所示。

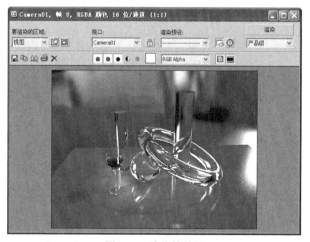

图 8-34　渲染的效果

步骤 5 打开焦散参数卷展栏，勾选【开启】项，然后调整【倍增器】为 4，如图 8-35 所示。

步骤 6 单击 （快速渲染）按钮，进行快速渲染，渲染的效果如图 8-36 所示。

图 8-35　调整焦散参数

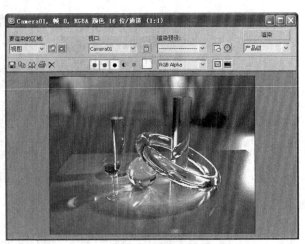
图 8-36　渲染的效果

步骤 ⑦ 保存场景，文件名为"实例 77A.max"。

实 例 总 结

本实例通过为这个简单的小场景渲染，详细讲述了 VRay【焦散】参数的设置，从而可以得到更真实的玻璃效果。

第9章　3ds Max 材质及贴图的应用

本章内容

- ➢ 认识材质编辑器
- ➢ 【混合】材质
- ➢ 【多维/子对象】材质
- ➢ 【双面】材质
- ➢ 【光线跟踪】材质

- ➢ 【位图】贴图
- ➢ 【光线跟踪】贴图
- ➢ 【平面镜】贴图
- ➢ 【棋盘格】贴图
- ➢ 【平铺】贴图

- ➢ 【噪波】贴图
- ➢ 【衰减】贴图
- ➢ 【渐变】贴图

在效果图制作中，我们用"材质"来模拟真实材质的视觉效果。因为在 3ds Max 中所创建的三维对象本身不具备任何表面特征，如果要让它产生与实际建筑装潢材料完全相同的视觉效果，必须通过为其赋材质的方式，才可以使制作的对象看上去像是真实世界中的物体。只有对场景中的物体都赋上合适的材质，才能使场景中的对象呈现出具有真实质感的视觉特征，将这些虚拟对象变成一种活生生的材料。

3ds Max 中的【材质】和【贴图】有很多，本章我们就来讲述一下在制作效果图时很实用的【材质】及【贴图】类型。

Example 实例 **78** 认识材质编辑器

案例文件	DVD\源文件素材\第 9 章\实例 78.max		
视频教程	DVD\视频\第 9 章\实例 78. avi		
视频长度	10 分钟 49 秒	制作难度	★★
技术点睛	打开【材质编辑器】窗口，了解材质编辑器各部分的名称及功能		
思路分析	本实例主要来认识一下【材质编辑器】窗口中各部分的名称及功能，为后面学习材质及贴图打下好的基础		

操 作 步 骤

步骤 ① 启动 3ds Max 2012 中文版。

步骤 ② 单击工具栏中的 🖾（材质编辑器）按钮，打开【材质编辑器】窗口。3ds Max 2012 中【材质编辑器】窗口的变化可以说是最大的，打开后的窗口是【Slate 材质编辑器】，如图 9-1 所示。

> ▶ **技巧**
>
> 读者可以通过按下 M 键，快速打开【材质编辑器】窗口。

观察打开的【Slate 材质编辑器】窗口，我们会发现该界面已经完全不同于之前一直操作的样式，为了更方便后面的操作，可以将默认的样式改为以前版本的窗口样式。下面就来学习如何进行更改。

步骤 ③ 单击【Slate 材质编辑器】窗口中【模式】菜单下的【精简材质编辑器】命令，即可更改为以前版本的窗口模式，如图 9-2 所示。

在后面的学习中，我们将以【精简材质编辑器】（也就是我们常用的以前版本的窗口模式）进行讲解。材质编辑器的对话框可以分为 5 大部分：材质球、工具按钮、着色模式、材质类型、参数控制区，具体位置如图 9-3 所示。

图 9-1 【Slate 材质编辑器】窗口

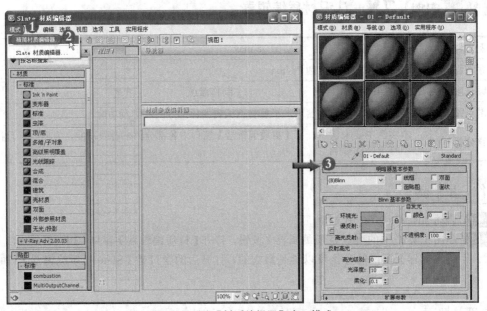

图 9-2 更改【材质编辑器】窗口模式

● **材质球**：示例窗中包含了 24 个材质球，用于显示材质编辑的结果，一个材质球对应一种材质。在修改材质的参数时，修改后的效果会马上显示在材质球上，使我们在制作过程中很方便地观察材质效果。系统默认材质球的个数为 6，其显示的个数与大小可以调整。移动光标在任意一个材质球上单击鼠标右键，会弹出一个如图 9-4 所示的菜单，如果勾选【5×3 示例窗】或【6×4 示例窗】，示例窗就会显示 15 个或者 24 个材质球，便于根据材质使用数量的多少适当调整，也便于观察材质的纹理显示情况。

● **工具按钮**：工具行中的工具主要用于调整材质在示例球中的显示效果，以便于更好地观察材质的颜色与纹理，下面的主要用于获取材质、显示贴图纹理以及将制作好的材质赋给场景中的对象等功能。

● **着色模式**：我们可以在此选择不同的材质渲染明暗类型，也就是确定材质的基本性质。

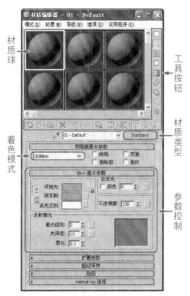

图 9-3 【材质编辑器】窗口　　　　图 9-4 在材质球上单击右键弹出的菜单

● **材质类型**：单击 Standard （标准）按钮，会弹出【材质/贴图浏览器】窗口，在此可以选择所需要的材质类型。

● **参数控制**：在材质编辑器中，工具按钮下面的部分内容繁多，包括 7 部分的卷展栏，由于材质编辑器窗口大小的限制，有一部分内容不能全部显示出来，我们可以将光标放置到卷展栏的空白处，当光标变成 形状时，按住鼠标左键上下拖曳，可以推动卷展栏，以观察全部内容。材质编辑器的参数控制区在不同的材质设置时会发生不同的变化，一种材质的初始设置是【标准】，其他材质类型的参数与标准材质也是大同小异。

实 例 总 结

本实例通过打开【材质编辑器】窗口来熟悉材质编辑器窗口的组成部分及基本操作。

Example 实例 79 【混合】材质

案例文件	DVD\源文件素材\第 9 章\实例 79.max		
视频教程	DVD\视频\第 9 章\实例 79. avi		
视频长度	3 分钟 54 秒	**制作难度**	★★
技术点睛	选择一个未使用的材质球，使用【混合】材质生成草地及土的混合效果		
思路分析	本实例通过为山形调制草地及土材质来详细讲述【混合】材质的使用		

本实例的最终效果如右图所示。

步骤 ① 启动 3ds Max 2012 中文版，将单位设置为毫米。

步骤 ② 打开随书光盘"源文件素材/第 9 章/山形.max"文件，这个场景是前面我们带领大家使用【噪波】修改命令制作的山形。

步骤 ③ 按下 M 键，快速打开【材质编辑器】窗口，激活第 1 个材质球，单击 Standard （标准）按钮，在弹出的【材质/贴图浏览器】中的【标准】下选择【混合】材质，单击 确定 按钮，在弹出的【替换材质】对话框中单击 确定 按钮，如图 9-5 所示。

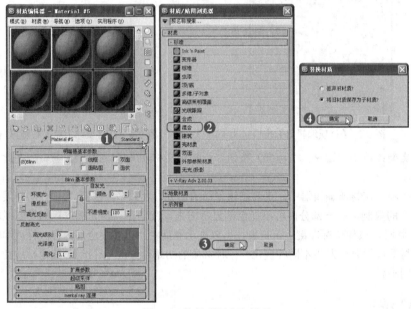

图 9-5 选择【混合】材质

步骤 ④ 在【混合基本参数】面板中单击【材质 1】右面的按钮，此时回到【标准】材质界面中，单击【漫反射】右侧的□小按钮，在弹出的【材质/贴图浏览器】窗口中选择【位图】，单击 确定 按钮，如图 9-6 所示。

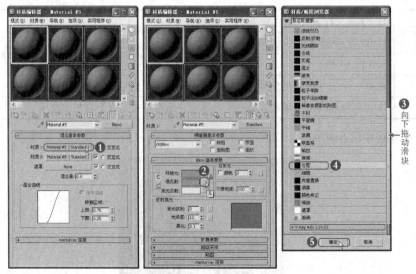

图 9-6 选择【位图】

步骤 5 在弹出的【选择位图图像文件】对话框中选择随书光盘"源文件素材/第 9 章/贴图"文件夹下的"草地.jpg"文件，单击 打开(0) 按钮，如图 9-7 所示。

步骤 6 单击 （转到父对象）按钮，返回到上一层级，在【贴图】卷展栏下面将【漫反射颜色】通道中的位图复制到【凹凸】通道中，将【数量】设置为 100，如图 9-8 所示。

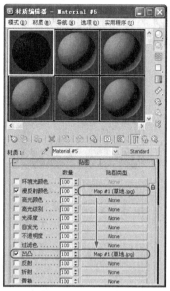

图 9-7　选择"草地.jpg"文件　　　　　　　图 9-8　为草地增加凹凸

步骤 7 单击 （转到父对象）按钮，返回到【混合基本参数】材质层级，单击【材质 2】右侧的按钮，调整【漫反射】的颜色为泥土色，然后在【贴图】卷展栏下为【凹凸】通道添加【噪波】贴图，调整参数如图 9-9 所示。

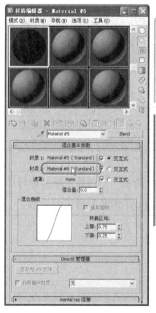

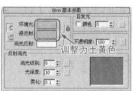

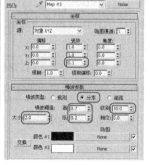

图 9-9　调整【材质 2】

步骤 8 单击 （转到父对象）按钮，返回到【混合基本参数】材质层级，为【遮罩】添加【衰减】贴图，选择【衰减方向】为【世界 Z 轴】，如图 9-10 所示。

> ▶ 技巧
>
> 读者可以勾选【使用曲线】选项，通过调整混合曲线，可以更好地控制草地及土所占的百分比。

步骤 ⑨ 将调制好的材质赋给山形，渲染一下透视图观看效果。

步骤 ⑩ 单击菜单栏◎按钮下的【另存为】命令，将此场景保存为"实例 79.max"。

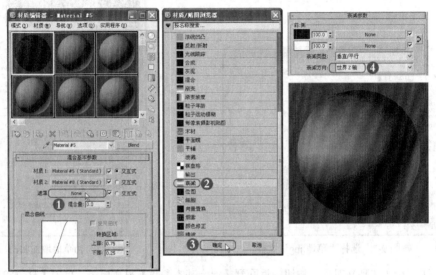

图 9-10　为【遮罩】添加【衰减】贴图

实 例 总 结

本实例通过调制山上的土及草地，详细讲述了【混合】材质的使用，还学习了【位图】贴图、【噪波】贴图、【衰减】贴图。这 3 种贴图后面我们还要进行详细学习。

Example 实例 **80** 【多维/子对象】材质

案例文件	DVD\源文件素材\第 9 章\实例 80.max		
视频教程	DVD\视频\第 9 章\实例 80. avi		
视频长度	3 分钟 37 秒	制作难度	★★
技术点睛	选择一个未使用的材质球，使用【多维/子对象】材质在一个对象上赋多种材质		
思路分析	本实例通过为茶杯调制两种材质来详细地讲述【多维/子对象】材质的使用		

本实例的最终效果如右图所示。

操作步骤

步骤 ① 启动 3ds Max 2012 中文版，将单位设置为毫米。

步骤 ② 打开随书光盘 "源文件素材/第 9 章/茶杯.max" 文件，这个场景是前面我们带领大家使用【可编辑多边形】工具制作的。

步骤 ③ 按下 M 键，快速打开【材质编辑器】窗口，激活第 1 个材质球，单击 Standard （标准）按钮，在弹出的【材质/贴图浏览器】中选择【多维/子对象】材质，最后单击 确定 按钮，如图 9-11 所示。

步骤 ④ 此时的面板就是【多维/子对象】材质了，默认情况是 10 种材质，单击 设置数量 按钮，在弹出的【设置材质数量】对话框中修改【材质数量】为 2，然后单击 确定 按钮， 再单击 01_Default（Standard）按钮，在标准材质界面中设置颜色为白色，如图 9-12 所示。

步骤 ⑤ 单击 （转到父对象）按钮，返回到【多维/子对象】材质层级，使用同样的方法将第 2 种材质调整为红色，效果如图 9-13 所示。

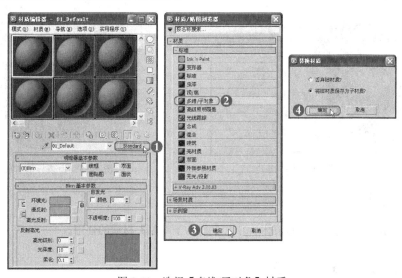

图 9-11　选择【多维/子对象】材质

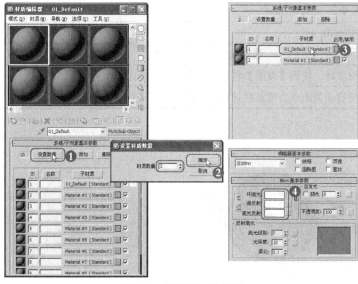

图 9-12　调整第 1 种材质

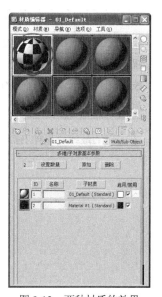

图 9-13　两种材质的效果

步骤 6 在修改器窗口中，回到【可编辑多边形】级别，进入 ■（多边形）子对象层级，在透视图中选择里面的面，然后在【设置 ID】右侧的窗口中输入 1，按下 Enter 键，效果如图 9-14 所示。

步骤 7 按下 Ctrl＋I 键进行反选，在【设置 ID】右侧的窗口中输入 2，按下 Enter 键，单击 ■（多边形）按钮退出子层级，将调制的材质赋给茶杯，效果如图 9-15 所示。

▶ **技巧**

　　将要赋材质的对象转换为【可编辑多边形】，然后进入 ■（多边形）子对象层级，直接将一个默认的材质赋给它就可以了，然后再选择其他的多边形，重新选择一种材质赋给它，如果使用 ✐（吸管）吸到材质球上，它会自动变成【多维/子对象】材质。

步骤 8 执行【另存为】命令，将此场景保存为"实例 80.max"。

　　因为现在我们还没有学习各种材质的调节，所以就用一种颜色来替代。

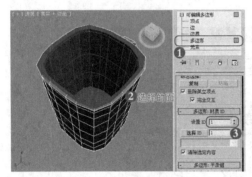

图 9-14　为对象划分材质 ID 号

图 9-15　为茶杯赋材质的效果

实 例 总 结

　　本实例通过调制一个两种材质的茶杯学习了【多维/子对象】材质的使用。

Example 实例 **81** 【双面】材质

案例文件	DVD\源文件素材\第 9 章\实例 81.max		
视频教程	DVD\视频\第 9 章\实例 81.avi		
视频长度	1 分钟 36 秒	制作难度	★★
技术点睛	选择一个未使用的材质球，使用【双面】材质为一个物体赋予内外不同的颜色		
思路分析	本实例通过为一个没有壶盖的茶壶调制两种材质来详细讲述【双面】材质的使用		

　　本实例的最终效果如右图所示。

操作步骤

步骤① 启动 3ds Max 2012 中文版，将单位设置为毫米。

步骤② 按下 M 键，快速打开【材质编辑器】窗口，激活第 1 个材质球，单击 ▭Standard▭（标准）按钮，在弹出的【材质/贴图浏览器】中选择【双面】材质，最后单击 ▭确定▭ 按钮。

步骤③ 调整【正面材质】为红色，【背面材质】为蓝色，如图 9-16 所示。

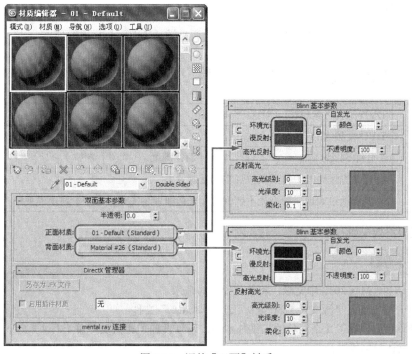

图 9-16　调整【双面】材质

步骤④ 在顶视图中创建一个茶壶，然后将茶壶盖隐藏起来，将调制好的【双面】材质赋给茶壶，效果如图 9-17 所示。

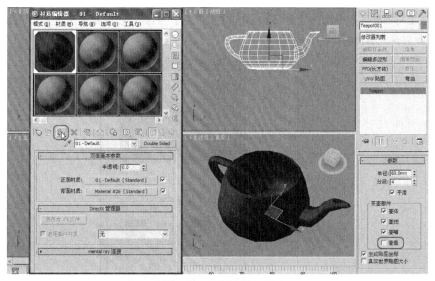

图 9-17　为茶壶赋材质

在视图中无法看到材质的效果，如果想观看效果必须渲染才可以。

▶ 技巧

在渲染时提醒大家注意的是，需要用 3ds Max 的【默认渲染器】，用【VRay】渲染器不会出现我们需要的双面材质。

步骤 ⑤ 保存文件，命名为"实例 81.max"。

实 例 总 结

本实例通过为茶壶的里面与外面赋两种不同的材质来学习【双面】材质的使用。

Example 实例 **82** 【光线跟踪】材质

案例文件	DVD\源文件素材\第 9 章\实例 82.max		
视频教程	DVD\视频\第 9 章\实例 82. avi		
视频长度	1 分钟 54 秒	制作难度	★★
技术点睛	使用【光线跟踪】材质模拟真实的反射效果		
思路分析	本实例通过表现一种亮光不锈钢材质来详细讲述【光线跟踪】材质的使用		

本实例的最终效果如右图所示。

操 作 步 骤

步骤 ① 启动 3ds Max 2012 中文版，将单位设置为毫米。

步骤 ② 打开随书光盘"源文件素材/第 9 章\几何体.max"文件。

这个场景中我们创建了几个简单的三维基本体，场景设置了相机及简单的灯光，使用默认扫描线进行渲染。

步骤 ③ 按下 M 键，快速打开【材质编辑器】窗口，选择一个未使用的材质球，单击 [Standard] （标准）按钮，在弹出的【材质/贴图浏览器】中选择【光线跟踪】材质，最后单击 [确定] 按钮。

步骤 ④ 在【明暗处理】中选择【金属】，调整【漫反射】为深灰色，【反射】为 80，最后再调整一下【反射高光】，如图 9-18 所示。

图 9-18　调整【光线跟踪】材质

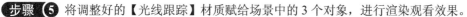

步骤 **5** 将调整好的【光线跟踪】材质赋给场景中的 3 个对象，进行渲染观看效果。

步骤 **6** 将此场景另存为"实例 82.max"文件。

实 例 总 结

本实例通过一个简单的场景来调制亮光不锈钢材质，主要学习了【光线跟踪】材质的使用。

Example 实例 **83** 【位图】贴图

案例文件	DVD\源文件素材\第 9 章\实例 83.max		
视频教程	DVD\视频\第 9 章\实例 83. avi		
视频长度	1 分钟 55 秒	制作难度	★★
技术点睛	使用【位图】贴图生成真实的油画		
思路分析	本实例通过调制一幅装饰油画效果来学习【位图】贴图的使用，以及如何通过【纹理】命令将物体的纹理显示出来		

本实例的最终效果如右图所示。

操 作 步 骤

步骤 **1** 启动 3ds Max 2012 中文版，将单位设置为毫米。

步骤 **2** 按下 M 键，快速打开【材质编辑器】窗口，选择一个材质球，单击【漫反射】右侧的小按钮，在弹出的【材质/贴图浏览器】中选择【位图】，单击 确定 按钮，如图 9-19 所示。

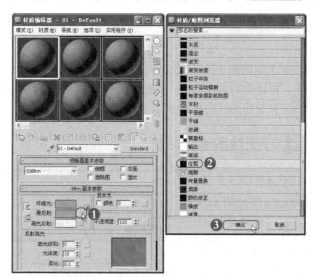

图 9-19　选择【位图】

▶ 技巧

在【材质/贴图浏览器】中选择【位图】之后，一般的操作步骤是单击 确定 按钮完成操作设置；读者也可以直接双击【位图】，功能与单击 确定 按钮是一样的。

步骤 ③ 在弹出的【选择位图图像文件】对话框中选择随书光盘"源文件素材/第 9 章/贴图"文件夹下的"油画.jpg"文件，单击 打开(O) 按钮，如图 9-20 所示。

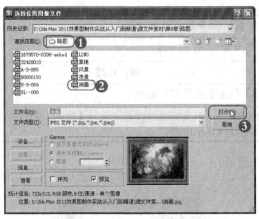

图 9-20 选择"油画.jpg"文件

此时在材质球的灰色会被"油画.jpg"文件覆盖，一幅位图的使用就完成了。

步骤 ④ 单击 （转到父对象）按钮，返回到第 1 层级。

步骤 ⑤ 在前视图中创建一个 350×500×20 的长方体，单击 （将材质指定给选定对象）按钮，将材质赋给长方体，再单击 （在视口中显示贴图）按钮，装饰画材质就调制完成了。

▶ 技巧

读者可以单击 （将材质指定给选定对象）按钮将材质赋给对象，还可以按住已经调制好的材质，直接拖到物体上方。

步骤 ⑥ 保存文件，命名为"实例 83.max"。

实 例 总 结

本实例主要学习了【位图】贴图的使用，通过调制一幅简单的油画材质详细讲述了怎样将一幅图片加入到【位图】贴图通道中，再将调制完成后的材质通过 （将材质指定给选定对象）按钮指定给对象，通过 （在视口中显示贴图）按钮将图片在视口中显示出来。

Example 实例 **84** 【光线跟踪】贴图

案例文件	DVD\源文件素材\第 9 章\实例 84.max		
视频教程	DVD\视频\第 9 章\实例 84. avi		
视频长度	2 分钟 49 秒	制作难度	★★
技术点睛	使用【光线跟踪】生成反射地面		
思路分析	本实例通过调制一个带有反射的地面来学习【光线跟踪】贴图的使用		

本实例的最终效果如右图所示。

操 作 步 骤

步骤 ① 启动 3ds Max 2012 中文版，将单位设置为毫米。

步骤 ② 按下 M 键，快速打开【材质编辑器】窗口，选择一个材质球，单击【漫反射】右侧的颜色，在弹出的【颜色选择器】窗口中调整出一种淡黄色，如图 9-21 所示。

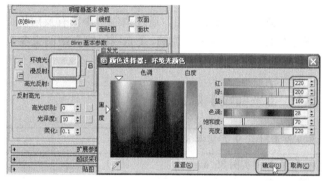

图 9-21　调整颜色

步骤 ③ 单击【贴图】长按钮，在展开的卷展栏中设置【反射】的【数量】为 20～30，再单击【反射】右侧的 None 按钮，如图 9-22 所示。

步骤 ④ 在弹出的【材质/贴图浏览器】中选择【光线跟踪】，再单击 确定 按钮，如图 9-23 所示。

图 9-22　贴图卷展栏

图 9-23　选择光线跟踪贴图

▶ **技巧**

在【光线跟踪器参数】下可以使用 [局部排除...] 按钮，将一些没有用的对象排除掉，这样可以大大的提高渲染速度。

步骤 ⑤ 在视图中创建一个大的长方体作为"地面"，然后在上面创建几个几何体，将调制好的反射地面赋予长方体。

步骤 ⑥ 单击工具栏中的 ☕ （渲染产品）按钮，渲染产品相机图，观看效果。

步骤 ⑦ 保存文件，命名为"实例84.max"。

▶ **技巧**

在执行渲染产品时可以按下 Shift+Q 键进行渲染，也可以按下 F9 键渲染。

实 例 总 结

本实例主要学习了【光线跟踪】贴图的使用，通过调制一个带有反射地面的材质，详细讲述了颜色的调制及【光线跟踪】贴图通道中数量的控制，【光线跟踪】贴图大多数情况是配合【位图】来使用的。

Example **实例** **85** 【平面镜】贴图

案例文件	DVD\源文件素材\第 9 章\实例 85.max		
视频教程	DVD\视频\第 9 章\实例 85.avi		
视频长度	1 分钟 32 秒	制作难度	★★
技术点睛	使用【平面镜】贴图表现镜子的真实反射		
思路分析	本实例通过调制镜子材质来学习【平面镜】贴图的使用		

本实例的最终效果如右图所示。

操 作 步 骤

步骤 ① 打开随书光盘"源文件素材/第 9 章/镜子.max"文件。

步骤 ② 按下 M 键，快速打开【材质编辑器】窗口，选择一个材质球，在【着色模式】下方选择【Phong】，调整【漫反射】的颜色为深灰色，将【高光级别】设置为 30，【光泽度】设置为 20，如图9-24 所示。

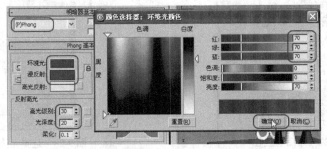

图 9-24　Phong 基本参数

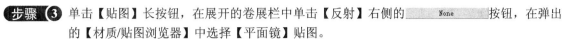
步骤 ③ 单击【贴图】长按钮,在展开的卷展栏中单击【反射】右侧的 None 按钮,在弹出的【材质/贴图浏览器】中选择【平面镜】贴图。

步骤 ④ 将调制好的镜子材质赋给视图中的镜子造型。

步骤 ⑤ 按下 Shift+Q 键,渲染产品相机图,观看效果。

步骤 ⑥ 执行【另存为】命令,将此造型另存为"实例 85.max"。

实 例 总 结

本实例主要学习了【平面镜】贴图的使用,通过调制一个带有反射的镜子,详细讲述了颜色的调制及【平面镜】贴图的使用。

Example 实例 86 【棋盘格】贴图

案例文件	DVD\源文件素材\第 9 章\实例 86.max		
视频教程	DVD\视频\第 9 章\实例 86. avi		
视频长度	1 分钟 52 秒	制作难度	★ ★
技术点睛	选择一个未使用的材质球,使用【棋盘格】生成瓷砖地面,再使用【光线跟踪】生成带有反射的瓷砖地面		
思路分析	本实例通过调制瓷砖地面材质来详细讲述【棋盘格】贴图的使用		

本实例的最终效果如右图所示。

操 作 步 骤

步骤 ① 启动 3ds Max 2012 中文版,将单位设置为毫米。

步骤 ② 按下 M 键,快速打开【材质编辑器】窗口,选择一个材质球,单击【漫反射】右侧的 小按钮,在弹出的【材质/贴图浏览器】中选择【棋盘格】,单击 确定 按钮。

步骤 ③ 此时调整【坐标】及【棋盘格】的参数,如图 9-25 所示。

> ▶ 技巧
>
> 读者可以通过单击【颜色#1】或【颜色#2】右面的色块,在弹出的【颜色选择器】窗口中进行调整颜色,或者单击右面的 None 按钮,选择一幅位图。

步骤 ④ 单击 (转到父对象)按钮,返回到第一层级。

步骤 ⑤ 在【贴图】卷展栏下方的【反射】选项里施加【光线跟踪】贴图,将【反射】贴图的数值设置为 20~40。

步骤 ⑥ 在视图中创建一个大的长方体,作为"地面",然后在上面创建一个茶壶,将调制好的瓷砖地面赋给长方体,效果如图 9-26 所示。

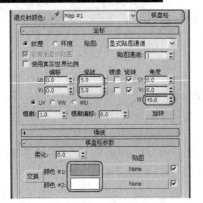

图 9-25　调整参数

图 9-26　创建的【长方体】及【茶壶】

步骤 7 按下 Shift+Q 键，渲染产品相机图，观看效果。

步骤 8 保存文件，命名为"实例 86.max"。

实 例 总 结

本实例通过调制一个带有反射的瓷砖地面材质，详细讲述了【棋盘格】贴图的使用，通过调整【平铺】及【角度】参数改变纹理，使用【棋盘格】贴图配合【光线跟踪】贴图可以产生更好的效果。

Example 实例 **87** 【平铺】贴图

案例文件	DVD\源文件素材\第 9 章\实例 87.max		
视频教程	DVD\视频\第 9 章\实例 87. avi		
视频长度	2 分钟 45 秒	制作难度	★★
技术点睛	选择一个未使用的材质球，使用【平铺】生成装饰墙		
思路分析	本实例通过调制一种带有装饰线的墙面材质来详细讲述【平铺】贴图的使用		

本实例的最终效果如右图所示。

操 作 步 骤

步骤 1 启动 3ds Max 2012 中文版，将单位设置为毫米。

步骤 2 按下 M 键，快速打开【材质编辑器】窗口，选择一个材质球，单击【漫反射】右侧的 小按钮，在弹出的【材质/贴图浏览器】中选择【平铺】，单击 确定 按钮。

步骤 3 此时调整【高级控制】的参数，如图 9-27 所示。

> **▶ 技巧**
>
> 读者可以通过调整【水平数】和【垂直数】来改变装饰线的数量，调整【颜色变化】和【淡出变化】可以调整两块不同的颜色。

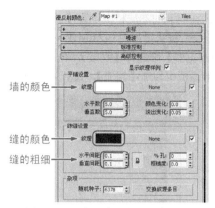

图 9-27　调整【高级控制】的参数

步骤 4 单击 （转到父对象）按钮，返回到第一层级。

步骤 5 如果装饰墙上面有反射，可以在【贴图】卷展栏下方的【反射】选项里添加【光线跟踪】贴图，将【反射】贴图的数值设置为 10~20。

步骤 6 在视图中创建一个大的长方体，作为"装饰墙"，将调制好的材质赋给长方体。

步骤 7 按下 Shift+Q 键，渲染产品相机图，观看效果。

步骤 8 保存文件，命名为"实例 87.max"。

实 例 总 结

本实例主要学习了【平铺】贴图的使用，通过调制一种带有装饰线的墙面材质来详细讲述了【平铺】参数的功能和作用。

Example 实例 **88** 【噪波】贴图

案例文件	DVD\源文件素材\第 9 章\实例 88.max		
视频教程	DVD\视频\第 9 章\实例 88. avi		
视频长度	1 分钟 36 秒	制作难度	★★
技术点睛	选择一个未使用的材质球，使用【凹凸】通道及【噪波】贴图生成拉毛墙		
思路分析	本实例通过调制拉毛墙面材质来详细讲述【噪波】贴图的使用		

本实例的最终效果如下图所示。

操 作 步 骤

步骤 1 启动 3ds Max 2012 中文版，将单位设置为毫米。

步骤 2 按下 M 键，快速打开【材质编辑器】窗口，选择一个材质球，将【漫反射】右侧的颜色调整为白色。

3ds Max 2012/VRay
效果图制作实战从入门到精通

步骤 3 单击【贴图】长按钮，在展开的卷展栏中设置【凹凸】的【数量】为 50～100，再单击【凹凸】右侧的 None 按钮，如图 9-28 所示。

步骤 4 在弹出的【材质/贴图浏览器】中选择【噪波】，单击 确定 按钮，如图 9-29 所示。

步骤 5 在弹出的【噪波参数】面板中勾选【湍流】，设置【大小】为 35，如图 9-30 所示。

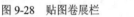
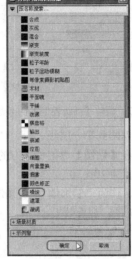
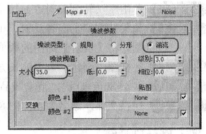

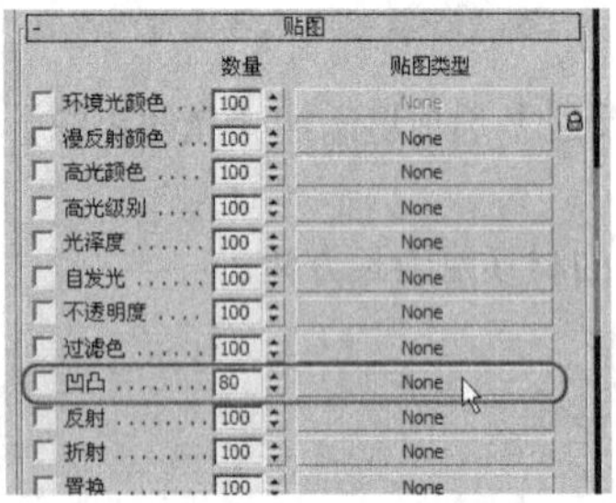

图 9-28　贴图卷展栏　　图 9-29　选择【噪波】贴图　　图 9-30　调整【噪波】参数

> **▶ 技巧**
>
> 　　读者可以自己勾选【噪波参数】下的【分形】及【规则】，可以得到不同的效果，如果感觉凹凸不够，可调整【凹凸】通道中的【数量】。

步骤 6 在前视图中创建一个 2700×4000×240 的长方体，作为"墙面"，将调制好的拉毛墙材质赋给长方体。

步骤 7 按下 Shift+Q 键，渲染产品相机图，观看效果。

步骤 8 保存文件，命名为"实例 88.max"。

实 例 总 结

　　本实例通过调制一个带有凹凸纹理的拉毛墙材质详细讲述了在【凹凸】通道中添加【噪波】贴图产生的效果，通过调整【噪波参数】下的【大小】及【湍流】的数值，得到好的凹凸效果。

Example 实例 **89** 【衰减】贴图

案例文件	DVD\源文件素材\第 9 章\实例 89.max		
视频教程	DVD\视频\第 9 章\实例 89.avi		
视频长度	2 分钟 12 秒	制作难度	★★
技术点睛	使用【自发光】通道配合【衰减】贴图生成发光效果，并学习【衰减】贴图下【混合曲线】的调整		
思路分析	本实例通过调制一个灯笼发光的材质来详细讲述【衰减】贴图的使用		

　　本实例的最终效果如右图所示。

操 作 步 骤

步骤 **1** 打开随书光盘"源文件素材/第 9 章/灯笼.max"文件。

步骤 **2** 按下 M 键，快速打开【材质编辑器】窗口，选择一个材质球，调整【漫反射】的颜色为大红色，勾选【Blinn 基本参数】下【自发光】下方的颜色选项，再单击右侧的小按钮，如图 9-31 所示。

步骤 **3** 在弹出【材质/贴图浏览器】中选择【衰减】贴图，然后单击 确定 按钮。

步骤 **4** 此时便出现了【衰减参数】面板，将 2 个色框中的颜色调整为如图 9-32 所示的颜色。

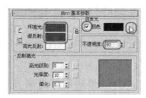

图 9-31　Blinn 基本参数

图 9-32　【衰减参数】下的选项

步骤 **5** 将【混合曲线】面板下的控制线上加一个控制点，然后调整成如图 9-33 所示的形态。

步骤 **6** 此时示例球中的形态就好像发光一样，如图 9-34 所示。

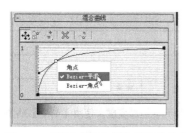

图 9-33　【混合曲线】面板类下的调节杆

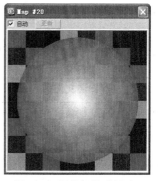

图 9-34　调整好的示例球

▶ 技巧

在材质球上方连续双击鼠标左键，就可以将调制的材质球单独进行放大，这样能更清楚地看到材质的效果。

步骤 **7** 单击 （转到父对象）按钮，返回到第一层级。

步骤 **8** 在【贴图】卷展栏下方的【凹凸】选项里施加【位图】贴图，贴图的名字为"LONG.jpg"，设置凹凸的【数量】为 50。

步骤 ⑨ 在【贴图】卷展栏下方可以将【凹凸】中的贴图复制到【漫反射颜色】中,【数量】设置为30～50。

步骤 ⑩ 单击 (将材质指定给选定对象)按钮,将材质赋给灯笼造型。

步骤 ⑪ 渲染透视图,最终效果如图 9-35 所示。

图 9-35　渲染的最终效果

▶ **技巧**

　　在对【贴图】卷展栏下方的通道进行复制时,可以按住要复制的材质,直接拖动到没有材质的通道上,此时复制即可成功。

步骤 ⑫ 执行【另存为】命令,将此造型另存为"实例 89.max"。

　　此时来看,好像在灯笼里面放了一盏灯一样,出现了很亮的光感。如果想用灯光来表现就达不到这种好的效果,所以为了让制作的造型产生真实的效果也可以用材质来表现。

实 例 总 结

　　本实例通过调制一种发光灯笼的材质主要学习了【衰减】贴图的使用,及调整【混合曲线】下的曲线,让发光效果更加真实,同时又使用了【漫反射颜色】及【凹凸】通道来产生真实的纹理。

Example 实例 **90** 【渐变】贴图

案例文件	DVD\源文件素材\第 9 章\实例 90.max		
视频教程	DVD\视频\第 9 章\实例 90. avi		
视频长度	1 分钟 47 秒	制作难度	★★
技术点睛	选择一个未使用的材质球,调整【扩展参数】使光柱边缘变虚,使用【渐变】贴图生成光柱		
思路分析	本实例通过调制一个光柱效果的材质来详细讲述【渐变】贴图的使用		

本实例的最终效果如右图所示。

步骤① 打开随书光盘"源文件素材/第 9 章/光柱.max"文件。

步骤② 按下 M 键，快速打开【材质编辑器】窗口，选择一个材质球，调整【环境光】、【漫反射】、【高光反射】的颜色为淡蓝色，将【颜色】右侧的数值调整为 100，如图 9-36 所示。

步骤③ 单击【扩展参数】卷展栏，在展开的参数面板中勾选【衰减】下方的【外】，调整【数量】为 100，将【过滤】右侧的颜色调整为淡蓝色，如图 9-37 所示。

> ▶ 技巧
>
> 　调整【衰减】下方【外】是为了让光柱的边缘变得透明且虚化一些，如果勾选【内】，边缘会变得生硬，中间将会变得透明。

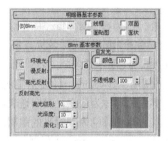

图 9-36　Blinn 基本参数

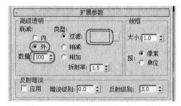

图 9-37　调整【扩展参数】

步骤④ 在【贴图】卷展栏下方的【不透明度】选项里施加【渐变】贴图。

步骤⑤ 将调制好的材质赋给锥体。

步骤⑥ 按下 Shift+Q 键，渲染产品相机图，观看效果。

> ▶ 技巧
>
> 　黑色在【不透明度】通道中是一种完全透明的、灰色是半透明的、白色是完全不透明。

步骤⑦ 执行【另存为】命令，将此线架保存为"实例 90.max"。

实例总结

　　本实例通过调制一个光柱材质详细讲述了【扩展参数】的作用，使用【渐变】贴图让光柱出现底部发光，上面不发光的效果。

第10章 效果图真实材质的表现

本章重点

- ➤ 乳胶漆材质
- ➤ 清玻璃材质
- ➤ 磨砂玻璃材质
- ➤ 不锈钢材质
- ➤ 白陶瓷材质
- ➤ 木纹材质

- ➤ 沙发布纹材质
- ➤ 沙发靠垫材质
- ➤ 【VRay 置换模式】表现地毯
- ➤ 【VR 毛发】表现地毯
- ➤ 木地板材质
- ➤ 大理石地面

- ➤ 水材质
- ➤ 砖墙材质
- ➤ 透空贴图
- ➤ 材质库的建立及使用

在效果图制作中，我们用"材质"来模拟真实材料的视觉效果。因为在 3ds Max 中所创建的三维对象本身不具备任何表面特征，如果要让它产生与实际建筑装潢材料完全相同的视觉效果，必须通过赋材质的方式，这样才可以使制作的物体看上去像是真实世界中的物体。只有对场景中的物体都赋上合适的材质才能使场景中的对象呈现出具有真实感的视觉特征，将这些虚拟物体变成一种活生生的材料。

那么，材质是怎样来设定呢？我们的调制标准就是：以现实世界中的物体为依据，真实地表现出物体材质的属性。如物体的基本色彩、对光的反弹率和吸收率、光的穿透能力、物体的内部对光的阻碍能力和表面光滑度等。需要注意的是我们现在用 VRay 进行渲染，最好将默认的标准材质指定为 VR 材质。这些与效果图息息相关的材质在这里就不一一细说了，后面有关材质的内容会紧密扣住这个中心来进行讲解。

Example 实例 91 乳胶漆材质

案例文件	DVD\源文件素材\第 10 章\实例 91.max		
视频教程	DVD\视频\第 10 章\实例 91. avi		
视频长度	2 分钟 21 秒	制作难度	★★
技术点睛	VRay 材质的使用，对材质的基本参数进行调制		
思路分析	本实例通过调制墙面上的乳胶漆材质来详细讲述各种乳胶漆材质的调制过程		

本实例的最终效果如右图所示。

操 作 步 骤

步骤 ① 启动 3ds Max 2012 中文版。

步骤 ② 按下 F10 键，打开【渲染设置】对话框，然后将 VRay 指定为当前渲染器，如图 10-1 所示。

步骤 ③ 按下 M 键，打开【材质编辑器】窗口，选择第 1 个材质球，单击 Standard （标准）按钮，在弹出的【材质/贴图浏览器】中选择 VRay 材质，如图 10-2 所示。

▶ **技巧**

我们在调制材质时主要是以 VRay 材质为主，这就必须要大家在调制材质之前，先在【渲染设置】对话框中将 VRay 指定为当前的渲染器，否则【材质/贴图浏览器】对话框中就不会出现 VR 材质。

图 10-1　将 VRay 指定为当前渲染器

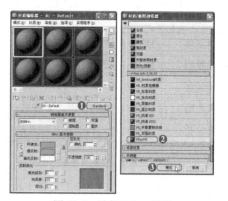

图 10-2　选择 VRay 材质

步骤 ❹ 将材质命名为"白乳胶漆",设置【漫反射】颜色值为(红:245,绿:245,蓝:245)而不是纯白色的值 255,这是因为墙面不可能全部反光,【反射】颜色值为(红:23,绿:23,蓝:23),将【选项】下的【跟踪反射】选项取消,参数设置如图 10-3 所示。

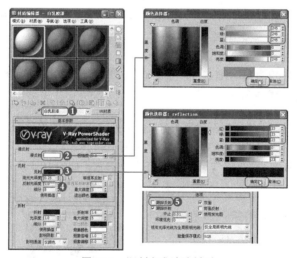

图 10-3　调制白乳胶漆材质

▶ **技巧**

　　在调制材质之前,先来分析一下真实墙面究竟是什么样,在离墙面比较远的距离去观察墙面时,墙面是比较平整的、颜色比较白的;当靠近墙面观察,可以发现上面有很多不规则的凹凸和痕迹,这是由于刷乳胶漆时,使用的刷子涂抹留下的痕迹,这个痕迹是不可避免的,我们在调制白乳胶漆材质时不需要考虑痕迹。

步骤 ❺ 如果想调制带有颜色的乳胶漆,直接调整【漫反射】里面的颜色就可以了,想表现凹凸不平的墙面(拉毛墙),在凹凸通道里面放置一个带有凹凸纹理的贴图就可以了。

实 例 总 结

本实例通过调制乳胶漆材质详细讲述了 VRay 材质中最简单的颜色材质的调制,重点了解基本参数的使用及调整。

Example 实例 92　清玻璃材质

案例文件	DVD\源文件素材\第 10 章\实例 92A.max		
视频教程	DVD\视频\第 10 章\实例 92. avi		
视频长度	3 分钟 49 秒	制作难度	★★
技术点睛	VRay 材质的使用，对清玻璃材质的参数进行调制		
思路分析	本实例通过调制茶几的玻璃材质来详细讲述清玻璃材质的调制方法与技巧		

本实例的最终效果如右图所示。

操 作 步 骤

步骤 ① 启动 3ds Max 2012 中文版。

步骤 ② 打开随书光盘"源文件素材/第 10 章/实例 92.max"文件。

这个场景的灯光及摄影机已设置完成了，除了茶几玻璃之外，其他物体全部赋予了材质，下面我们就来为茶几调制一种真实的玻璃材质。

步骤 ③ 按下 F10 键，打开【渲染设置】对话框，然后将 VRay 指定为当前渲染器。

> ▶ 技巧
>
> 当我们指定为 VRay 为当前渲染器时可以单击 保存为默认设置 按钮，在以后重新启动 3ds Max 后，就是以 VRay 为当前渲染器了。

步骤 ④ 按下 M 键，快速打开【材质编辑器】窗口，选择一个未用的材质球，单击 Standard （标准）按钮，将当前的材质指定为 VRay 材质，如图 10-4 所示。

步骤 ⑤ 首先将材质命名为"清玻璃"，再设置一下其他参数，如图 10-5 所示。

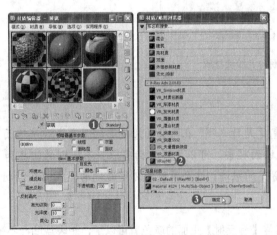

图 10-4　指定 VRay 材质

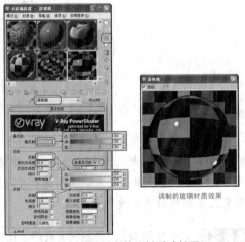

调制的玻璃材质效果

图 10-5　设置参数及材质球效果

步骤 ⑥ 将调制好的清玻璃材质赋给茶几上面的玻璃造型。

步骤 ⑦ 按下 F10 键，打开【渲染设置】对话框，然后设置一下 VRay 的渲染参数，如图 10-6 所示。

步骤 ⑧ 单击 （渲染产品）按钮进行快速渲染，效果如图 10-7 所示。

▶ 技巧

　　调整【反射】的颜色就是调整反射的强度，颜色越白反射越亮，颜色越黑反射越弱。调整【折射】的颜色就是用来控制透明及折射，颜色越白物体越透明，进入对象内部产生折射的光线也就越多；颜色越黑对象越不透明，进入对象内部产生折射的光线也就越少。

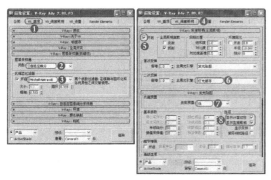

图 10-6　设置 VRay 的渲染参数　　　　　　　　　　图 10-7　渲染的效果

步骤 ⑨ 单击菜单栏 ⑥ 按钮下的【另存为】命令，将线架保存为"实例 92A.max"。

实 例 总 结

　　本实例通过为茶几面调制清玻璃材质主要学习使用 VRay 材质来表现清玻璃，从而可以得到非常真实、逼真的透明清玻璃的效果。

Example 实例 93　磨砂玻璃材质

案例文件	DVD\源文件素材\第 10 章\实例 93A.max		
视频教程	DVD\视频\第 10 章\实例 93. avi		
视频长度	3 分钟 20 秒	制作难度	★★
技术点睛	VRay 材质的使用，对材质的基本参数进行调制，使用【凹凸】通道施加一幅位图产生凹凸的颗粒效果		
思路分析	本实例通过调制茶几的玻璃材质来详细讲述磨砂玻璃材质的调制过程		

　　本实例的最终效果如右图所示。

操 作 步 骤

步骤 ① 启动 3ds Max 2012 中文版。

步骤 ② 打开随书光盘"源文件素材/第 10 章/实例 93.max"文件。

步骤 ③ 按下 M 键，快速打开【材质编辑器】窗口，选择一个未用的材质球。

步骤 ④ 将当前的材质指定为 VRay 材质，材质命名为"磨砂玻璃"，设置一下【基本参数】，然后在【凹凸】通道中施加【噪波】贴图，调整一下【大小】，如图 10-8 所示。

▶ 技巧

　　无论调制什么材质,最好多了解一下现实生活中真实材料的视觉效果，这样才能更好地将各种材质表现得更加真实。

步骤 5 将调制完成的磨砂玻璃赋给茶几上面的玻璃。

步骤 6 按下 F10 键，打开【渲染设置】对话框，设置一下 VRay 的渲染参数，如图 10-9 所示。

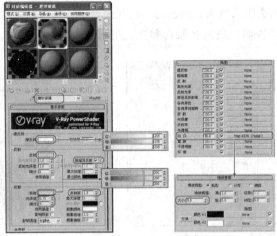

图 10-8　调制"磨砂玻璃"材质

步骤 7 单击 ⬚（渲染产品）按钮进行快速渲染，渲染效果如图 10-10 所示。

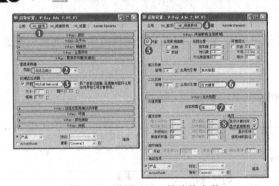

图 10-9　设置 VRay 的渲染参数

图 10-10　渲染的效果

步骤 8 执行【另存为】命令，将此线架保存为"实例 93A.max"。

实 例 总 结

本实例通过为茶几上面的玻璃调制一种磨砂玻璃材质，详细讲述了使用【凹凸】贴图来模拟凹凸不平的颗粒效果，从而得到半透明的磨砂玻璃。

Example 实例 94　不锈钢材质

案例文件	DVD\源文件素材\第 10 章\实例 94A.max		
视频教程	DVD\视频\第 10 章\实例 94. avi		
视频长度	2 分钟 44 秒	制作难度	★★
技术点睛	VRay 材质的使用，对不锈钢材质的参数进行调制		
思路分析	本实例通过调制厨房的不锈钢锅来详细讲述不锈钢材质调制的方法与技巧		

本实例的最终效果如右图所示。

操 作 步 骤

步骤 ① 启动 3ds Max 2012 中文版。

步骤 ② 打开随书光盘"源文件素材/第 10 章/实例 94.max"文件。

步骤 ③ 按下 M 键，快速打开【材质编辑器】窗口，选择一个未使用的材质球。

步骤 ④ 将当前的材质指定为 VRay 材质，材质命名为"不锈钢"，设置一下【基本参数】，如图 10-11 所示。

步骤 ⑤ 此时材质球的效果如图 10-12 所示。

▶ **技巧**

　　不锈钢材质的调制相对来说不是很麻烦，我们调制的这一种是"亮光不锈钢"，主要调整的是【颜色】、【反射】、【高光光泽度】，如果调制"压光不锈钢"材质，需要调整【反射光泽度】参数。

步骤 ⑥ 按下 F10 键，打开【渲染设置】对话框，设置一下 VRay 的渲染参数。

步骤 ⑦ 将调制完成的不锈钢材质赋给不锈钢锅，快速渲染观看效果，如图 10-13 所示。

图 10-11　调制"不锈钢"材质　　　图 10-12　"不锈钢"材质球效果　　　图 10-13　渲染的效果

步骤 ⑧ 执行【另存为】命令，将此线架保存为"实例 94A.max"。

实 例 总 结

　　本实例通过为厨房不锈钢锅调制不锈钢材质，主要学习如何使用 VRay 材质来表现的不锈钢，从而可以得到非常真实、逼真的金属效果。

Example 实例 **95** 白陶瓷材质

案例文件	DVD\源文件素材\第 10 章\实例 95Amax		
视频教程	DVD\视频\第 10 章\实例 95.avi		
视频长度	4 分钟 14 秒	制作难度	★★
技术点睛	将材质指定为 VRay 材质，对材质的基本参数进行调制，使用【光线跟踪】贴图模拟瓷器的反射效果		
思路分析	本实例通过调制卫生间浴盆的瓷器材质来详细讲述瓷器材质的调制过程		

本实例的最终效果如右图所示。

操 作 步 骤

步骤 ① 启动 3ds Max 2012 中文版。

步骤 ② 打开随书光盘"源文件素材/第 10 章/实例 95.max"文件。

步骤 ③ 按下 M 键，快速打开【材质编辑器】窗口，选择一个未用的材质球。

步骤 ④ 将当前的材质指定为 VRay 材质，材质命名为"白陶瓷"，设置一下【基本参数】，在【反射】中添加【衰减】贴图，其他参数的设置如图 10-14 所示。

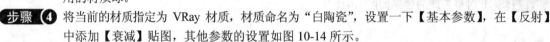
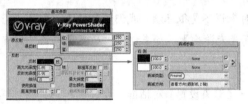

图 10-14 调制"瓷器"材质

步骤 ⑤ 在【BRDF】选项中选择【Ward】类型，使用该方式渲染出来材质效果整体上比较亮，调整一下【各项异性】的参数，如图 10-15 所示。

步骤 ⑥ 调整完成的瓷器材质在材质球中的效果，如图 10-16 所示。

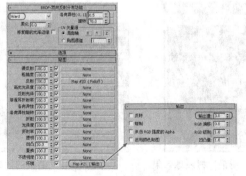

图 10-15 调整参数

图 10-16 白陶瓷材质的效果

▶ **技巧**

　　在调制"白陶瓷"材质时，我们在【贴图】通道【环境】中添加了【输出】贴图，目的就是让白陶瓷材质更加光亮。

步骤 7 将调制完成的白陶瓷材质赋给浴缸，快速渲染观看效果，如图 10-17 所示。

步骤 8 执行【另存为】命令，将此线架保存为"实例 95A.max"。

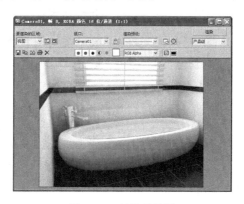

图 10-17　渲染的效果

实 例 总 结

　　本实例通过为卫生间的浴缸调制白陶瓷材质详细讲述了如何使用 VRay 材质来表现的白陶瓷材质，并使用【各项异性】调制材料的高光效果，以及通过为【反射】添加【衰减】贴图让白陶瓷表现出丰富的反射效果。

Example 实例 **96**　木纹材质

案例文件	DVD\源文件素材\第 10 章\实例 96A.max		
视频教程	DVD\视频\第 10 章\实例 96. avi		
视频长度	3 分钟 03 秒	制作难度	★★
技术点睛	将材质指定为 VRay 材质，使用真实的图片模拟木纹纹理，用 VRay 渲染器进行渲染		
思路分析	本实例通过调制茶几上面的木纹材质来详细讲述木纹材质的调制方法与技巧		

　　本实例的最终效果如右图所示。

操 作 步 骤

步骤 1 启动 3ds Max 2012 中文版。

步骤 2 打开随书光盘"源文件素材/第 10 章/实例 96.max"文件。

　　这个场景的灯光及摄影机已设置完成了，除了茶几，其他对象全部赋予材质了，下面我们就来为茶几调制一种真实的木纹材质。

步骤 3 按下 M 键，快速打开【材质编辑器】窗口，选择一个未用的材质球。

步骤 4 将当前的材质指定为 VRay 材质，命名为"木纹"，调整【反射】颜色值为（红：30，绿：30，蓝：30），【高光光泽度】为 0.6，【光泽度】为 0.9，在【漫反射】中添加一幅位图，名字为"斑马木.jpg"，如图 10-18 所示。

步骤 5 在视图中选择茶几，单击 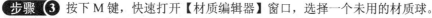（将材质指定给选定对象）按钮，将调制好的材质赋给茶几。

　　下面我们来设置一下 VRay 的渲染参数，使用 VRay 进行渲染。

步骤 6 按下 F10 键，打开【渲染设置】对话框，设置一下 VRay 的渲染参数。

步骤 7 单击 ○（渲染产品）按钮进行快速渲染，效果如图 10-19 所示。

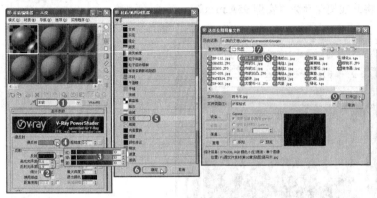

图 10-18　调制木纹材质

图 10-19　渲染的效果

▶ 技巧

　　在执行快速渲染时，可以按下 Shift+Q 键进行快速渲染，也可以按下 F9 键，进行快速渲染，观看效果。

步骤 8 执行【另存为】命令，将此线架保存为"实例 96A.max"。

实 例 总 结

　　本实例主要学习了【位图】贴图的使用，通过为茶几木纹调制材质，详细讲述了怎样用一幅位图图片来模拟真实的木纹纹理。

Example 实例 **97** 沙发布纹材质

案例文件	DVD\源文件素材\第 10 章\实例 97A.max		
视频教程	DVD\视频\第 10 章\实例 97. avi		
视频长度	2 分钟 52 秒	制作难度	★★
技术点睛	选择一个未使用的材质球，使用标准材质对进行调制，【合成】及【衰减】贴图的使用，【漫反射颜色】及【凹凸】通道的使用		
思路分析	本实例通过调制沙发上面的布纹材质来详细讲述沙发布纹材质的调制过程		

本实例的最终效果如右图所示。

操 作 步 骤

步骤 1 启动 3ds Max 2012 中文版。

步骤 2 打开随书光盘"源文件素材/第 10 章/实例 97.max"文件。

　　这个场景的灯光及相机已设置完成了，除了沙发其他物体全部赋予材质了，下面我们就来为沙发调制一种真实的布纹材质赋给它。

步骤 3 按下 M 键，快速打开【材质编辑器】窗口，选择一个未用的材质球，命名为"沙发布纹 01"，使用默认的【Standard】（标准）材质就可以了。参数设置如图 10-20 所示。

步骤 4 单击【贴图】长按钮，在展开的卷展栏中为【漫反射颜色】添加一幅位图，名字为"布纹 01.jpg"，然后复制给【凹凸】通道，设置【数量】为 60，如图 10-21 所示。

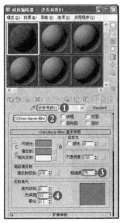

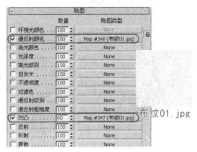

布纹01.jpg

图 10-20   设置基本参数   图 10-21   贴图通道

▶ 技巧

　　在对【贴图】卷展栏下方的通道进行复制时，可以在准备复制的材质上单击鼠标左键并拖动，直到拖动到没有材质的通道上，在弹出的【复制（实例）贴图】对话框中选择对应的选项后单击 　确定　 按钮即可复制成功。

步骤 5   为【自发光】通道添加【衰减】贴图，如图 10-22 所示。

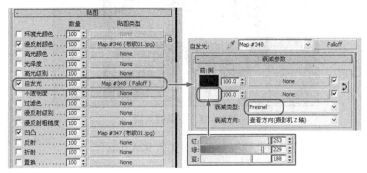

图 10-22   【合成】及【衰减】贴图

▶ 技巧

　　读者可以通过单击对应的色块，在弹出的【颜色选择器】对话框中调整颜色，或者单击右面的 　None　 按钮，选择一幅位图。

步骤 6   在视图中选择沙发座垫造型，单击 　（将材质指定给选定对象）按钮，将调制好的材质赋予给沙发座垫。

步骤 7   为沙发座垫添加【UVW 贴图】修改器，勾选【长方体】选项，调整【长度】、【宽度】、【高度】分别为 500，效果如图 10-23 所示。

▶ 技巧

　　为赋予材质后的物体添加【UVW 贴图】修改器，可以单独修改物体的纹理大小，但不影响视图中其他对象的纹理。

图 10-23 添加【UVW 贴图】修改器

步骤 8 使用同样的方法为沙发调制一种红色的沙发布纹。

步骤 9 按下 F10 键，打开【渲染设置】对话框，设置一下 VRay 的渲染参数。

步骤 10 单击 ○（渲染产品）按钮进行快速渲染，效果如图 10-24 所示。

图 10-24 渲染的效果

步骤 11 执行【另存为】命令，将此线架保存为"实例 97A.max"。

实例总结

本实例主要学习了【位图】、【合成】、【衰减】贴图的使用，通过为沙发布纹调制材质，详细讲述了怎样用一幅位图图片来模拟真实的布纹纹理，然后通过【合成】、【衰减】贴图来表现出白绒绒的感觉，最后通过【UVW 贴图】修改器，对纹理的大小进行精细的调整。

Example 实例 98 沙发靠垫材质

案例文件	DVD\源文件素材\第 10 章\实例 98A.max		
视频教程	DVD\视频\第 10 章\实例 98. avi		
视频长度	2 分钟 06 秒	制作难度	★★
技术点睛	选择一个未使用的材质球，对材质的基本参数进行调制，使用【漫反射颜色】通道施加一幅位图，使用【凹凸】通道来模拟褶皱		
思路分析	本实例通过调制沙发靠垫的布料材质来详细讲述带有褶皱布纹材质的调制		

本实例的最终效果如右图所示。

操 作 步 骤

步骤① 启动 3ds Max 2012 中文版。

步骤② 打开随书光盘"源文件素材/第 10 章/实例 98.max"文件。

步骤③ 按下 M 键,快速打开【材质编辑器】窗口。

步骤④ 将沙发布纹 01 材质复制一个,修改材质名为"沙发靠垫 01",将【凹凸】通道的数量改为 300,【位图】换成"布纹凹凸.jpg",如图 10-25 所示。

▶ 技巧

如果感觉不合适,可以在【凹凸】通道中更换一幅位图会得到另一种效果,作为凹凸的位图最好是黑白色的。

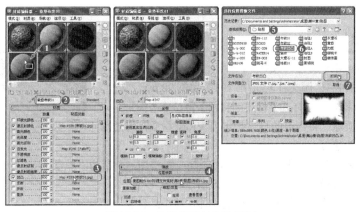

图 10-25　沙发靠垫材质的调制

步骤⑤ 在视图中选择"靠垫"、"靠垫 01",单击 🔲 (将材质指定给选定对象)按钮,将调制好的材质赋给沙发靠垫观看效果。

步骤⑥ 为沙发靠垫添加一个【UVW 贴图】修改器,勾选【长方体】选项,激活【Gizmo】,在前视图沿 z 轴进行旋转,效果如图 10-26 所示。

步骤⑦ 最后单击参数下的 ▢适配▢ 按钮,将 Gizmo 与靠垫的大小匹配。

步骤⑧ 使用同样的方法为中间的靠垫调制红色的布纹,并将其赋予该靠垫。

步骤⑨ VRay 的渲染参数我们就不重复讲述了,渲染后的效果如图 10-27 所示。

步骤⑩ 执行【另存为】命令,将此线架保存为"实例 98A.max"。

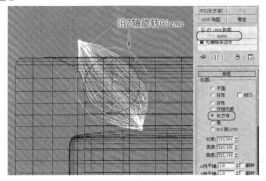

图 10-26　对 Gizmo 进行旋转

图 10-27　渲染的效果

实 例 总 结

本实例通过为沙发靠垫调制一种带有褶皱的布料材质，首先选择一个未使用的材质球，在【漫反射颜色】选项里添加一幅位图来模拟布料的效果，在【凹凸】选项里施加一幅位图模拟褶皱的效果。

Example 实例 99 【VRay_置换修改】表现地毯

案例文件	DVD\源文件素材\第 10 章\实例 99A.max		
视频教程	DVD\视频\第 10 章\实例 99. avi		
视频长度	2 分钟 51 秒	制作难度	★★
技术点睛	选择一个未使用的材质球，将材质指定为 VRay 材质，为【漫反射】、【凹凸】通道施加一幅位图，使用【VRay_置换修改】模拟凹凸		
思路分析	本实例通过调制地毯材质来详细讲述使用【VRay_置换修改】表现地毯材质的调制过程		

本实例的最终效果如右图所示。

操 作 步 骤

步骤 ① 启动 3ds Max 2012 中文版。

步骤 ② 打开随书光盘"源文件素材/第 10 章/实例 99.max"文件。

步骤 ③ 按下 M 键，快速打开【材质编辑器】窗口，选择一个未用的材质球，将当前的材质指定为 VRay 材质，材质命名为"地毯"。

步骤 ④ 在【贴图】下方的【漫反射】里面添加一幅位图，名字为"地毯 A.jpg"，然后复制给【凹凸】通道，【数量】为 100，如图 10-28 所示。

步骤 ⑤ 将调制完成的地毯材质赋给地毯物体，这个地毯是一个切角长方体。

步骤 ⑥ 在视图中选择作为地毯的切角长方体，然后在修改器中执行【VRay_置换修改】命令，勾选【2D 映射（景观）】，在下方添加一幅名为"地毯 B.jpg"的图片，调整【数量】为 50，如图 10-29 所示。

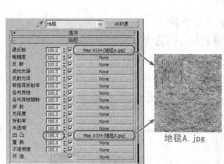

图 10-28 为漫反射及凹凸添加位图

地毯A. jpg

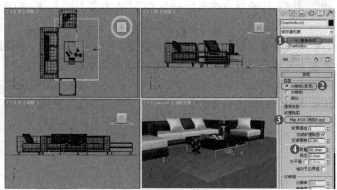

图 10-29 【VRay_置换修改】命令

▶ 技巧

在【类型】下方勾选【3D 映射】会得到不一样的效果，调整【数量】参数，也会将地毯的毛加长或变短，数值越大，毛发越长。

步骤 7 快速渲染地毯，调制完成后的效果如图 10-30 所示。

图 10-30 渲染的效果

步骤 8 执行【另存为】命令，将其保存为"实例 99A.max"。

实 例 总 结

本实例通过调制客厅的地毯材质，详细讲述了如何使用【VRay 置换修改】命令配合材质来表现真实的地毯材质的全过程。

Example 实例 **100** 【VR 毛发】表现地毯

案例文件	DVD\源文件素材\第 10 章\实例 100A.max		
视频教程	DVD\视频\第 10 章\实例 100. avi		
视频长度	4 分钟 15 秒	制作难度	★★
技术点睛	选择一个未使用的材质球，将材质指定为 VRay 材质，创建【VRay 毛发】表现地毯效果		
思路分析	本实例通过调制地毯材质来详细讲述使用【VRay 毛发】来制作地毯材质		

本实例的最终效果如右图所示。

操 作 步 骤

步骤 1 启动 3ds Max 2012 中文版。

步骤 2 打开随书光盘"源文件素材/第 10 章/实例 100.max"文件。

步骤 3 按下 M 键，快速打开【材质编辑器】窗口，选择一个未使用的材质球，将当前的材质指定为 VRay 材质，将材质命名为"地毯"。

我们已经创建了一个【切角长方体】作为地毯，并给它设置了足够的段数，目的是让依附于它的 VR 毛发更好地表现出凹凸效果。

步骤 ④ 确认作为地毯的切角长方体处于选中状态，单击 ✦ （创建）/◯（几何体）按钮，在 标准基本体 ▼ 下选择 VRay ▼ ，单击 VR毛发 按钮，就可以直接在创建的【切角长方体】上产生 VR 毛发，然后再修改一下它的参数，如图 10-31 所示。

> **▶ 技巧**
>
> 　　毛发的多少是靠【切角长方体】的段数来决定的。段数越多，毛发就越多；段数越少，毛发就越少。

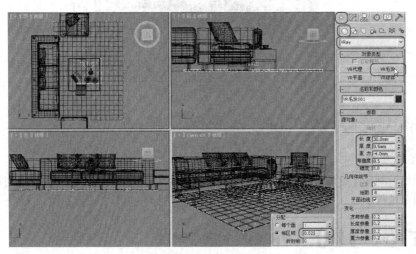

图 10-31　创建 VR 毛发

步骤 ⑤ 此时调制一种地毯材质赋给地毯及 VR 毛发对象，快速渲染观看效果，如图 10-32 所示。

图 10-32　渲染的效果

步骤 ⑥ 执行【另存为】命令，将此线架保存为"实例 100A.max"。

实 例 总 结

　　本实例通过调制客厅的地毯材质，详细讲述了如何使用【VR 毛发】来表现真实地毯。在用【VR 毛发】来模拟地毯的毛绒效果时我们必须先将作为地毯的三维物体制作出来，然后再将【VR 毛发】依附于该物体，这样才会出现我们所需要的效果。

Example （实例） **101** 木地板材质

案例文件	DVD\源文件素材\第 10 章\实例 101A.max		
视频教程	DVD\视频\第 10 章\实例 101. avi		
视频长度	4 分钟 25 秒	制作难度	★★
技术点睛	选择一个未使用的材质球，将材质指定为 VRay 材质，对材质的基本参数进行调制，使用【位图】贴图模拟地板的纹理，再使用【光线跟踪】贴图模拟地板的反射效果		
思路分析	本实例通过为场景中的地面制作地板材质来详细讲解木地板材质		

本实例的最终效果如右图所示。

操 作 步 骤

步骤 ① 启动 3ds Max 2012 中文版，将单位设置为毫米。

步骤 ② 在顶视图中创建一个 3500×3000×10 的长方体，作为"地面"，在长方体上方创建 3 个圆柱体，场景的效果如图 10-33 所示。

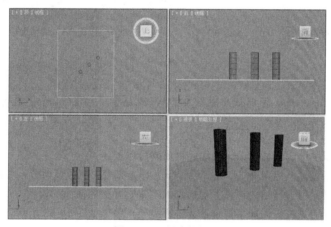

图 10-33　创建的场景

步骤 ③ 按下 M 键，快速打开【材质编辑器】窗口，选择一个未用的材质球，将当前的材质指定为 VRay 材质，材质命名为"地板"。

步骤 ④ 下面我们来设置一下【基本参数】，在【漫反射】中添加一幅位图，名字为"地板 01.jpg"，在【反射】中添加【衰减】贴图，参数的设置如图 10-34 所示。

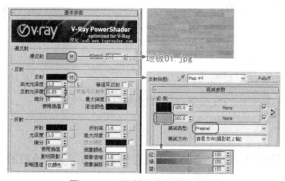

图 10-34　调制"木地板"材质

步骤 ⑤ 调整在【漫反射】贴图通道中【坐标】下的参数，调整模糊为 0.01，目的是为了让渲染出来的贴图纹理更加清晰，如图 10-35 所示。

▶ **技巧**

我们在使用位图贴图时，要想使渲染的贴图纹理更加清晰，可以调整【漫反射】贴图通道中【坐标】下的模糊参数。模糊的数值越小于 1，纹理越清晰，反之则效果模糊。

步骤 ⑥ 将调制好的木地板材质赋给长方体，为它添加一个【UVW 贴图】修改器，勾选【长方体】选项，设置【长度】、【宽度】为 1200，激活【Gizmo】，在顶视图中沿 z 轴旋转 90°，调整一下纹理的方向，效果如图 10-36 所示。

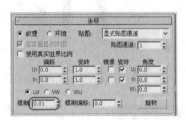

图 10-35 调整模糊数值

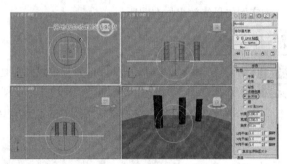

图 10-36 调整地板的纹理

▶ **技巧**

如果想改变纹理的方向，可以使用激活【UVW 贴图】下的【Gizmo】进行旋转，也可以【坐标】下的【角度】下方的"W"。

步骤 ⑦ 我们为场景中的 3 个柱体赋一种红色材质就可以了。

步骤 ⑧ 在顶视图中创建一盏 VRay 灯光，设置一下灯光亮度、颜色及位置，如图 10-37 所示。

步骤 ⑨ 按下 F10 键，打开【渲染设置】对话框，渲染参数按照前面的设置方法就可以了。

步骤 ⑩ 最后调整一下透视图的观察视角，并进行渲染，效果如图 10-38 所示。

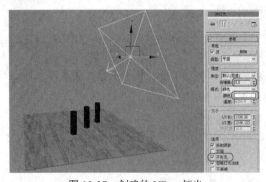

图 10-37 创建的 VRay 灯光

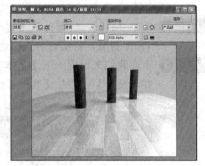

图 10-38 渲染的效果

步骤 ⑪ 按下 Ctrl+S 键，将制作的线架保存为"实例 101.max"。

实 例 总 结

本实例主要学习了地板材质的调制，首先使用【位图】贴图产生出地板的真实纹理，然后在【反射】里添加【衰减】贴图来模拟地板的真实效果。

Example 实例 102　大理石地面

案例文件	DVD\源文件素材\第 10 章\实例 102A.max		
视频教程	DVD\视频\第 10 章\实例 102. avi		
视频长度	2 分钟 06 秒	制作难度	★★
技术点睛	首先创建一个【长方体】作为地面，将材质指定为 VRay 材质，对材质的基本参数进行调整，使用【位图】贴图来表现大理石纹理		
思路分析	本实例通过调制大理石地面材质来详细地讲述使用 VRay 材质通过【位图】来模拟真实的大理石地面的效果		

本实例的最终效果如右图所示。

操 作 步 骤

步骤 ① 启动 3ds Max 2012 中文版。

步骤 ② 打开随书光盘"源文件素材/第 10 章/实例 102.max"文件。

步骤 ③ 按下 M 键，快速打开【材质编辑器】窗口，选择一个未用的材质球。

步骤 ④ 将当前的材质指定为 VRay 材质，材质命名为"大理石地面"，设置一下【基本参数】，在【漫反射】中添加一幅位图，名字为"灰理石.jpg"，其他参数的设置如图 10-39 所示。

步骤 ⑤ 在视图中选择地面，将调制好的"大理石地面"材质赋给地面，为地面添加一个【UVW 贴图】修改器，勾选【长方体】选项，设置【长度】为 1600，【宽度】为 800，如图 10-40 所示。

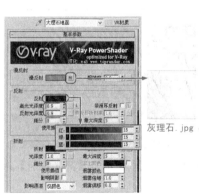
灰理石.jpg

图 10-39　调制"大理石地面"材质

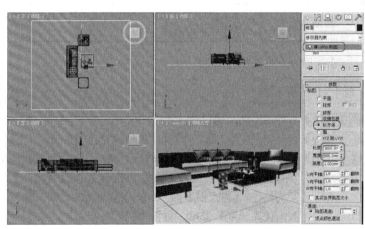

图 10-40　调整大理石地面的纹理

▶ 技巧

　　因为我们使用的这张图片是两块地砖拼贴成的，所以在调整纹理时将【长度】（x 轴）的数值调整为 1600，【宽度】（y 轴）的数值调整为 800，实际上也就是 800mm × 800mm 的正方形地砖。

步骤 ⑥ 按下 F10 键，打开【渲染设置】对话框，渲染参数我们就不讲述了，按照前面的设置方法就可以了。

步骤 ⑦ 最后调整一下透视图的观察视角进行渲染，效果如图 10-41 所示。

步骤 ⑧ 执行【另存为】命令，将此线架保存为"实例 102A.max"。

图 10-41　渲染的效果

实 例 总 结

本实例主要学习了大理石材质的调制，通过使用【位图】贴图来表现大理石的真实纹理。

Example 实例 **103** 室外水材质

案例文件	DVD\源文件素材\第 10 章\实例 103A.max		
视频教程	DVD\视频\第 10 章\实例 103. avi		
视频长度	3 分钟 02 秒	制作难度	★★
技术点睛	选择一个未使用的材质球，首先对材质的基本参数进行调制，使用【光线跟踪】贴图模拟水的反射效果，使用【凹凸】贴图模拟波纹的效果		
思路分析	本实例通过调制水池里面的水材质来详细讲述使用【光线跟踪】及【凹凸】贴图来模拟真实水面的效果		

本实例的最终效果如右图所示。

操 作 步 骤

步骤 **1** 启动 3ds Max 2012 中文版。

步骤 **2** 打开随书光盘"源文件素材/第 10 章/实例 103.max"文件。

步骤 **3** 按下 M 键，打开【材质编辑器】窗口，在【明暗器基本参数】左侧的下拉列表中选择【Phong】，将【环境光】调整为黑色，【漫反射】的 RGB 调整为（20、70、80），【高光反射】为白色，【高光级别】为 120，【光泽度】为 60，如图 10-42 所示。

▶ 技巧

在调制水材质时我们可以在【着色模式】下方的窗口中选择【各向异性】，效果也很好。

步骤 **4** 单击【贴图】长按钮，在下面的卷展栏中单击【反射】右面的 None 按钮，在弹出的【材质/贴图浏览器】中选择【光线跟踪】贴图，设置【数量】为 50，如图 10-43 所示。

步骤 **5** 在【凹凸】中施加【噪波】贴图，设置【数量】为 30，再调整【噪波】下的各项参数，如图 10-44 所示。

步骤 **6** 将调制好的水材质赋到作为水的平面上，渲染观看效果。

步骤 **7** 执行【另存为】命令，将此线架保存为"实例 103A.max"。

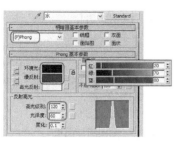

图 10-42　水材质的参数设置　　　图 10-43　为【贴图】卷展栏下的通道施加贴图　　　图 10-44　调整噪波参数

▶ 技巧

　　上面介绍的是利用【凹凸】、【反射】施加贴图，在【折射】中施加【光线跟踪】贴图制作水材质，在制作水材质时注意水的【漫反射】颜色要根据环境去掉。

实 例 总 结

　　本实例详细讲述了水材质的调制，首先调整基本参数，然后使用【光线跟踪】贴图来模拟水的反射效果，使用【凹凸】贴图模拟水纹的效果，调整【噪波】参数下的【大小】可以改变水纹的大小。

Example 实例 104　砖墙材质

案例文件	DVD\源文件素材\第 10 章\实例 104A.max		
视频教程	DVD\视频\第 10 章\实例 104. avi		
视频长度	1 分钟 48 秒	制作难度	★★
技术点睛	选择一个未使用的材质球，使用【漫反射】通道产生砖墙纹理，使用【凹凸】通道模拟真砖墙的凹凸效果		
思路分析	本实例通过调制弧形墙上面的砖墙材质来详细讲述砖墙材质的调制方法与技巧		

　　本实例的最终效果如右图所示。

操 作 步 骤

步骤 ① 启动 3ds Max 2012 中文版。

步骤 ② 打开随书光盘"源文件素材/第 10 章/实例 104.max"文件。

步骤 ③ 按下 M 键，快速打开【材质编辑器】窗口，使用默认的标准材质就可以了。

步骤 ④ 单击【贴图】卷展栏长按钮，在【漫反射颜色】通道中施加一幅"BRI436.jpg"贴图，再将此贴图复制到【凹凸】通道中，设置【数量】设置为-100，如图 10-45 所示。

▶ 技巧

　　如果读者想表现出凹凸不平的砖墙，可以在【凹凸】通道中添加一幅与【漫反射颜色】通道中不一样的贴图，会得到一种另外的效果。

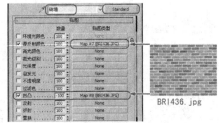

步骤 5 在视图中选择墙体，单击 🔲（将材质指定给选定对象）按钮，将调制好的材质赋予赋给弧形墙，观看效果。

步骤 6 为弧形墙添加一个【UVW 贴图】修改器，勾选【长方体】选项，调整【长度】、【宽度】分别为2000、【高度】为500。

步骤 7 执行【另存为】命令，将此线架保存为"实例104A.max"。

图 10-45 贴图通道面板

实例总结

本实例详细讲述了砖墙材质的调制，首先选择一个未使用的材质球，在【漫反射颜色】选项里施加一幅砖的贴图，然后将砖的贴图复制到【凹凸】通道中，模拟真实的凹凸效果。

Example 实例 **105** 透空贴图

案例文件	DVD\源文件素材\第 10 章\实例 105A. max		
视频教程	DVD\视频\第 10 章\实例 105. avi		
视频长度	1 分钟 43 秒	制作难度	★★
技术点睛	选择一个未使用的材质球，对材质的基本参数进行调制，使用【漫反射】贴图产生植物，使用【不透明度】贴图显示出所需要的植物		
思路分析	本实例通过为一个花盆调制植物的三维效果，详细讲述用【不透明度】贴图来模拟真实植物的效果		

本实例的最终效果如右图所示。

操作步骤

步骤 1 启动 3ds Max 2012 中文版。

步骤 2 打开随书光盘"源文件素材/第 10 章/实例 105.max"文件。

步骤 3 按下 M 键，快速打开【材质编辑器】窗口，选择一个未使用的材质球，将其命名为"植物"，然后将【高光级别】和【光泽度】的值设置为 0。

步骤 4 单击【漫反射】右侧的小方形按钮，在弹出的【材质/贴图浏览器】中为其指定【位图】贴图类型，贴图文件使用"绿化.tga"，再以同样的方式为【不透明度】指定位图贴图，贴图文件采用"绿化 A.tga"，如图 10-46 所示。

▶ 技巧

如果想要表现的物体没有黑白色的图片，这时就可以使用 Photoshop 来制作一个，名字最好在原来的基础上加上 A，便于管理和查找。

步骤 5 单击 🔲 按钮，将调制好的材质赋予两个平面对象，渲染透视图观看效果。

步骤 6 执行【另存为】命令，将此线架保存为"实例 105A.max"。

▶ 技巧

一定要把【高光级别】和【光泽度】的值设置为 0。如果不这样，在光的照射下，树的透明部分会出现高光颜色，影响效果。如果感觉植物太暗，可以调整【自发光】的数值。

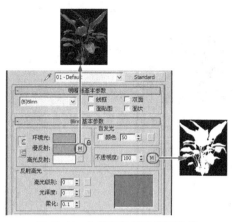

图 10-46　为植物的材质指定贴图

实 例 总 结

本实例详细讲述了【透空贴图】的使用，首先调整基本参数，然后在【漫反射】中施加一幅彩色的贴图来模拟植物，在【不透明度】通道中施加一幅黑白的位图，让其产生透空的效果，从而以简单的方式模拟出三维的植物效果。

Example 实例 106　材质库的建立及调用

案例文件	DVD\源文件素材\第 10 章\实例 106.max		
视频教程	DVD\视频\第 10 章\实例 106. avi		
视频长度	3 分钟 59 秒	制作难度	★★
技术点睛	首先打开【材质编辑器】窗口，将调制好的"白乳胶漆"材质放入到材质库中，建立一个完整的材质库，材质库的调用		
思路分析	本实例通过调制多种材质来详细讲述材质库的建立及调用		

材质效果如下图所示。

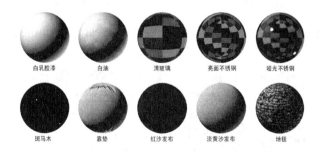

操 作 步 骤

步骤 ① 启动 3ds Max 2012 中文版。

步骤 ② 按下 M 键，快速打开【材质编辑器】窗口。选择第 1 个材质球，按照前面的方法调制一种"白乳胶漆"材质，然后单击 （获取材质）按钮，在弹出的【材质/贴图浏览器】中单击左上角的 （材质/贴图浏览器选项）按钮，在弹出的下拉菜单中选择【新材质库】命令，如图 10-47 所示。

图 10-47　新建【材质库】

步骤 ③ 在弹出的【创建新材质库】对话框中直接使用默认的名字"新库"即可（因为是临时库，后面保存时可以重新改名字），单击 确定 按钮，如图 10-48 所示。

步骤 ④ 此时，在【材质/贴图浏览器】中就创建了名为【新库】的材质库，这样我们就创建了一个新的空材质库，我们可以将调配好的材质保存到材质库中，如图 10-49 所示。

图 10-48　创建【材质库】　　　　图 10-49　创建【新库】

步骤 ⑤ 选择刚才我们调制好的"白乳胶漆"材质，在【材质编辑器】中单击工具行上的 （放入库）按钮，并单击"新库"选项，在弹出的【放置到库】对话框中单击 确定 按钮，如图 10-50 所示。

图 10-50　将调制好的材质存到材质库中

此时，我们已调配好的"白乳胶漆"材质便保存到"新库.mat"了。

步骤 6 我们再调制另外几种材质，也将它们保存到"新库.mat"中以备后用。有时间最好将常用的材质全部保存在"常用材质库.mat"中，效果如图 10-51 所示。

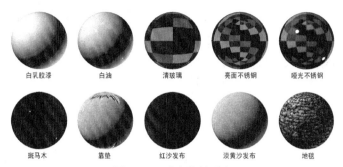

图 10-51　建立的材质库

由于 3ds Max 2012 版本的更新，现在我们所建立的材质库还是属于【临时库】，也就是说这只是当前文件可以使用的，如果要在以后的工作中可以随时打开已经创建好的材质库，就需要我们将现在创建的材质库进行保存。

步骤 7 按下 M 键，打开【材质编辑器】窗口，单击 ![](获取材质）按钮，在弹出的【材质/贴图浏览器】中的【新库】卷展栏上右击鼠标，对材质库进行保存，如图 10-52 所示。

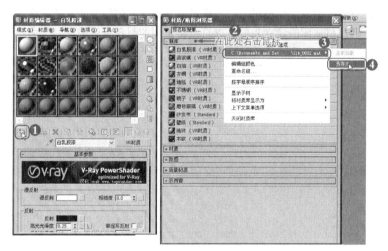

图 10-52　保存材质库

步骤 8 在弹出的【导出材质库】对话框中选择一个路径，将【文件名】右侧的窗口输入"常用材质库"，然后单击 保存(S) 按钮，如图 10-53 所示。

希望大家按照上面的步骤建立一个自己的材质库，在以后制作效果图时可随时调用。下面我们将详细地讲述怎样调用材质库。

步骤 1 按下 M 键，打开【材质编辑器】窗口。

步骤 2 单击 ![](获取材质）按钮，在弹出的【材质/贴图浏览器】中单击左上角的 ▼（材质/贴图浏览器选项）按钮，在弹出的下拉菜单中选择【打开材质库】命令，如图 10-54 所示。在弹出的【导入材质库】对话框中找到前面保存的"常用材质库"的路径，单击 打开(O) 按钮。

步骤 3 此时"材质库"就打开了，在窗口中选择所需要的材质，双击就可以了，或者按住你所需要的材质拖到材质球中。

图 10-53　导出材质库

图 10-54　导入材质库

实例总结

本实例通过学习材质库的建立与调用，详细讲述了将前面我们调制的材质怎样保存到材质库并了解了如何调用的方法。通过材质库的建立我们可以直接将常用的材质编辑成库，大大地节省了每次制作效果图都要调制材质的时间，从而提过了工作效率。

第 11 章 3ds Max 默认的灯光

本章内容
- ➢ 点光源
- ➢ 线光源
- ➢ 矩形光源
- ➢ 目标聚光灯
- ➢ 目标平行光
- ➢ 泛光灯
- ➢ 天光
- ➢ 体积光

在效果图的制作过程中，灯光的设置是最重要的一个环节，使用 3ds Max 默认的渲染器进行渲染，灯光只会被计算直射光，不能计算出其他对象的反射光源，因而产生的效果生硬、明暗的反差过强，这些都是 3ds Max 在模拟现实灯光方面的不足之处。如果我们使用 VRay 渲染器进行渲染就会得到真实的效果，VRay 渲染器不但有自己的灯光，还支持 3ds Max 中的标准及光度学灯光。

本章我们就来学习【标准】灯光及【光度学】灯光的创建及使用。

Example 实例 **107** 点光源

案例文件	DVD\源文件素材\第 11 章\实例 107A.max		
视频教程	DVD\视频\第 11 章\实例 107. avi		
视频长度	5 分钟 42 秒	制作难度	★★
技术点睛	光度学下的自由灯光——点光源的使用		
思路分析	本实例主要使用【光度学】灯光面板中的【自由灯光】来照亮整个房间，配合 VRay 渲染器进行渲染		

本实例的最终效果如右图所示。

操 作 步 骤

步骤 ① 启动 3ds Max 2012 中文版。

步骤 ② 打开随书光盘 "源文件素材/第 11 章/实例 107.max" 文件。

步骤 ③ 单击 ⬚（灯光）/ ▢自由灯光▢ 按钮，在顶视图中单击鼠标左键创建一盏【自由灯光】，将它移动到如图 11-1 所示的位置。

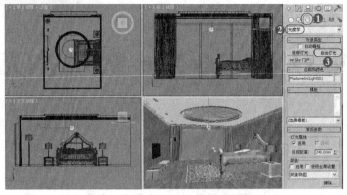

图 11-1 【自由灯光】的位置及形态

> ▶ **技巧**
>
> 在场景中设置自由点光源时，在表现吊灯时应按照比实际的灯光所在位置偏下的方法来进行安排光源的位置，这样才可以模拟出真实的光晕效果。如果灯光离顶面太近，就会出现大片的光斑。

步骤 ④ 单击 ☑（修改）按钮进入修改命令面板，勾选阴影【启用】选项，阴影方式选择【VRay 阴影】，调整颜色为淡黄色，【强度】设置为 1500，最后再调整一下【VRay 阴影参数】卷尾栏中的参数，目的是让阴影的质量更好，如图 11-2 所示。

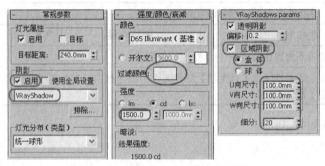

图 11-2 设置【自由灯光】的参数

步骤 ⑤ 同样在台灯及落地灯的位置创建【自由灯光】，修改【强度】为 500 左右，放置位置如图 11-3 所示。

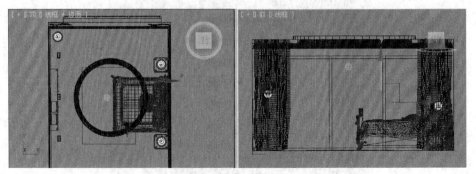

图 11-3 为台灯及落地灯创建灯光

步骤 ⑥ 按下 F10 键，打开【渲染设置】对话框，设置一下 VRay 的渲染参数，如图 11-4 所示。

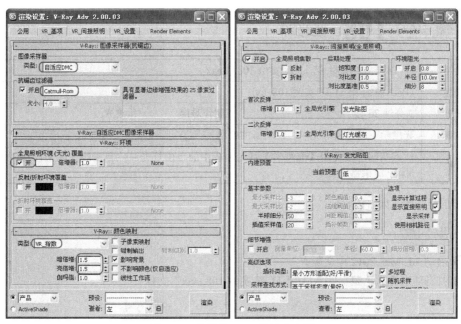

图 11-4　设置的 VRay 的渲染参数

▶ 技巧

　　在使用 VRay 渲染器进行渲染时，一般最终渲染出图就是按照图 11-4 的设置进行的，有一些
参数及选项轻微做一下调整就可以了。

步骤 ⑦ 按下 Shift+Q 键，快速渲染相机视图，效果如图 11-5 所示。

图 11-5　渲染的效果

步骤 ⑧ 单击菜单栏 按钮下的【另存为】命令，将此线架保存为 "实例 107A.max"。

实 例 总 结

　　本实例以简单房间的主光源为例，讲述了【光度学】下的【自由灯光】的创建及参数的修改，通过
VRay 渲染表现出真实的效果。

Example 实例 **108** 线光源

案例文件	DVD\源文件素材\第 11 章\实例 108A.max		
视频教程	DVD\视频\第 11 章\实例 108. avi		
视频长度	3 分钟 26 秒	制作难度	★★
技术点睛	光度学下的自由灯光——线光源的使用		
思路分析	本实例主要使用【光度学】灯光面板中的自由灯光——自由线光源来设置灯槽，配合 VRay 渲染器进行渲染		

本实例的最终效果如右图所示。

操 作 步 骤

步骤 **1** 启动 3ds Max 2012 中文版。

步骤 **2** 打开随书光盘"源文件素材/第 11 章/实例 108.max"文件。

步骤 **3** 单击 （灯光）/ 自由灯光 按钮，在顶视图中单击鼠标左键创建一盏【自由灯光】。

步骤 **4** 设置一下【阴影】参数，在【图形/区域阴影】参数下选择【线】，将【长度】设置为 3000，【强度】设置为 300，如图 11-6 所示。

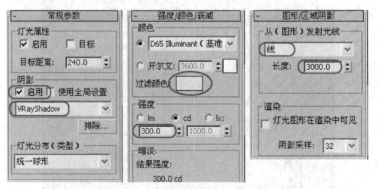

图 11-6 【自由灯光】的参数设置

步骤 **5** 在顶视图及前视图中将自由线光源移动到合适的位置，如图 11-7 所示。

步骤 **6** 使用移动复制的方式进行实例复制一盏，放在另一侧，如图 11-8 所示。

步骤 **7** 同时选择两盏自由线光源，采用旋转复制的方式进行复制，再使用工具栏中的 （缩放）进行调整，效果如图 11-9 所示。

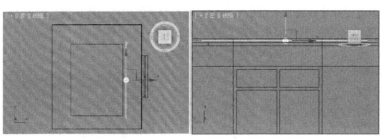

图 11-7　灯光的位置

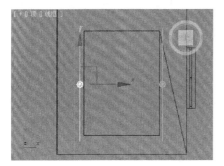

图 11-8　复制灯光

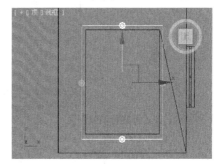

图 11-9　旋转复制灯光

▶ 技巧

　　在复制水平灯光时，它的长度与垂直的不一样，因为我们使用的是关联复制的，所以不能修改参数，可用 ⊡（缩放）进行修改。

步骤 8 为了加强房间的亮度，在房间的中间创建一盏自由点光源，亮度设置为 500 左右就可以了，用来照亮整个房间。

步骤 9 按下 F10 键打开【渲染设置】对话框，设置一下 VRay 的渲染参数，如图 11-10 所示。

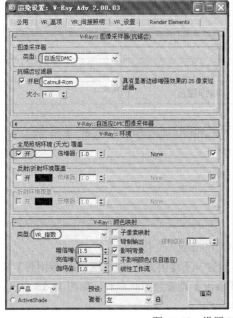

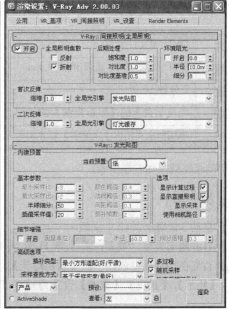

图 11-10　设置 VRay 的渲染参数

步骤 ⑩ 按下 8 键打开【环境和效果】对话框，调整背景的颜色为蓝白色，如图 11-11 所示。

步骤 ⑪ 按下 Shift+Q 键，快速渲染相机视图，效果如图 11-12 所示。

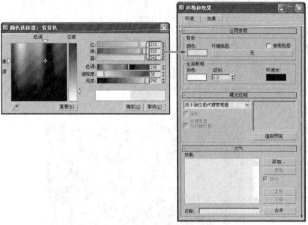

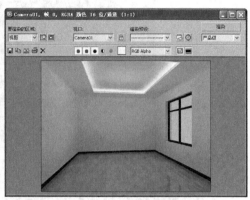

图 11-11　调整背景的颜色　　　　　　　　　　　图 11-12　渲染的灯槽效果

▶ **技巧**

　　为了将 3ds Max 中的灯光讲述全面，所以我们设置这个灯槽使用的是【线光源】，想得到好的效果，最好使用【VR 灯光】。

步骤 ⑫ 单击菜单栏 按钮下的【另存为】命令，将此线架保存为"实例 108A.max"。

实 例 总 结

　　本实例以简单房间的灯槽效果为例，讲述了【光度学】下【自由线光源】的使用及参数的修改，通过 VRay 渲染表现出真实的灯槽效果。

Example 实例 **109** 矩形光源

案例文件	DVD\源文件素材\第 11 章\实例 109A.max		
视频教程	DVD\视频\第 11 章\实例 109. avi		
视频长度	2 分钟 56 秒	制作难度	★★
技术点睛	光度学类下的【矩形光源】的使用		
思路分析	本实例主要使用【光度学】灯光面板中的自由矩形光源来设置灯箱效果，配合 VRay 进行渲染		

　　本实例的最终效果如右图所示。

操 作 步 骤

步骤 ❶ 启动 3ds Max 2012 中文版。

步骤 ❷ 打开随书光盘"源文件素材/第 11 章/实例 109.max"文件。

步骤 ❸ 首先在顶视图中创建一盏【自由灯光】，设置一下【阴影】，在【图形/区域阴影】参数下选择【矩形】，【长度】、【宽度】设置为 600，【强度】设置为 800 左右，如图 11-13 所示。

步骤 4 在顶视图及前视图中将自由灯光移动到合适的位置，如图 11-14 所示。

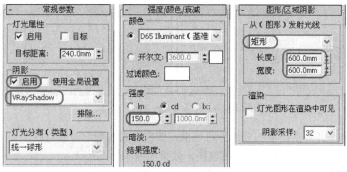

图 11-13　【自由灯光】的参数设置

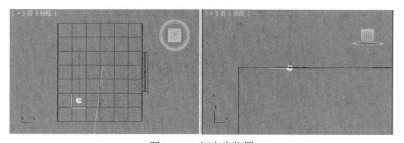

图 11-14　灯光为位置

步骤 5 使用移动复制的方式实例复制两盏，再复制一排，放在另一侧，如图 11-15 所示。

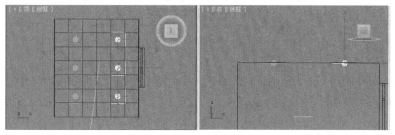

图 11-15　复制的灯光

▶ 技巧

　　读者可以使用【面光源】来模拟格栅灯、电视屏幕等一些方形的发光对象，效果也是很理想的，但是想得到好的效果，最好还是使用【VR 灯光】。

步骤 6 按下 F10 键，打开【渲染设置】对话框，设置一下 VRay 的渲染参数，如图 11-16 所示。

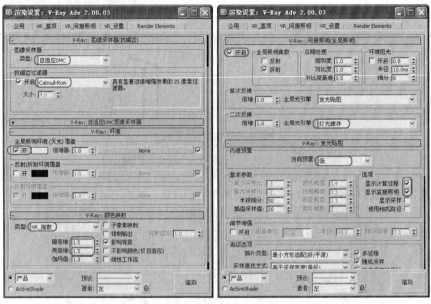

图 11-16　设置 VRay 的渲染参数

步骤 **7**　按下 8 键，打开【环境和效果】对话框，调整背景的颜色为蓝白色。

步骤 **8**　按下 Shift+Q 键，快速渲染相机视图，效果如图 11-17 所示。

步骤 **9**　单击菜单栏⑤按钮下的【另存为】命令，将此线架保存为"实例 109A.max"。

图 11-17　渲染的效果

实 例 总 结

本实例详细讲述了自由矩形光源的创建及修改，使用矩形光源来表现室内的灯片的发光效果，最后使用 VRay 渲染出真实的效果。

Example 实例 **110** 目标聚光灯

案例文件	DVD\源文件素材\第 11 章\实例 110A.max		
视频教程	DVD\视频\第 11 章\实例 110. avi		
视频长度	2 分钟 50 秒	制作难度	★★
技术点睛	标准灯光类下目标聚光灯的使用		
思路分析	本实例主要使用【标准】灯光面板中的【目标聚光灯】设置筒灯效果，配合 VRay 渲染器进行渲染		

本实例的最终效果如右图所示。

操 作 步 骤

步骤 ① 启动 3ds Max 2012 中文版。

步骤 ② 打开随书光盘"源文件素材/第 11 章/实例 110.max"文件，如
图 11-18 示。

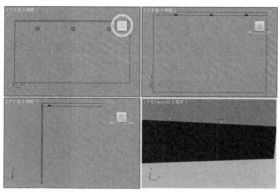

图 11-18　打开的"实例 110.max"文件

这是一个比简单的场景，一个墙面、顶及三个筒灯，材质及摄影机已经设置完成了，下面我们就带
领大家使用【目标聚光灯】来设置筒灯的发光效果，然后使用 VRay 渲染，得到一个真实的效果。

步骤 ③ 单击 ⬙（灯光）/ 标准 ▾ / 目标聚光灯 按钮，在前视图中单击鼠标左键创建一盏【目
标聚光灯】，放置在筒灯的位置，如图 11-19 示的位置。

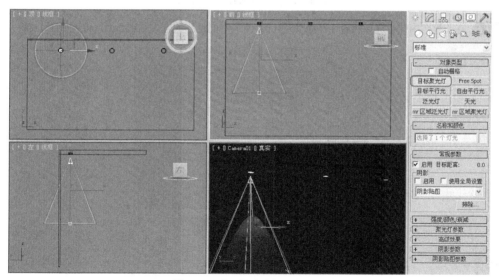

图 11-19　【目标聚光灯】的位置

▶ 技巧

　　【目标聚光灯】是一种非常常用的标准灯光类型，可以很好地模拟筒灯、台灯、壁灯，但是
想得到好的效果还是使用【光度学 Web】。

步骤④ 在前视图中选择灯头，单击 ⟨修改⟩按钮进入修改面板，修改各项参数如图 11-20 所示。

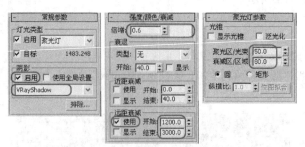

图 11-20 【目标聚光灯】的参数设置

步骤⑤ 选择创建的【目标聚光灯】，在前视图中沿 y 轴复制一盏，修改一下【倍增】及【聚光灯参数】，位置及参数如图 11-21 示。

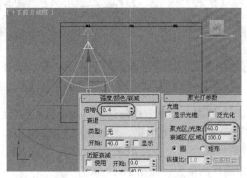

图 11-21 复制后的位置及参数

步骤⑥ 在前视图中同时选择两盏【目标聚光灯】，使用实例复制的方式复制 2 组，位置如图 11-22 所示。

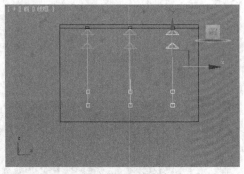

图 11-22 同时复制两盏目标聚光灯

▶ **技巧**

当我们创建了灯光之后场景显得很乱，在选择灯光或对象时不方便，想准确快速地选择灯光，可以在工具栏的【全部】窗口下选择 L灯光 ，这时就可以很轻松地只选择灯光。

下面我们来设置一下 VRay 的渲染参数，使用 VRay 进行渲染。

步骤⑦ 按下 F10 键打开【渲染设置】对话框，设置一下 VRay 的渲染参数，如图 11-23 所示。

步骤⑧ 按下 8 键，打开【环境和效果】对话框，调整背景的颜色为蓝白色。

步骤⑨ 按下 Shift+Q 键，快速渲染相机视图，效果如图 11-24 所示。

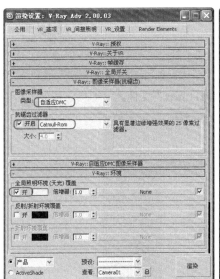

图 11-23 设置 VRay 的渲染参数

步骤 ⑩ 单击菜单栏 ⑥ 按钮下的【另存为】命令，将此线架保存为"实例 110A.max"。

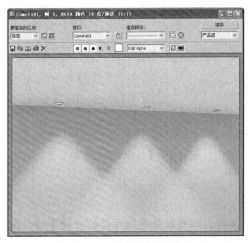

图 11-24 渲染的筒灯效果

实 例 总 结

本实例主要使用【目标聚光灯】来为房间设置灯光，使用两盏目标聚光灯来模拟筒灯的光晕效果，掌握【倍增】及【远距衰减】参数的使用，最后使用 VRay 进行渲染。

Example 实例 **111** 目标平行光

案例文件	DVD\源文件素材\第 11 章\实例 111A.max		
视频教程	DVD\视频\第 11 章\实例 111. avi		
视频长度	2 分钟 20 秒	制作难度	★★
技术点睛	标准灯光下【目标平行光】的使用		
思路分析	本实例主要使用【标准】灯光面板中的【目标平行光】来设置房间的太阳光效果，配合 VRay 渲染器进行渲染		

本实例的最终效果如右图所示。

操 作 步 骤

步骤 ① 启动 3ds Max 2012 中文版。

步骤 ② 打开随书光盘"源文件素材/第 11 章/实例 111.max"文件。

步骤 ③ 单击 ◎（灯光）/标准　　　　　　 ▾ / 目标平行光 按钮，在顶视图中单击鼠标左键并拖动鼠标创建一盏【目标平行光】，在顶视图及前视图中调整一下位置，如图 11-25 所示。

图 11-25　【目标平行光】的位置

▶ 技巧

　　使用【目标平行光】来模拟太阳光效果是很方便的一种手法，很多设计师及绘图员都采用这种方法，关于其他方法我们将在后面讲述。

步骤 ④ 在前视图中选择灯头，单击 ◎（修改）按钮进入修改面板，修改各项参数如图 11-26 所示。

图 11-26　修改【目标平行光】的参数

步骤 ⑤ 按下 F10 键，打开【渲染设置】对话框，设置一下 VRay 的渲染参数，如图 11-27 所示。

步骤 ⑥ 按下 8 键，打开【环境和效果】对话框，调整背景的颜色为白色，按下 Shift+Q 键，快速渲染相机视图，效果如图 11-28 所示。

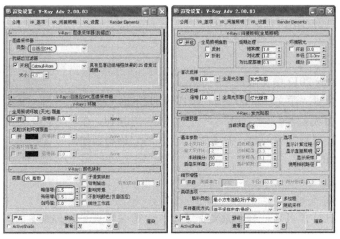

图 11-27　设置 VRay 的渲染参数

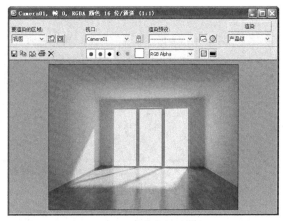

图 11-28　渲染的效果

▶ 技巧

　　为了更好地体现出阳光的效果，我们已经在窗户位置创建了一盏【VR 灯光】，用于模拟天光效果。

步骤 ⑦　单击菜单栏⑥按钮下的【另存为】命令，将此线架保存为"实例 111A.max"。

实 例 总 结

　　本实例主要使用【目标平行光】来为房间设置太阳光效果，掌握【倍增】、【平行光参数】、【VR 阴影参数】及 VRay 渲染参数的设置，最后使用 VRay 进行渲染。

Example 实例 **112** 泛光灯

案例文件	DVD\源文件素材\第 11 章\实例 112A.max		
视频教程	DVD\视频\第 11 章\实例 112. avi		
视频长度	1 分钟 32 秒	制作难度	★★
技术点睛	标准灯光类下【泛光灯】的使用		
思路分析	本实例主要使用【标准】灯光面板中的【泛光灯】设置台灯效果，配合 VRay 渲染器进行渲染		

本实例的最终效果如右图所示。

操 作 步 骤

步骤 ① 启动 3ds Max 2012 中文版。

步骤 ② 打开随书光盘"源文件素材/第 11 章/实例 112.max"文件。

步骤 ③ 单击 ◢ (灯光)/标准 ▾ / 泛光灯 按钮，在顶视图中单击鼠标左键创建一盏【泛光灯】，将它移动到如图 11-29 所示的位置。

▶ 技巧

【泛光灯】是比较常用的一种标准灯光类型，它是一种点光源，照亮四面八方的，如果不调整【衰减】，远处会更亮。

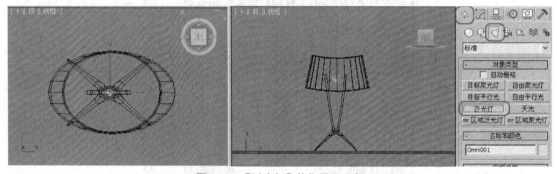

图 11-29 【泛光灯】的位置及形态

步骤 ④ 单击 ☑ (修改) 按钮进入修改面板，勾选【阴影】选项，阴影方式选择【VRayShadow】，调整颜色为暖色调，【倍增】设置为 0.35 左右，设置一下【衰减】参数，最后再调整一下【VRay 阴影参数】，如图 11-30 所示。

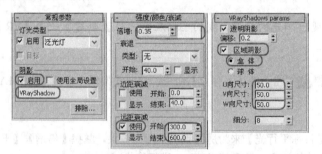

图 11-30 修改【泛光灯】的参数

▶ 技巧

【VRay 阴影】下的【细分】数值决定着阴影的品质。当数值为默认（8）时阴影会呈现的颗粒状效果，当数值增大时，颗粒状效果就会取消（渲染的品质好），所以在最后渲染时这个数值要增大一些，但是数值大会影响渲染的时间。

步骤 ⑤ 按下 F10 键，打开【渲染设置】对话框，设置一下 VRay 的渲染参数，按下 Shift+Q 键，快速渲染相机视图，效果如图 11-31 所示。

图 11-31　渲染的效果

步骤 6 单击菜单栏 ⑤ 按钮下的【另存为】命令，将此线架保存为"实例 112A.max"。

实 例 总 结

　　本实例通过为一个台灯来设置灯光，使用【泛光灯】来模拟台灯的发光效果，重点掌握【衰减】及【VRay 阴影参数】下的参数的作用。

Example 实例 113　天光

案例文件	DVD\源文件素材\第 11 章\实例 113A.max		
视频教程	DVD\视频\第 11 章\实例 113. avi		
视频长度	1 分钟 33 秒	制作难度	★ ★
技术点睛	标准灯光下【天光】的使用		
思路分析	本实例主要使用【标准】灯光面板中的【天光】设置天光效果，配合【光跟踪器】进行渲染		

　　本实例的最终效果如右图所示。

操 作 步 骤

步骤 1 启动 3ds Max 2012 中文版。

步骤 2 打开随书光盘"源文件素材/第 11 章/实例 113.max"文件。

步骤 ③ 单击 ◎（灯光）/标准 ▽/ 天光 按钮，在顶视图中单击鼠标左键创建一盏【天光】，【倍增】默认为 1 左右就可以了，其他参数默认，如图 11-32 所示。

图 11-32 【天光】的位置及形态

▶ **技巧**

在创建【天光】时，其位置及形态对后面的渲染不会造成任何影响。

步骤 ④ 执行菜单【渲染】/【光跟踪器】命令，在弹出的【渲染设置】对话框中将【光线/采样数】设置为 300，如图 11-33 所示。

步骤 ⑤ 按下 Shift+Q 键，快速渲染相机图，效果如图 11-34 所示。

▶ **技巧**

如果使用【天光】进行渲染，必须配合【光跟踪器】才能达到所需要的效果，否则达不到好的效果。

步骤 ⑥ 单击菜单栏 ◎ 按钮下的【另存为】命令，将此线架保存为"实例 113A.max"。

实 例 总 结

本实例通过为一组静物来讲述【天光】的使用，学习了使用【天光】所修改的参数与必须配合【光跟踪器】才能产生好的渲染效果。

图 11-33 【渲染设置】对话框

图 11-34 渲染效果

Example 实例 **114**　体积光

案例文件	DVD\源文件素材\第 11 章\实例 114A.max		
视频教程	DVD\视频\第 11 章\实例 114. avi		
视频长度	4 分钟 11 秒	制作难度	★★
技术点睛	【体积光】的使用		
思路分析	本实例主要使用【体积光】设置房间表现光束效果，必须在创建了【目标平行光】的情况下才可以		

本实例的最终效果如右图所示。

操 作 步 骤

步骤① 启动 3ds Max 2012 中文版。

步骤② 打开随书光盘 "源文件素材/第 11 章/实例 114.max" 文件。

步骤③ 在顶视图中创建一盏【目标平行光】，在前视图中调整一下位置，如图 11-35 所示的位置。

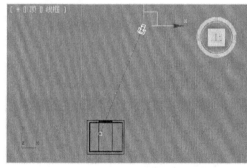 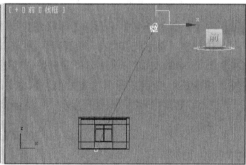

图 11-35　【目标平行光】的位置

▶ 技巧

　　为了更好地照亮场景，我们之前创建了两盏【VR 灯光】来照亮房间，将对其隐藏起来了，关于【VR 灯光】的使用我们将在下一章中讲述。

步骤④ 在前视图中选择灯头，单击 ☑ （修改）按钮进入修改面板，修改各项参数如图 11-36 所示。

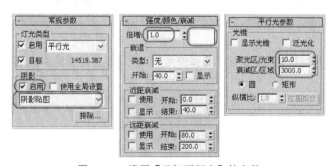

图 11-36　设置【目标平行光】的参数

▶ 技巧

如果使用【目标平行光】模拟光束效果，最好调整【聚光区/光束】的数值小一些，【衰减区/区域】稍微大一些，这样才能得到柔和的效果。

步骤 5 单击【大气和效果】下的 添加 按钮，在弹出的【增加大气或效果】对话框中选择【体积光】，单击 确定 按钮，如图 11-37 所示。

步骤 6 按下 Shift+Q 键，快速渲染相机图，效果如图 11-38 所示。

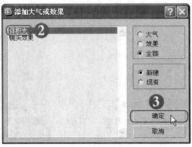

图 11-37　添加【体积光】

图 11-38　渲染效果

步骤 7 在【大气和效果】下选择【体积光】，然后单击 设置 按钮，在弹出的【环境和效果】对话框中调整【体积光参数】下的参数，如图 11-39 所示。

步骤 8 按下 Shift+Q 键，快速渲染相机图，效果如图 11-40 所示。

步骤 9 单击菜单栏 按钮下的【另存为】命令，将此线架保存为"实例 114A.max"。

图 11-39　修改【体积光】参数

图 11-40　渲染效果

实 例 总 结

本实例通过为一个房间设置光束讲述了【体积光】的使用及怎样调整体积光的参数。

第 12 章 真实灯光的表现

本章内容

- ➤ 【VR_光源】
- ➤ 【VR_太阳】
- ➤ 【光度学 Web】
- ➤ 直型灯槽效果

- ➤ 复杂型灯槽效果
- ➤ 室内日光效果
- ➤ 室内夜景效果
- ➤ 室外日景效果

- ➤ 室外夜景效果
- ➤ 霓虹灯效果

　　上一章我们学习了【光度学】灯光及【标准】灯光的创建及使用，本章来学习【VR 光源】，虽然学习了这些灯光的使用，但还是必须来学习一下设置一些特殊的灯光效果来更好地掌握设置灯光的技巧。

Example 实例 **115** VR_光源

案例文件	DVD\源文件素材\第 12 章\实例 115A.max		
视频教程	DVD\视频\第 12 章\实例 115. avi		
视频长度	2 分钟 51 秒	制作难度	★★
技术点睛	使用【VR_光源】产生真实光照效果		
思路分析	本实例通过设置灯光的天光效果来学习【VR_光源】的使用及参数的修改，最后使用 VRay 进行渲染得到真实的效果		

　　本实例的最终效果如右图所示。

操作步骤

步骤 ①　启动 3ds Max 2012 中文版，打开随书光盘"源文件素材/第 12 章/实例 115.max"文件。

步骤 ②　单击 （灯光）/ VRay / VR_光源 按钮，在顶视图茶杯的位置创建一盏 VR 灯光来模拟天空光，设置【倍增】为 3.5 左右，【颜色】设置为淡蓝色（天空的颜色），勾选【不可见】选项，如图 12-1 所示。

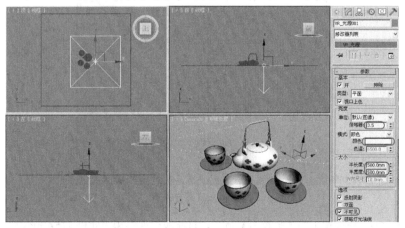

图 12-1　创建 VR 灯光及参数

▶ 技巧

　　我们在使用【VR_光源】时，一般调整【倍增】、【颜色】及取消【不可见】，最后调整一下【尺寸】。

步骤 ③ 在前视图中调整一下位置，然后再使用旋转调整一下角度，位置如图 12-2 所示。

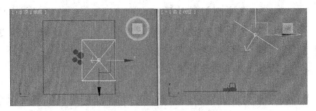

图 12-2 【VR_光源】的位置

　　下面我们来设置 VRay 的渲染参数进行渲染。

步骤 ④ 按下 F10 键，打开【渲染设置】对话框，设置一下 VRay 的渲染参数，如图 12-3 所示。

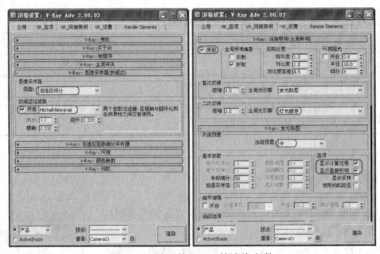

图 12-3 设置的 VRay 的渲染参数

步骤 ⑤ 按下 Shift+Q 键，快速渲染相机视图，效果如图 12-4 所示。

图 12-4 渲染的效果

步骤 ⑥ 单击菜单栏 按钮下的【另存为】命令，将此线架保存为"实例 115A.max"。

实例总结

本实例讲述了【VR_光源】的创建及参数的修改，通过 VRay 渲染表现出真实的天光效果。

Example 实例 116　VR_太阳

案例文件	DVD\源文件素材\第 12 章\实例 116A.max		
视频教程	DVD\视频\第 12 章\实例 116. avi		
视频长度	2 分钟 36 秒	制作难度	★★
技术点睛	使用【VR_太阳】产生真实阳光效果		
思路分析	本实例通过设置太阳光效果来学习【VR_太阳】的使用及参数的修改，最后使用 VRay 进行渲染得到真实的效果		

本实例的最终效果如右图所示。

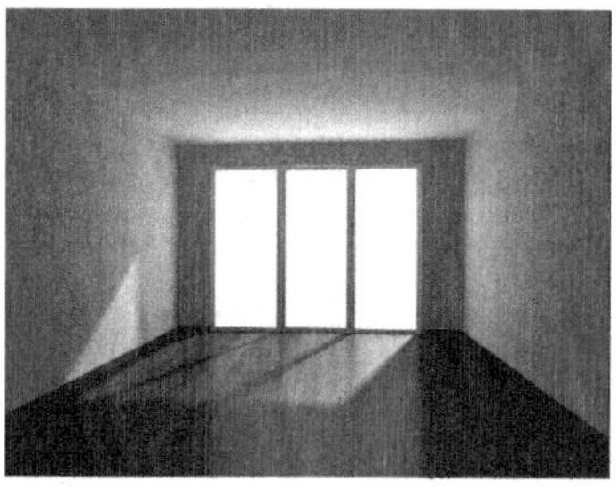

操作步骤

步骤 1 启动 3ds Max 2012 中文版，打开随书光盘“源文件素材/第 12 章/实例 116.max”文件。

步骤 2 单击（灯光）/VRay/VR_太阳按钮，在顶视图中拖动鼠标创建一盏 VR 太阳，在各个视图调整一下它的位置，将灯光的【强度倍增】设置为 0.02，【大小倍增】设置为 5，目的是让阴影的边缘比较虚，参数及位置如图 12-5 所示。

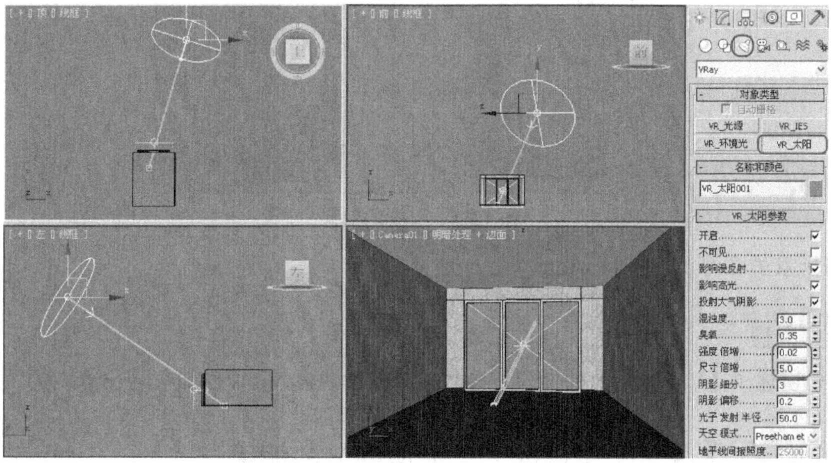

图 12-5 【VR 太阳】的位置及参数

> ▶ 技巧
>
> 在【VR_太阳】参数下一般有 3 个参数比较重要，分别是【浊度】、【强度倍增】、【大小倍增】。【浊度】主要用于控制空气的混浊度，【强度倍增】用于控制的阳光亮度，【大小倍增】用于控制阴影的边缘越模糊。

下面我们来设置 VRay 的渲染参数进行渲染。

步骤 3 按下 F10 键，打开【渲染设置】对话框，然后将 VRay 指定为当前渲染器，修改渲染尺寸为 400×300。

步骤 **4** 设置一下 VRay 的渲染参数，如图 12-6 所示。

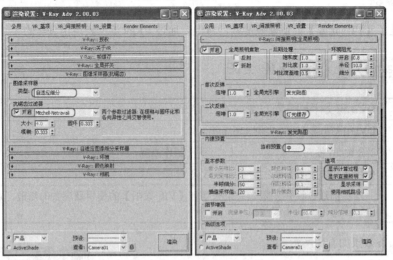

图 12-6　设置的 VRay 的渲染参数

步骤 **5** 按下 Shift+Q 键，快速渲染相机视图，效果如图 12-7 所示。

图 12-7　渲染的效果

步骤 **6** 将场景另存为"实例 116A.max"。

实 例 总 结

本实例主要讲述了【VR_太阳】的创建及参数的修改，通过 VRay 渲染表现出真实的太阳光效果。

Example **实例** **117** 　【Web】（光域网）的使用

案例文件	DVD\源文件素材\第 12 章\实例 117A.max		
视频教程	DVD\视频\第 12 章\实例 117. avi		
视频长度	3 分钟 30 秒	制作难度	★★
技术点睛	使用【目标灯光】配合【光度学 Web】文件来生成真实的灯光效果		
思路分析	本实例通过设置房间的筒灯效果来学习【光度学 Web】的使用及参数的修改		

本实例的最终效果如下图所示。

操作步骤

步骤 ❶　启动 3ds Max 2012 中文版，打开随书光盘"源文件素材/第 12 章/实例 117.max"文件。

步骤 ❷　单击 🔆（灯光）/ 光度学 ▾ / 目标灯光 按钮，在前视图中拖动鼠标，创建一盏【目标灯光】，将它移动到如图 12-8 所示的位置。

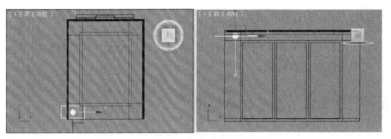

图 12-8　【目标灯光】的位置

步骤 ❸　单击 🖉（修改）按钮，进入修改命令面板，勾选【阴影】，选择【VRay 阴影】，修改【灯光分布（类型）】为【光度学 Web】，选择随书光盘/"源文件素材/第 12 章/贴图"文件夹下的"多光.ies"文件，如图 12-9 所示。

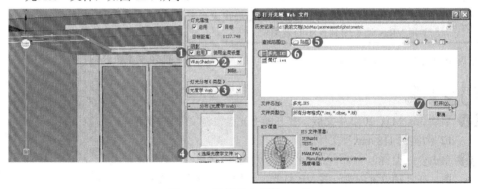

图 12-9　选择【光度学 Web】

▶ 技巧

　　如果选择的光域网不太理想，可以重新为它指定一个光域网文件，这要看灯光需要表现的效果及周围的整体感觉。

步骤 ❹　将【目标灯光】的【强度】修改为 600，然后在顶视图中使用实例的方式复制多盏，如图 12-10 所示。

步骤 ❺　按照上面讲述的方法设置一下 VRay 的渲染参数，按下 Shift+Q 键，渲染效果如图 12-11 所示。

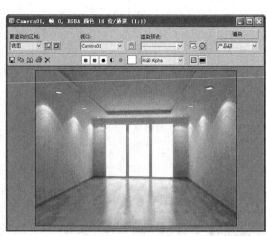

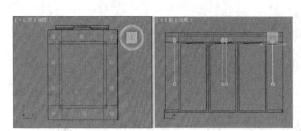

图 12-10　复制后的位置　　　　　　　　　　图 12-11　渲染的效果

步骤 6 将场景另存为"117A.max"。

实 例 总 结

　　本实例详细讲述了【光度学 Web】的使用方法，通过为创建的【目标灯光】指定一个合适的光域网，从而模拟出现实灯光中所照射出的效果。

Example 实例 118 直型灯槽效果

案例文件	DVD\源文件素材\第 12 章\实例 118A.max		
视频教程	DVD\视频\第 12 章\实例 118. avi		
视频长度	3 分钟 31 秒	制作难度	★★
技术点睛	使用【VR_光源】产生真实灯槽效果		
思路分析	本实例通过设置房间的直型灯槽效果来学习【VR_光源】的使用及参数的修改，最后使用 VRay 渲染得到真实的效果		

　　本实例的最终效果如右图所示。

操 作 步 骤

步骤 1 启动 3ds Max 2012 中文版，打开随书光盘"源文件素材/第 12 章/实例 118.max"文件。

步骤 2 单击 ◎（灯光）/ VRay ▾ / VR_光源 按钮，激活前视图，在灯槽位置创建一盏 VR 灯光，设置【倍增】为 2.5 左右，设置【颜色】为淡黄色，如图 12-12 所示。

▶ 技巧

　　我们在建立模型时，灯槽已经制作出来了，在创建灯光时，直接使用【捕捉】，可以准确快速地为灯槽创建灯光。

步骤 3 在顶视图中沿 y 轴镜像一个，放在对面，再用旋转复制的方式复制 2 个，使用工具栏中的缩放沿 y 轴进行放大，大小与灯槽的长度相匹配就可以了，效果如图 12-13 所示。

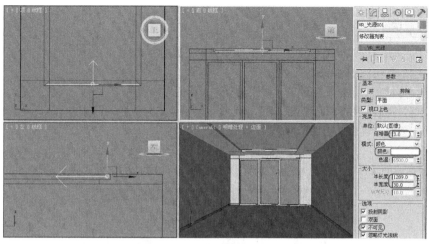

图 12-12　【VR 光源】的位置及参数

下面我们来设置 VRay 的渲染参数进行渲染。

步骤 4 按下 F10 键，打开【渲染设置】对话框，按照上面讲述的方法设置一下 VRay 的渲染参数，按下 Shift+Q 键，快速渲染相机视图，效果如图 12-14 所示。

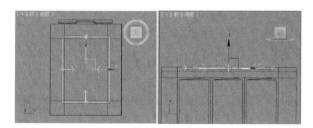

图 12-13　复制灯光

图 12-14　渲染的效果

步骤 5 将场景另存为"实例 118A.max"。

实 例 总 结

本实例主要讲述了下【VR_光源】的创建及参数的修改，通过 VRay 渲染来表现出真实的灯槽效果。

Example 实例 119　复杂型灯槽效果

案例文件	DVD\源文件素材\第 12 章\实例 119A.max		
视频教程	DVD\视频\第 12 章\实例 119. avi		
视频长度	3 分钟 50 秒	制作难度	★★
技术点睛	使用【VR_发光材质】产生真实复杂的灯槽效果		
思路分析	本实例通过设置房间的复杂型灯槽来学习使用【VR_发光材质】表现出真实的复杂型灯槽效果		

本实例的最终效果如右图所示。

操 作 步 骤

步骤 ① 启动 3ds Max 2012 中文版，打开随书光盘"源文件素材/
第 12 章/实例 119.max"文件。

对于复杂型灯槽想表现出发光效果，如果设置灯光就比较麻烦了，
效果也不是很好，我们使用【VR_灯光材质】就可以很轻松地将这种复
杂型灯槽的灯光效果表现出来。

步骤 ② 按下 M 键，快速打开【材质编辑器】窗口，选择一个没有用过的材质球，命名为"灯带"，
将当前的【标准】材质替换为【VR_发光材质】，如图 12-15 所示。

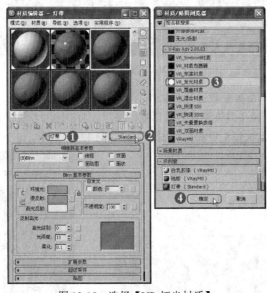

图 12-15　选择【VR 灯光材质】

步骤 ③ 在视图中选择"天花"造型，按下 4 键，进入 ■（多边形）子对象层级，在前视图中选择灯
槽上面的面，如图 12-16 所示。

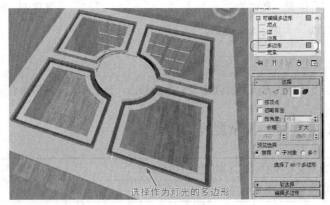

选择作为灯光的多边形

图 12-16　选择的面

▶ **技巧**

在选择灯槽的面时，可以在前视图中采用框选的方式进行选择，并且采用 ▣（窗口）方式
选择。

步骤 ④ 设置【颜色】为淡黄色，调整【亮度】为 3 左右，如图 12-17 所示。

步骤 ⑤ 将调制好的灯带材质赋给刚才选择的面，渲染场景进行观看效果，如图 12-18 所示。

控制发光的颜色

控制发光的强度

图 12-17 设置颜色及亮度

图 12-18 渲染的效果

步骤 ⑥ 将场景另存为"实例 119A.max"。

实 例 总 结

本实例通过表现一个复杂型灯槽详细讲述了【VR_发光材质】的使用及参数的作用。

Example 实例 **120** 室内日光效果

案例文件	DVD\源文件素材\第 12 章\实例 120A.max		
视频教程	DVD\视频\第 12 章\实例 120. avi		
视频长度	3 分钟 53 秒	制作难度	★★
技术点睛	使用【VR_光源】及【VR_太阳】产生真实日光效果		
思路分析	本实例通过一个阁楼效果图来设置室内日光效果，重点学习【VR_光源】、【VR_太阳】的使用及参数的修改		

本实例的最终效果如右图所示。

操 作 步 骤

步骤 ① 启动 3ds Max 2012 中文版，打开随书光盘"源文件素材/第 12 章/实例 120.max"文件。

步骤 ② 单击 （灯光）/ VRay / VR_光源 按钮，在左视图落地窗的位置创建一盏 VR 光源来模拟天空光，设置【倍增】为 1 左右，设置【颜色】为淡蓝色（天空的颜色），如图 12-19 所示。

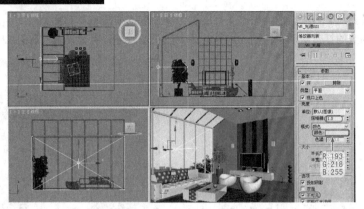

图 12-19　【VR_光源】的参数及位置

> ▶ **技巧**
>
> 　　使用【VR_光源】来模拟天空光效果会比用 VR 自带的【VR_天光】效果好一些，尤其是阴影质量。

步骤 ③ 在前视图中使用旋转方式复制一盏，放在上面的位置，如图 12-20 所示。

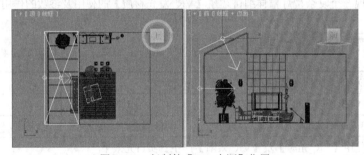

图 12-20　复制的【VR_光源】位置

步骤 ④ 单击 ⊠（灯光）/ VRay ⌄ / VR_太阳 按钮，在顶视图中拖动鼠标创建一盏【VR_太阳】，在各个视图调整一下它的位置，将灯光的【强度倍增】设置为 0.01，【大小倍增】设置为 3，参数及位置如图 12-21 所示。

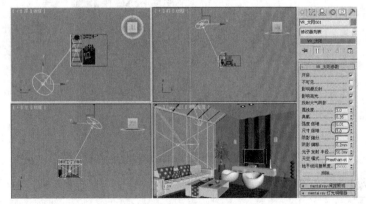

图 12-21　【VR_太阳】的位置及参数

　　下面我们来设置 VRay 的渲染参数进行渲染。

步骤 ⑤ 按下 F10 键，打开【渲染设置】对话框，设置 VRay 的渲染参数，如图 12-22 所示。

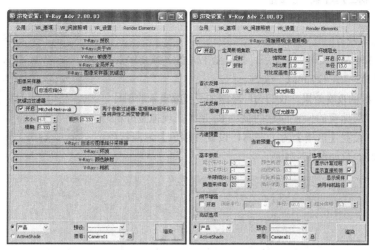

图 12-22　设置 VRay 的渲染参数

步骤 6 按下 Shift+Q 键，快速渲染相机视图，效果如图 12-23 所示。

步骤 7 将场景另存为"实例 120A.max"。

实 例 总 结

本实例主要讲述了【VR_光源】及【VR_太阳】的创建及参数的修改，通过 VRay 渲染表现出真实的日光效果。

图 12-23　渲染的效果

Example 实例 121　室内夜景效果

案例文件	DVD\源文件素材\第 12 章\实例 121A.max		
视频教程	DVD\视频\第 12 章\实例 121. avi		
视频长度	7 分钟 01 秒	制作难度	★★
技术点睛	使用【VR_光源】及【光度学 Web】产生真实人工光效果		
思路分析	本实例通过设置阁楼的夜景效果来学习【VR 球形】灯光及【光度学 Web】的使用		

本实例的最终效果如右图所示。

操 作 步 骤

步骤 ① 启动 3ds Max 2012 中文版，打开随书光盘"源文件素材/
第 12 章/实例 121.max"文件。

为了表现出更好的夜晚效果，我们为环境添加了一幅夜景的图片。

步骤 ② 首先在落地窗的位置创建两盏 VR_光源来模拟室外的环
境光，设置【倍增】为 1 左右，设置【颜色】为灰紫色，
位置及参数如图 12-24 所示。

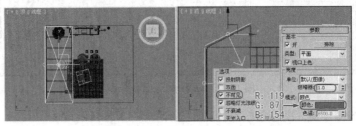

图 12-24 【VR 光源】的参数及位置

步骤 ③ 同样在前视图中创建一盏 VR 平面灯光用于模拟电视的发光效果，设置【倍增】为 3 左右，
设置【颜色】为淡黄色，位置及参数如图 12-25 所示。

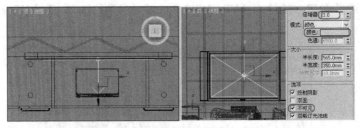

图 12-25 创建的电视的发光效果

步骤 ④ 在前视图中创建一盏【目标灯光】，使用【VRayShadow】，选择【光度学 Web】选项，选择
随书光盘/"源文件素材/第 12 章/贴图"文件夹下的"筒灯.ies"文件，设置【强度】为 1200
左右，然后实例复制多盏，如图 12-26 所示。

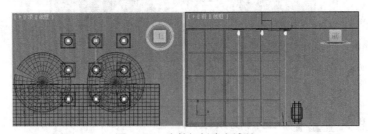

图 12-26 为筒灯创建光域网

步骤 ⑤ 在顶视图中创建 3 盏 VR 球形灯光，模拟壁灯及台灯的发光效果，选择【类型】为【球体】，
设置【颜色】为淡黄色，设置【倍增】为 60 左右，设置【半径】为 35，再复制两盏灯光，
位置及参数如图 12-27 所示。

▶ 技巧

　　在模拟台灯及壁灯时也可以采用【泛光灯】，使用【泛光灯】速度会比较快一些，但是质量
没有用【VR 球形灯光】效果好。

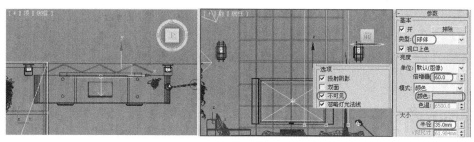

图 12-27　为壁灯及台灯创建球形灯光

下面我们来设置 VRay 的渲染参数进行渲染。

步骤 6 按下 F10 键，打开【渲染设置】对话框，按照上面讲述的方法设置一下 VRay 的渲染参数，按下 Shift+Q 键，渲染效果如图 12-28 所示。

图 12-28　渲染的效果

步骤 7 将场景另存为"实例 121A.max"。

实 例 总 结

本实例主要来表现室内的人工光效果，室内的灯光主要包括环境光、壁灯、台灯、筒灯等。重点学习了如何使用【VR_光源】类型中的【球体】灯光模拟壁灯及台灯，筒灯采用了真实的【Web】（光域网）文件，通过 VRay 渲染表现出真实的人工光效果。

Example 实例 **122**　室外日景效果

案例文件	DVD\源文件素材\第 12 章\实例 122A.max		
视频教程	DVD\视频\第 12 章\实例 122. avi		
视频长度	3 分钟 11 秒	制作难度	★★
技术点睛	使用【目标平行光】产生真实日景效果		
思路分析	本实例通过为一个办公楼设置日景效果来学习如何使用创建的【目标平行光】来表现真实的日景效果		

本实例的最终效果如右图所示。

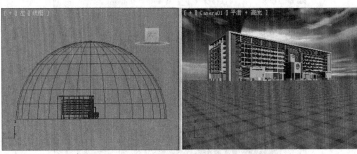

操 作 步 骤

步骤 ① 启动 3ds Max 2012 中文版，打开随书光盘"源文件素材/第 12 章/实例 122.max"文件，如图 12-29 所示。

这是一个简单的办公楼场景，材质及摄影机已经设置好了，我们为了让玻璃产生真实的反射效果，在场景中创建了一个球天，赋予了一种全景材质。关于球天的创建及材质的调制我们将在第 23 章中详细讲述。

下面我们来设置 VRay 的渲染参数进行渲染。

步骤 ② 按下 F10 键，打开【渲染设置】对话框，设置一下 VRay 的渲染参数，如图 12-30 所示。

图 12-29　打开的场景

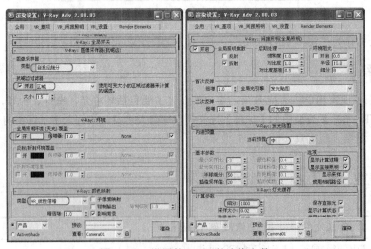

图 12-30　设置的 VRay 的渲染参数

步骤 ③ 按下 Shift+Q 键，快速渲染相机视图，效果如图 12-31 所示。

▶ 技巧

　　通过 VRay 自带的天光来照亮整体效果，设置方法相对来说比较简单，如果想得到更好的效果，必须配合人工布光。

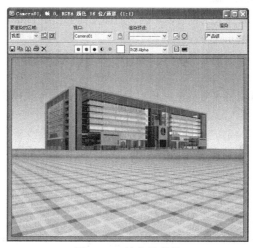

图 12-31　渲染的效果

通过上面的渲染效果来看，场景已初步具备了微弱的天光效果，但效果不是很理想，这时必须通过太阳光的照射才能表现出建筑的明暗关系，立体效果。

步骤 ❹单击 （灯光）/标准 　　　　　　 / 目标平行光 按钮，在顶视图中单击鼠标左键并拖动鼠标创建一盏【目标平行光】，在顶视图及前视图中调整一下位置及参数，如图 12-32 所示的位置。

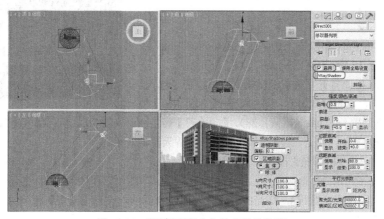

图 12-32　【目标平行光】的参数及位置

步骤 ❺此时再进行渲染摄影机视图，效果如图 12-33 所示。

图 12-33　使用【目标平行光】后的效果

其实在 3ds Max 里面不需要加天空也可以，因为后面还需要使用 Photoshop 进行后期处理。

步骤 ⑥ 将场景另存为"122A.max"。

实 例 总 结

本实例讲述了如何使用【目标平行光】来模拟太阳光，使用球天来模拟真实的环境效果，最后使用 VRay 渲染出真实的效果。

Example 实例 **123** 室外夜景效果

案例文件	DVD\源文件素材\第 12 章\实例 123A.max		
视频教程	DVD\视频\第 12 章\实例 123. avi		
视频长度	5 分钟 57 秒	制作难度	★ ★
技术点睛	使用【VR 穹顶光】及【泛光灯】产生真实夜景效果		
思路分析	本实例通过为一个办公楼设置室外夜景来学习使用【VR_光源】下的【穹顶】产生环境光的效果，使用【泛光灯】模拟房间的发光效果		

本实例最终效果如右图所示。

操 作 步 骤

步骤 ① 启动 3ds Max 2012 中文版，打开随书光盘"源文件素材/第 12 章/实例 123.max"文件。

步骤 ② 按下 M 键，打开【材质编辑器】窗口，将"球天"材质的自发光设置为 0，调整背景渐变贴图的【颜色#1】（红：5，绿：0，蓝：28），【颜色#2】（红：18，绿：18，蓝：65），【颜色#3】（红：90，绿：90，蓝：120），这样就基本类似于黄昏天空的效果。

下面首先创建一盏 VR 灯光来模拟周围的环境光。

步骤 ③ 单击 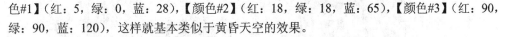（灯光）/ VRay / VR_光源 按钮，在顶视图中单击鼠标创建一盏【VR_光源】，灯光类型选择【穹顶】，灯光的【颜色】调整为蓝色，设置【倍增】为 0.3，位置及参数设置如图 12-34 所示。

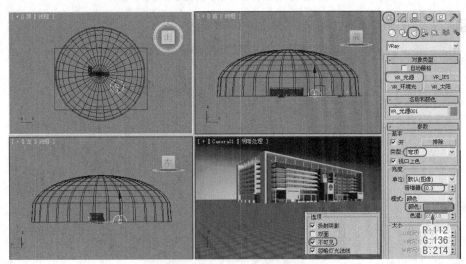

图 12-34 VR 灯光的位置及参数

▶ 技巧

　　我们采用【穹顶】灯来模拟周围的环境光，效果是非常好的，整体比较柔和，也比较好控制。

步骤 ④ 按下 F10 键，打开【渲染设置】对话框，设置 VRay 的渲染参数，如图 12-35 所示。

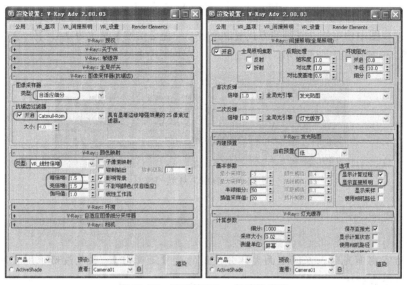

图 12-35　设置的 VRay 的渲染参数

步骤 ⑤ 按下 Shift+Q 键，快速渲染相机视图，效果如图 12-36 所示。

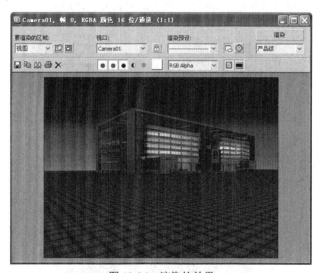

图 12-36　渲染的效果

　　通过上面的渲染效果来看，场景已初步具备了微弱的天光效果，但是效果不是很理想，这时必须通过室内的灯光才能表现出建筑的主次关系。

　　下面我们来设置室内的灯光，主要使用【泛光灯】来表现。

步骤 ⑥ 单击 ◔（灯光）/标准 ▾ /　泛光灯　按钮，在顶视图中单击鼠标左键创建一盏【泛光灯】，勾选【启用】阴影，阴影方式选择【VRayShadow】，设置【倍增】为 0.6 左右，设置【颜色】为黄色，最后调整一下衰减参数，参数的设置及位置如图 12-37 所示。

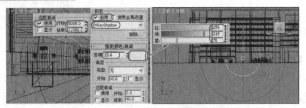

图 12-37 【泛光灯】的位置及形态

步骤 7 在顶视图中使用移动复制的方式复制两盏，一盏【倍增】修改为 0.4，另一盏【倍增】修改为 0.5，位置如图 12-38 所示。

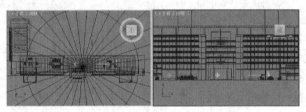

图 12-38 复制后灯光的位置

> ▶ **技巧**
>
> 我们在为室内布光时，房间里面大部分使用的是【泛光灯】，颜色最好采用暖色多一些，这样更能体现出冷暖对比。

步骤 8 使用同样的方法复制多盏灯光，将其放在合适的位置，亮度及颜色合理的调整一下，也可以使用 缩放工具来调整泛光灯的形态，具体位置如图 12-39 所示。

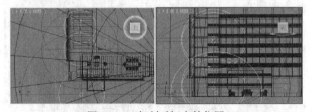

图 12-39 复制后灯光的位置

步骤 9 按下 Shift+Q 键，快速渲染相机视图，效果如图 12-40 所示。

步骤 10 将场景另存为"123A.max"文件。

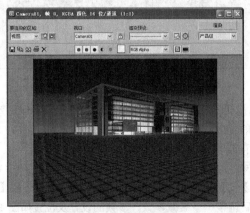

图 12-40 渲染的效果

　　本实例通讲述了如何使用【穹顶】来模拟真实的环境光效果，使用【泛光灯】来模拟室内的灯光。主要讲述灯光的【阴影】、【倍增】、【衰减】、【颜色】的使用，最后使用 VRay 渲染表现出真实的室外建筑夜景效果。

Example 实例 **124**　霓虹灯效果

案例文件	DVD\源文件素材\第 12 章\实例 124A.max		
视频教程	DVD\视频\第 12 章\实例 124. avi		
视频长度	7 分钟 01 秒	制作难度	★★
技术点睛	使用【VR_发光材质】产生真实霓虹灯效果		
思路分析	实例通过为一个办公楼设置室外的霓虹灯字的效果来学习如何使用【VR_发光材质】来模拟真实霓虹灯的发光效果		

　　本实例的最终效果如下图所示。

操 作 步 骤

步骤 ① 启动 3ds Max 2012 中文版，打开随书光盘"源文件素材/第 12 章/实例 124.max"文件。

　　这个场景是一个办公楼的外观，在建筑的上面我们创建了一些文字，设置了【渲染】下的参数，让线形产生厚度。因为我们采用 VRay 进行渲染，所以直接使用【VR_发光材质】来表现霓虹灯效果就可以了。

步骤 ② 按下 M 键，快速打开【材质编辑器】窗口，选择一个没有用过的材质球，材质命名为"霓虹灯"，将当前的【标准】材质替换为【VR_发光材质】。

步骤 ③ 设置【颜色】为黄色，调整亮度为 10，如图 12-41 所示。

步骤 ④ 在视图中选择"文本"造型，将调制好的霓虹灯材质赋给场景中的"文本"，渲染场景进行观看效果，效果如图 12-42 所示。

图 12-41　设置颜色及亮度

图 12-42　渲染的效果

▶ 技巧

为了让文字更有立体感，可以将文字复制一个，单独的赋予一种黄色，或者制作一个边框，来增加效果。

步骤 5 将场景另存为"实例 124A.max"文件。

实 例 总 结

本实例通过表现一个霓虹灯效果，详细讲述了【VR_发光材质】的使用及参数的作用。

第13章　摄影机的应用

本章内容

> ➢ 如何快速设置摄影机
> ➢ 摄影机景深的使用

> ➢ 厨房摄影机的设置
> ➢ 商业大楼摄影机的设置

摄影机决定了视图中对象的位置和大小，也就是说我们所看到的内容是由摄影机决定的，所以掌握 3ds Max 中的摄影机的用法与技巧是我们进军效果图制作领域关键的一步。

在调整效果图的透视角度时一般用目标摄影机来表现我们所需要的场景，可以随意调整视角与视点，镜头改变的功能多而且灵活易控，也可以直接将现实生活中的取景技巧直接应用于虚拟的三维空间，从而得到真实的场景效果。

Example 实例 **125** 如何快速设置摄影机

案例文件	DVD\源文件素材\第 13 章\实例 125A.max		
视频教程	DVD\视频\第 13 章\实例 125. avi		
视频长度	3 分钟 11 秒	制作难度	★★
技术点睛	如何快速创建【目标】摄影机及【镜头】、【手动剪切】参数的功能		
思路分析	本实例主要讲述怎样快速创建【目标】摄影机，经过调整参数来得到一个理想的观察视角		

本实例的最终效果如右图所示。

操 作 步 骤

步骤 ❶ 启动 3ds Max 2012 中文版，打开随书光盘"源文件素材 /第 13 章/实例 125.max"文件，我们在此基础上进行设置摄影机。

这个空间几乎是封闭的，虽然我们使用了单面建模，如果使用 VR 材质，渲染后会看不见房间里面的，针对这个问题，下面我们就快速为场景设置摄影机，通过调整摄影机的【剪切平面】参数来观看。

▶ **技巧**

　　在执行【打开】命令之前，用户可以事先将随书光盘中的实例源文件复制到用户机器上，便于制作过程中调用。

步骤 ❷ 首先在透视图中调整一个很好的观察效果，快速按下 Ctrl+C 键，从视图中创建摄影机，此时在场景中就创建了一架摄影机，效果如图 13-1 所示。

虽然透视图已变为摄影机视图，但是效果不好，下面对它进行调整。

步骤 ❸ 在顶视图中选择摄影机的镜头，进入【修改】命令面板，调整【镜头】为 28，勾选【手动剪切】选项，设置【近距剪切】为 2000，【远距剪切】为 7500，最后再调整一下摄影机的高度及位置，位置及参数如图 13-2 所示。

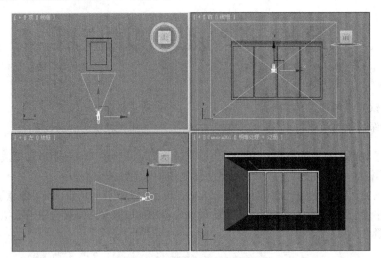

图 13-1　快速创建的摄影机

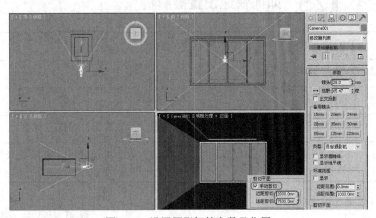

图 13-2　设置摄影机的参数及位置

> ▶ **技巧**
>
> 　　我们在创建完摄影机以后，通常要对摄影机进行移动、调整，这时最好在工具栏选择过滤器窗框下方选择 `C摄影机 ▾`，这样在选择摄影机时其他对象就不会被选中。

　　此时，摄影机的设置就完成了，在设置的过程中大家可以根据自己的设计意图来表现画面，想得到一个好的角度及空间，必须反复的调整位置、镜头等参数。

步骤 ④ 单击 ⬚（渲染产品）按钮进行快速渲染，如果没有勾选【手动剪切】，将会看不见房间里面的物体，就会被墙体遮挡住了，效果如图 13-3 所示。

　　　使用【手动剪切】后的效果　　　　　没有使用【手动剪切】后的效果

图 13-3　【手动剪切】的作用

将透视图转换为摄影机视图，按下键盘中的 C 键即可；如果需要透视图可以再按键盘中的 P 键，即可切换到透视图。

步骤 5 单击菜单栏中的 ⑤ 按钮，在弹出的菜单中选择【另存为】命令，将此场景另存为"实例 125A.max"。

实 例 总 结

本实例通过为一个空房间设置摄影机来学习如何为场景快速的创建摄影机及修改相关参数，从而借助摄影机来获得一个透视关系较为完美的视图。

Example 实例 126 摄影机景深的使用

案例文件	DVD\源文件素材\第 13 章\实例 126A.max		
视频教程	DVD\视频\第 13 章\实例 126. avi		
视频长度	5 分钟 57 秒	制作难度	★ ★
技术点睛	摄影机【景深】参数的设置		
思路分析	本实例通过为一个楼体来设置出近实远虚的特殊效果，详细地讲述摄影机【景深】参数的设置，通过渲染得到一种近实远虚的效果		

本实例的最终效果如下图所示。

操 作 步 骤

步骤 1 启动 3ds Max 2012 中文版，打开随书光盘"源文件素材/第 13 章/实例 126.max"文件，如图 13-4 所示。

步骤 2 在顶视图中选择摄影机，激活 Camera01（摄影机）视图，最大化摄影机视图。

步骤 3 单击 ☑（修改）进入修改面板，在【多过程效果】下勾选【启用】，在【景深参数】下勾选【使用目标距离】，单击 预览 按钮观看摄影机视图的效果，如图 13-5 所示。

步骤 4 调整【目标距离】右边的数值来改变摄影机目标点的位置，在【景深参数】下调整【采样半径】为 30，再单击 预览 按钮观看效果，如图 13-6 所示。

步骤 5 单击 ◌（渲染产品）按钮，渲染效果如图 13-7 所示。

图 13-4　打开的场景

图 13-5　调整景深参数

图 13-6　调整景深参数

图 13-7　渲染的效果

步骤 6 调整【目标距离】及【采样半径】的数值可以改变景深的效果。

步骤 7 单击菜单栏中的 按钮，在弹出的菜单中选择【另存为】命令，将此场景另存为"实例 126A.max"。

实 例 总 结

本实例介绍了摄影机中的景深的使用及如何根据不同的场景修改对应的参数，从而借助摄影机来表现出现实生活中人眼所不能见的特殊视觉效果。

Example 实例 **127** 厨房摄影机的设置

案例文件	DVD\源文件素材\第 13 章\实例 127A.max
视频教程	DVD\视频\第 13 章\实例 127. avi

视频长度	2 分钟 20 秒	制作难度	★ ★
技术点睛	【目标】摄影机的创建以及【镜头】、【手动剪切】参数的功能		
思路分析	本实例主要使用【目标】摄影机来为厨房设置一架摄影机，得到一个理想的观察视角，实例的目的是让读者了解设置摄影机的作用		

本实例的最终效果如下图所示。

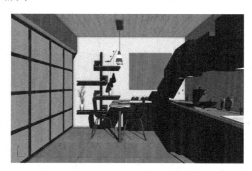

操 作 步 骤

步骤① 启动 3ds Max 2012 中文版，打开随书光盘"源文件素材"/"第 13 章"/"实例 127.max"文件效果如图 13-8 所示。

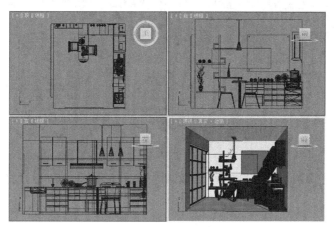

图 13-8 打开的厨房场景

步骤② 单击创建命令面板中的 （摄影机）/ 目标 按钮，在顶视图拖动鼠标创建一架目标摄像机，如图 13-9 所示。

步骤③ 在前视图选择中间的蓝线，也就是同时选择相机和目标点，将摄影机移动到高度为 1200 左右的位置。然后在顶视图及前视图调整一下摄影机的位置，如图 13-10 所示。

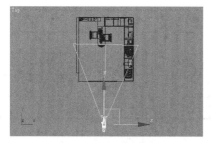

图 13-9 创建的摄影机

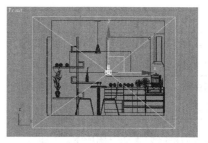

图 13-10 调整摄影机的高度

▶ 技巧

对于室内效果图摄影机的高度，我们一般可以控制在1100～1400之间，这是比较符合人眼的视觉效果的。

步骤④ 激活透视图，按下C键，透视图即可变成摄影机视图。选择相机，将【镜头】设置为28，勾选【手动剪切】选项，设置【近距剪切】为1650，【远距剪切】为5700，效果如图13-11所示。

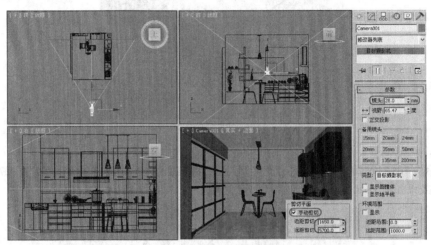

图13-11　相机的位置及参数

▶ 技巧

将透视图转换为相机视图，按键盘中的C键即可；如果需要透视图可以再按键盘中的P键，即可切换到透视图。

步骤⑤ 单击菜单栏中的 ⑤ 按钮，在弹出的菜单中选择【另存为】命令，将此场景另存为"实例127A.max"。

实 例 总 结

本例通过为厨房设置相机来学习如何为场景设置相机以及修改相关参数，从而借助相机来获得一个透视关系较为完美的视图。

Example 实例 **128** 商业大楼摄影机的设置

案例文件	DVD\源文件素材\第13章\实例128A.max		
视频教程	DVD\视频\第13章\实例128. avi		
视频长度	1分钟08秒	制作难度	★★
技术点睛	室外【目标摄影机】的创建方法		
思路分析	本实例通过为商业大楼设置摄影机来学习目标摄影机的创建和使用方法		

本实例的最终效果如下图所示。

操 作 步 骤

步骤 ❶ 启动 3ds Max 2012 中文版，打开随书光盘"源文件素材/第 13 章/实例 128.max"文件，如图 13-12 所示。

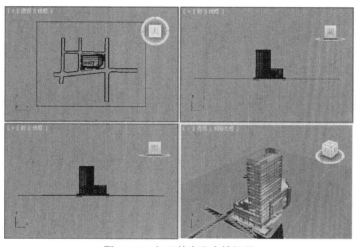

图 13-12 打开的商业大楼场景

步骤 ❷ 单击创建命令面板中的 （摄影机）/ 目标 按钮，在顶视图中拖动鼠标创建一架目标摄影机，如图 13-13 所示。

步骤 ❸ 在前视图中选择中间的蓝线，也就是同时选择摄影机和目标点，将摄影机移动到高度为 1400 左右的位置，设置【镜头】为 35，如图 13-14 所示。

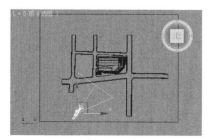

图 13-13 创建的摄影机

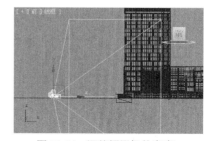

图 13-14 调整摄影机的高度

▶ **技巧**

　　对于室外效果图摄影机的高度，如果要产生仰视的效果，可以将摄影机的镜头低于目标点；如果想表现俯视的效果，则相反即可。

步骤 ④ 激活透视图，按下 C 键，透视图即可变成摄影机视图。按下 Shift+F 组合键，快速显示【安全框】。

步骤 ⑤ 单击菜单栏中的 按钮，在弹出的菜单中选择【另存为】命令，将此场景另存为"实例128A.max"。

实 例 总 结

本实例通过为商业大楼设置摄影机来学习如何为场景设置摄影机以及修改相关参数，从而借助摄影机来得到作为建筑所应体现的结构与效果。

第14章 室内装饰物的制作

本章内容

➤ 装饰瓶 ➤ 地球仪 ➤ 艺术瓶
➤ 青花瓶 ➤ 铁艺果盘
➤ 玻璃装饰画 ➤ 碗盘架

在室内点缀恰到好处的装饰性物品，对空间的美化和完善起着不可忽视的作用。若装饰物布置得体，将会成为室内空间的点睛之笔。在进行室内装饰时要根据装饰环境和人们的喜好来选择合适的装饰物，如各种装饰画、瓷器、玻璃器皿、花束、植物、摆件等。用以丰富整体空间气氛，增加层次感。本章我们就来学习室内不同装饰物的制作。

Example 实例 **129** 装饰瓶

案例文件	DVD\源文件素材\第14章\实例129.max		
视频教程	DVD\视频\第14章\实例129. avi		
视频长度	2分钟25秒	**制作难度**	★★
技术点睛	_____线_____ 的绘制及【车削】修改命令的使用		
思路分析	本实例主要使用【车削】修改命令制作装饰瓶造型，首先使用【线】绘制出花瓶的截面，然后运用【车削】修改命令生成花瓶物体		

本实例的最终效果如右图所示。

操 作 步 骤

步骤① 启动3ds Max 2012中文版，将单位设置为毫米。

步骤② 在前视图中使用线绘制如图14-1所示的线形（约500×60）。

步骤③ 单击 （修改）按钮进入修改面板，进入 （样条线）子对象层级，为绘制的线形添加一个【轮廓】，比例合适就可以了，将上面的顶点修改得平滑一些，效果如图14-2所示。

图14-1 绘制的线形

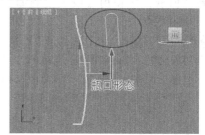

图14-2 轮廓后的效果

▶ 技巧

为了得到比较准确的尺寸，在绘制线形时可以绘制一个矩形作为参照尺寸，这样制作的造型尺寸就比较合理了。

步骤 ④ 在修改命令面板中执行【车削】修改命令，单击【对齐】下的 最小 按钮，为了得到平滑的效果，将【分段】设置为 30，如图 14-3 所示。

步骤 ⑤ 使用同样的方法再制作 2 个大小不同的装饰瓶，效果如图 14-4 所示。

图 14-3　执行车削命令

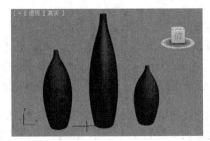

图 14-4　制作的装饰瓶

步骤 ⑥ 保存文件，命名为"实例 129.max"。

实 例 总 结

本实例通过制作装饰瓶造型练习了线形的绘制与修改，然后配合【车削】修改命令制作出花瓶造型。

Example 实例 **130** 青花瓶

案例文件	DVD\源文件素材\第 14 章\实例 130.max		
视频教程	DVD\视频\第 14 章\实例 130. avi		
视频长度	3 分钟 24 秒	制作难度	★★
技术点睛	线　　 的绘制以及【车削】修改命令的使用		
思路分析	本实例主要使用【车削】修改命令制作出青花瓶造型，首先使用【线】绘制出花瓶的截面，然后运用【车削】修改命令生成青花瓶		

本实例的最终效果如右图所示。

操 作 步 骤

步骤 ① 启动 3ds Max 2012 中文版，将单位设置为毫米。

步骤 ② 在前视图中使用【线】绘制如图 14-5 所示的线形（约 1000×300）。

步骤 ③ 单击 ☑（修改）按钮进入修改面板，再进入 ∧（样条线）子对象层级，为绘制的线形添加一个【轮廓】，比例合适就可以了，然后再进入【顶点】子对象层级下调整一下形态，效果如图 14-6 所示。

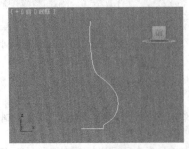

图 14-5　绘制的线形

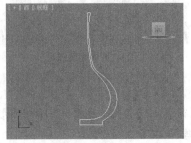

图 14-6　轮廓后的效果

步骤 4 在修改命令面板中执行【车削】修改命令，单击【对齐】下的 最小 按钮，为了得到平滑的效果，设置【分段】为 30，如图 14-7 所示。

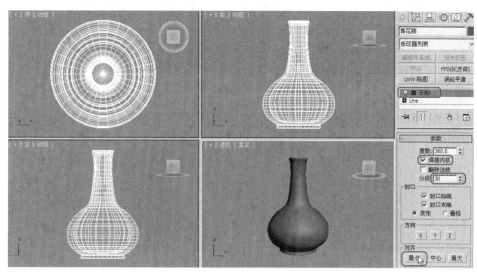

图 14-7　执行【车削】修改命令

▶ **技巧**

在设置【分段】参数时一定要控制好分段数不要太多，因为太多面片会影响计算机的运行速度，如果【多段】太少，对象就会不平滑。

步骤 5 保存文件，命名为"实例 130.max"。

实 例 总 结

本实例通过制作青花瓶造型学习了线形的绘制与修改，然后配合【车削】修改命令制作出花瓶造型。

Example 实例 **131**　玻璃装饰画

案例文件	DVD\源文件素材\第 14 章\实例 131.max		
视频教程	DVD\视频\第 14 章\实例 131. avi		
视频长度	3 分钟 29 秒	**制作难度**	★★
技术点睛	长方体的创建及【编辑多边形】修改命令的使用		
思路分析	本实例将【长方体】转换为【可编辑多边形】制作墙面上的玻璃装饰画造型		

本实例的最终效果如右图所示。

操 作 步 骤

步骤 1 启动 3ds Max 2012 中文版，将单位设置为毫米。

步骤 2 在前视图中创建 560×410×10 的长方体（作为玻璃），然后将其转换为【可编辑多边形】，按下 4 键，进入 ■（多边形）子对象层级，选择前面的面，使用 倒角 制作出玻璃的斜面，如图 14-8 所示。

图 14-8　执行【倒角】修改命令

步骤 3 在前视图中创建长度为 480，宽度为 330 的平面，作为装饰画，位置及参数如图 14-9 所示。

图 14-9　创建的【平面】

步骤 4 在前视图中创建半径为 10，高度为 30 的圆柱体，调整至合适的位置，然后将其转换为【可编辑多边形】，再制作出一个小倒角；复制圆柱体，效果如图 14-10 所示效果。

图 14-10　创建的【圆柱体】

▶ 技巧

　　我们在创建模型时，一定要做到心中有数，如果需要较多的分段数，可以在创建对象时直接设置出来，而不需要再次修改。

步骤 5 保存文件，命名为"实例 131.max"。

实 例 总 结

　　本实例通过玻璃装饰画造型来熟练掌握使用【可编辑多边形】修改命令得到新的造型。

Example 实例 **132** 地球仪

案例文件	DVD\源文件素材\第 14 章\实例 132.max		
视频教程	DVD\视频\第 14 章\实例 132. avi		
视频长度	5 分钟	制作难度	★★
技术点睛	线　　的绘制及【车削】和【倒角轮廓】修改命令的使用		
思路分析	本实例通过地球仪的制作来学习如何使用【线】绘制复杂的曲线造型，以及配合【车削】和【倒角轮廓】修改命令的使用，制作出逼真的地球仪造型		

本实例的最终效果如右图所示。

操 作 步 骤

步骤 ① 启动 3ds Max 2012 中文版，将单位设置为毫米。

步骤 ② 在前视图中绘制一条如图 14-11（左）所示的圆弧线形，作为【倒角剖面】修改命令的路径；同样在左视图中绘制如图 14-11（右）所示的线形，作为该命令中的剖面。

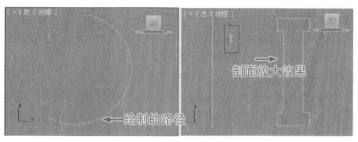

图 14-11　绘制的线形

步骤 ③ 选择绘制的弧线，在修改器列表选择【倒角剖面】修改命令，单击　拾取剖面　按钮，在视图中拾取绘制的剖面，生成地球仪的圆弧支架，如图 14-12 所示。

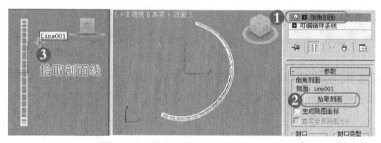

图 14-12　执行【倒角剖面】修改命令

这时我们可以发现，生成的圆弧支架剖面是错误的，需要旋转【倒角剖面】修改命令中的剖面。

步骤 ④ 在左视图中选择绘制的剖面，按下 3 键，进入 ∧（样条线）子对象层级，打开角度捕捉，设置捕捉的角度为 45°，将圆弧支架造型修改正确，如图 14-13 所示。

图 14-13　调整圆弧支架的剖面

▶ 技巧

　　当我们在执行【倒角剖面】命令时如果得到的造型截面方向是错误的，需要选择用来执行命令的剖面，必须进入 ∧（样条线）子层级旋转才可以改变得到的造型截面方向，如果没有进入 ∧（样条线）子层级旋转是无效的。

步骤 5 在前视图中绘制如图 14-14 所示的线形，并执行【车削】修改命令，作为地球仪的连接件，然后通过【旋转】工具调整该造型的形态。

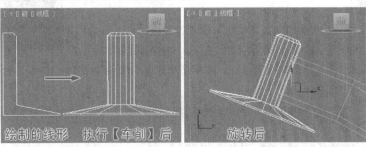

图 14-14　制作的连接件

步骤 6 将制作的连接件沿 xy 轴镜像一个，并调整至合适的位置。

步骤 7 在前视图中绘制如图 14-15 所示的曲线，并添加【车削】修改命令，作为地球仪的底座。

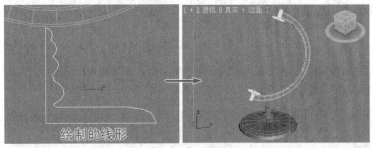

图 14-15　制作的底座

步骤 8 在顶视图中创建半径为 125，分段为 20 的球体，调整至合适的位置，如图 14-16 所示。

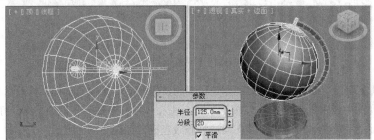

图 14-16　创建的球体

步骤 9 保存文件，命名为"实例 132.max"。

实 例 总 结

本实例通过地球仪的制作来熟练掌握【倒角剖面】修改命令的使用。

Example 实例 **133** 铁艺果盘

案例文件	DVD\源文件素材\第 14 章\实例 133.max		
视频教程	DVD\视频\第 14 章\实例 133.avi		
视频长度	6 分钟 26 秒	**制作难度**	★★
技术点睛	二维线形的绘制、可渲染设置及【车削】修改命令的使用		
思路分析	本实例通过铁艺果盘的制作来学习二维线形及【车削】修改命令的使用		

本实例的最终效果如右图所示。

操 作 步 骤

步骤 1 启动 3ds Max 2012 中文版，将单位设置为毫米。

步骤 2 单击 ✴ （创建）/ ⊙ （线形）/ ▭ 圆 ▭ 按钮，在顶视图中绘制一个【半径】为 150 的圆，设置【渲染】下的参数，如图 14-17 所示。

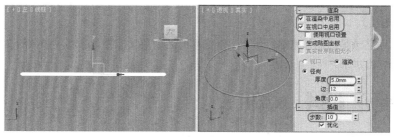

图 14-17　【圆】的位置及【渲染】参数

步骤 3 在前视图沿 y 轴复制 4 个，修改【半径】，效果如图 14-18 所示。

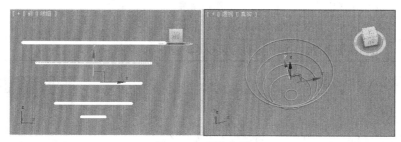

图 14-18　圆的位置

步骤 4 使用线命令在前视图中绘制一条曲线，形态如图 14-19 所示。

步骤 5 使用【阵列】生成 2 个对象，然后在下面创建 3 个球体，如图 14-20 所示。

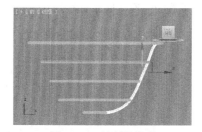

图 14-19　绘制的线形

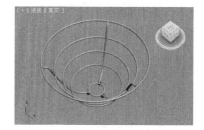

图 14-20　阵列后的效果

步骤 6 使用【车削】修改命令制作一些苹果，最终效果如图 14-21 所示。

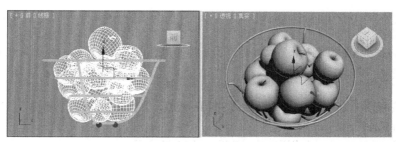

图 14-21　制作的苹果

▶ 技巧

在制作水果时制作一个复制后再修改它的形态就可以了，关键要注意摆放的位置及方向、大小，摆放得自然一些。

步骤 **7** 保存文件，命名为"实例133.max"。

实 例 总 结

本实例通过铁艺果盘的制作来熟练掌握二维线形的运用及【渲染】下各项参数的功能，并配合【车削】修改命令制作出水果。

Example 实例 **134** 碗盘架

案例文件	DVD\源文件素材\第14章\实例134.max		
视频教程	DVD\视频\第14章\实例134.avi		
视频长度	4分钟06秒	制作难度	★★
技术点睛	切角长方体的创建及修改，【车削】命令的使用		
思路分析	本实例通过学习使用【切角长方体】制作出碗盘架		

本实例的最终效果如右图所示。

操 作 步 骤

步骤 **1** 启动3ds Max 2012中文版，将单位设置为毫米。

步骤 **2** 单击 ※（创建）/○（几何体）/扩展基本体▼/切角长方体 按钮，在顶视图中创建一个切角长方体，参数及形态如图14-22所示。

步骤 **3** 将【角度捕捉】设置为45°，在左视图中沿z轴旋转一次，形态如图14-23所示。

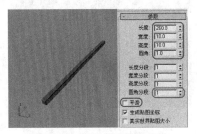
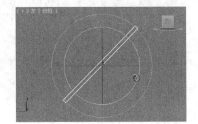

图14-22　切角长方体的参数　　　　　　图14-23　旋转后的形态

▶ 技巧

将【切角长方体】的【平滑】取消是为了让筷架体现出更好的结构，这样在渲染后会产生很真实的高光效果。

步骤 **4** 在左视图中【镜像】一个【切角长方体】，调整一下位置，然后在顶视图中复制多组，效果如图14-24所示。

步骤 **5** 使用同样的方法制作出固定件，效果如图14-25所示。

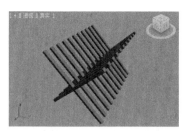
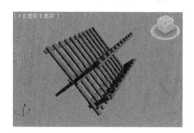

图 14-24　复制后的效果　　　　　　　图 14-25　制作的固定件

步骤 6　使用【车削】修改命令制作一个盘子放在上面，然后复制 2 个，效果如图 14-26 所示。

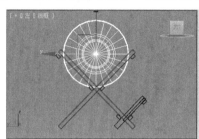

图 14-26　碗盘架的最终效果

步骤 7　保存文件，命名为"实例 134.max"。

实 例 总 结

本实例运用简单的【切角长方体】制作出一个造型复杂的碗盘架造型，再使用【车削】修改命令制作出盘子。

Example 实例 135　艺术瓶

案例文件	DVD\源文件素材\第 14 章\实例 135.max		
视频教程	DVD\视频\第 14 章\实例 135. avi		
视频长度	6 分钟 05 秒	制作难度	★★
技术点睛	线 的绘制及【车削】修改命令的使用		
思路分析	本实例通过艺术瓶的制作来学习二维线形的绘制及【车削】命令的使用		

本实例的最终效果如右图所示。

操 作 步 骤

步骤 1　启动 3ds Max 2012 中文版，将单位设置为毫米。

步骤 2　单击 （创建）/ （线形）/ 线 按钮，在前视图中使用【线】绘制如图 14-27 所示的线形（约 635×75）。

步骤 3　单击 （修改）按钮进入修改面板，再进入 （顶点）子对象层级，选择如图 14-28 所示的顶点。

步骤 4　单击鼠标右键，在弹出的右键菜单中选择【Bezier】（贝塞尔）命令，对顶点进行圆滑处理，如图 14-29 所示。

步骤 5　此时，线形效果如图 14-30 所示。

 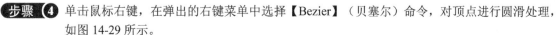

图 14-27　绘制的线形

图 14-28　选择顶点

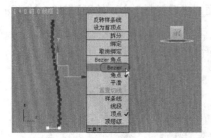

图 14-29　对顶点进行圆滑操作

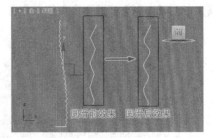

图 14-30　调整顶点形态

步骤 6 在修改命令面板中执行【车削】修改命令，单击【对齐】下的 最小 按钮，为了得到平滑的效果，设置【分段】为 30，如图 14-31 所示。

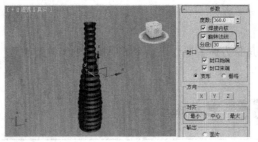

图 14-31　绘制的线形

步骤 7 保存文件，命名为"实例 135.max"。

实例总结

　　本实例通过制作艺术瓶造型来练习使用线形然后配合【车削】修改命令制作出有艺术气质的装饰瓶造型。

第15章　室内各种灯具的制作

本章内容

- ➢ 玻璃吊灯
- ➢ 餐厅吊灯
- ➢ 现代吊灯

- ➢ 筒式壁灯
- ➢ 现代落地灯
- ➢ 现代射灯

- ➢ 现代台灯
- ➢ 方筒灯
- ➢ 镜前灯

灯具是室内效果图中必不可少的构件之一，它应用范围非常广泛，大到宾馆、饭店、会议室，小到居家场所，各类灯具的应用可以说是无所不在。灯具的类型因造型和功能以其放置的空间位置不同分为吊灯、壁灯、台灯、地灯及射灯等。

不同的吊灯造型可以衬托出不同的空间气氛，是顶部装饰处理的一个非常重要的环节，下面我们就来学习室内各种灯具的制作。

Example 实例 **136** 玻璃吊灯

案例文件	DVD\源文件素材\第15章\实例136.max		
视频教程	DVD\视频\第15章\实例136. avi		
视频长度	4分钟47秒	制作难度	★★
技术点睛	<u>长方体</u>的创建及【可编辑多边形】修改命令的使用		
思路分析	本实例通过制作玻璃吊灯造型来熟练掌握【可编辑多边形】修改命令的使用，首先创建【长方体】，然后将其【转换为】为【可编辑多边形】后再进行编辑		

本实例的最终效果如右图所示。

操作步骤

步骤 ① 启动3ds Max 2012中文版，将单位设置为毫米。

步骤 ② 单击 ※（创建）/○（几何体）/ 长方体 按钮，在顶视图中单击并拖动鼠标创建一个800×800×40的长方体（作为"灯座"），参数及形态如图15-1所示。

图15-1　创建的方体及参数

▶ **技巧**

在制作效果图时经常会遇到视图中的坐标变成红线了，这时按下键盘中的 X 键就可以变成箭头状态了。

步骤 ③ 右击鼠标，在弹出的右键菜单中选择【转换为】/【转换为可编辑多边形】，按下 4 键，进入 ■
（多边形）子对象层级，在透视图中选择下面的面，单击 倒角 右面的 □ 按钮，在弹出的对话
框中设置参数，单击 ⊘（确定）按钮，如图 15-2 所示。

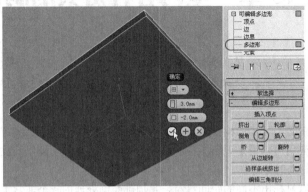

图 15-2　对面进行倒角

步骤 ④ 选择上面的面，再执行 倒角 命令，第 1 次将轮廓数量设置为–100，单击 ⊕（应用并继续）
按钮，再输入高度为 40，单击 ⊘（确定）按钮，如图 15-3 所示。

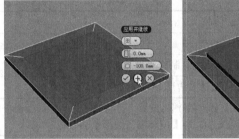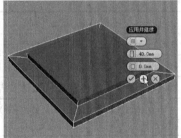

图 15-3　对上方的面倒角

▶ **技巧**

我们在对话框中需要将数值修改为 0 时，可以直接在数值框左边的黑色三角箭头上单击鼠标
右键，这样就可以快捷地将数值更改为 0。

步骤 ⑤ 在顶视图中创建一个 150×150×140 的长方体（作为"玻璃灯罩"），参数及位置如图 15-4 所示。

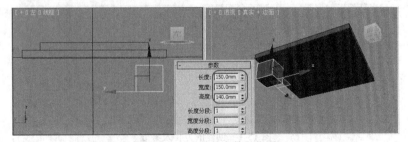

图 15-4　长方体的参数及位置

步骤 ⑥ 将创建的长方体转换为【可编辑多边形】，按下 4 键，进入 ■（多边形）子对象层级，在透视
图选择下面的面，执行 倒角 命令，第 1 次将轮廓数量设置为-8，单击 ⊕（应用并继续）按
钮，再输入高度为-130，单击 ⊘（确定）按钮，如图 15-5 所示。

步骤 7　单击 （创建）/ （几何体）/ 圆柱体 按钮，在顶视图灯罩的中间创建一个柱体（作为"灯泡"），参数及位置如图 15-6 所示。

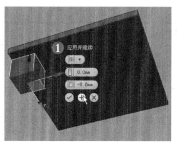

图 15-5　对下面的面进行倒角

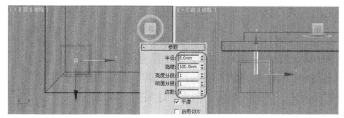

图 15-6　柱体的参数及位置

步骤 8　将柱体转换为【可编辑多边形】，按下 4 键，进入 （多边形）子对象层级，在透视图中选择下面的面，执行多次 倒角 命令，效果如图 15-7 所示。

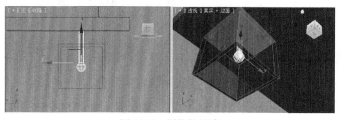

图 15-7　制作的灯泡

步骤 9　在顶视图中选择灯罩和灯泡，然后复制多个，如图 15-8 所示。

图 15-8　复制后的效果

步骤 10　为灯座赋予磨沙不锈钢材质，灯罩赋予玻璃材质，灯泡赋予自发光材质，最终效果如图 15-9 所示。

步骤 11　保存模型，文件名为"实例 136.max"。

实 例 总 结

　　本实例通过制作玻璃吊灯造型来熟练掌握如何将创建的长方体转换为可编辑多边形之后所进行的修改操作，使用不同的命令按钮制作出不同的造型效果。

图 15-9　赋予材质后的效果

Example 实例 **137** 餐厅吊灯

案例文件	DVD\源文件素材\第 15 章\实例 137.max		
视频教程	DVD\视频\第 15 章\实例 137. avi		
视频长度	7 分钟 57 秒	制作难度	★★
技术点睛	【可编辑多边形】命令		
思路分析	本实例主要使用【可编辑多边形】命令制作餐厅吊灯，实例的目的是让读者对精简建模有一个清晰的思路		

本实例的最终效果如右图所示。

操 作 步 骤

步骤 ① 首先启动 3ds Max 2012 中文版，将单位设置为毫米。

步骤 ② 单击 ✳ （创建）/ ○ （几何体）/ 圆锥体 按钮，在顶视图单击并拖动鼠标创建一个的圆锥体，作为"灯头"，参数及形态如图 15-10 所示。

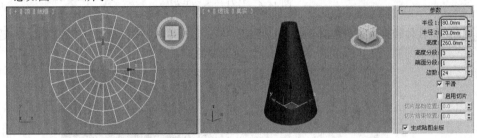

图 15-10 创建的圆锥体及参数

步骤 ③ 将圆锥体转换为【可编辑多边形】，按下 4 键，进入 ■ （多边形）层级子物体，选择上面和下面的面，单击 分离 按钮，将这两个面分离出来，如图 15-11 所示。

图 15-11 选择两端的多边形

步骤 ④ 在顶视图中创建两个圆柱体，作为"灯杆"和"灯座"，具体参数及位置如图 15-12 所示。

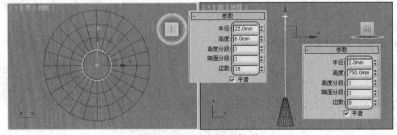

图 15-12 创建的圆柱体

步骤 ⑤ 在顶视图吊灯的上方创建一个长方体，作为灯的"底座"，具体的数值及位置如图 15-13 所示。

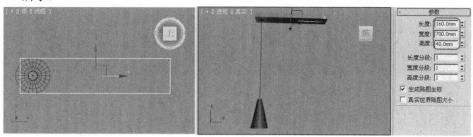

图 15-13　创建的长方体

步骤 ⑥ 将前面制作的"灯头及灯杆"以"灯座"的长度为参照移动复制 2 组，如图 15-14 所示。

图 15-14　复制后餐厅吊灯的效果

▶ **技巧**

作为同一个造型中的组成部分，我们可以将相同类型、相同材质的物体附加为一体或成为一组，便于后面材质赋予过程中快速选择。

步骤 ⑦ 将文件进行保存，命名为"实例 137.max"。

实 例 总 结

本实例通过制作一组餐厅吊灯造型，主要练习圆锥体的创建及用【可编辑多边形】命令进行修改得到餐厅吊灯的灯头，然后配合圆柱体和长方体组成我们要制作的吊灯造型。

Example **实例** **138** 现代吊灯

案例文件	DVD\源文件素材\第 15 章\实例 138.max		
视频教程	DVD\视频\第 15 章\实例 138. avi		
视频长度	5 分钟	制作难度	★★★
技术点睛	【挤出】命令		
思路分析	本实例通过制作一个现代吊灯造型来熟练掌握【线】的绘制及【挤出】命令的使用，实例的目的是让读者灵活运用综合命令建模		

本实例的最终效果如下图所示。

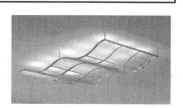

操 作 步 骤

步骤 ① 首先启动 3ds Max 2012 中文版，将单位设置为毫米。

步骤 ② 用线命令在前视图中绘制出如图 15-15 所示的波浪线（尺寸

为 50×800）。

步骤 3 进入 （样条线）层级，为绘制的线形添加一个 3 的轮廓，效果如图 15-16 所示。

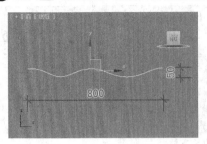

图 15-15　绘制的线形

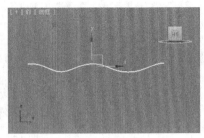

图 15-16　为线形添加轮廓

▶ **技巧**

　　我们所制作的吊灯是按照实际尺寸来确定的，因此，在绘制线形的时候，一定要按照标注的尺寸进行绘制，可以先绘制一个辅助的矩形作为参照。

步骤 4 确认绘制的线形处于选择状态，在 修改器列表 中执行【挤出】命令，设置【数量】为 400，作为吊灯的玻璃灯片，如图 15-17 所示。

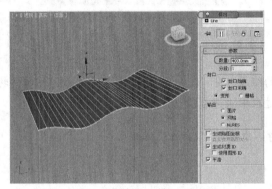

图 15-17　为线形执行【挤出】命令

步骤 5 在左视图中用移动复制的方式复制一个，回到样条线层级子物体，为其添加–1.5 的轮廓，然后将内部的样条线删除，修改【挤出】的数量为 5，作为吊灯的支架，如图 15-18 所示。

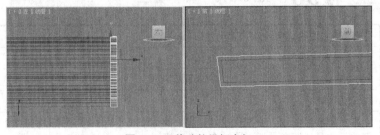

图 15-18　修改的吊灯支架

步骤 6 在顶视图中参照灯片的宽度，进行移动复制三个，如图 15-19 所示。

步骤 7 激活前视图，在灯片的顶端创建 6×6×400 的长方体，并执行旋转操作，使其与灯片的角度一致，再按照灯片的弧度进行复制，数量为 5 个，如图 15-20 所示。

步骤 8 在顶视图支架的位置创建半径为 2.5，高度为 85 的圆柱体，作为拉杆，复制 5 个并根据所在位置适当的修改圆柱体高度，效果如图 15-21 所示。

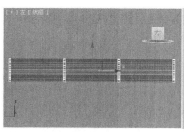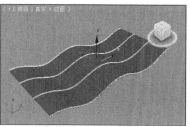

图 15-19 复制的吊灯支架

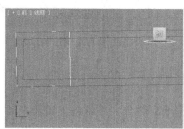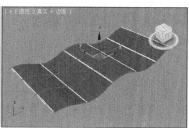

图 15-20 复制后的效果

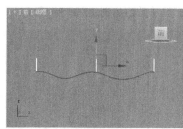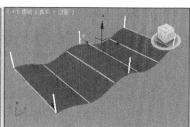

图 15-21 创建的吊灯拉杆

步骤 9 将文件进行保存，命名为"实例 138.max"。

实 例 总 结

本实例通过制作客厅的吊灯造型来熟练掌握线形的绘制和修改及通过【挤出】命令修改制作出真实的吊灯造型。

Example 实例 **139** 筒式壁灯

案例文件	DVD\源文件素材\第 15 章\实例 139.max		
视频教程	DVD\视频\第 15 章\实例 139. avi		
视频长度	6 分钟 17 秒	制作难度	★★
技术点睛	线 的绘制及【倒角】和【挤出】修改命令的使用		
思路分析	本实例通过制作筒式壁灯造型来练习【倒角】和【挤出】修改命令的使用		

本实例的最终效果如右图所示。

操 作 步 骤

步骤 1 启动 3ds Max 2012 中文版，将单位设置为毫米。

步骤 2 在顶视图中绘制一组如图 15-22 所示的线形，控制其尺寸为 120×100。

步骤 ③ 为绘制的线形添加【倒角】修改命令，具体参数设置如图 15-23 所示。

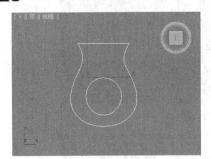
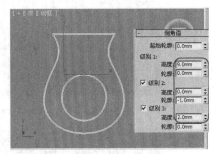

图 15-22　绘制的壁灯的底座　　　　图 15-23　执行【倒角】修改命令后的效果

▶ **技巧**

在作图过程中，视图中的坐标的大小可能会影响到操作，可以按下键盘中的"＋"键加长，按"－"键缩短。

步骤 ④ 激活前视图，将制作的壁灯底座镜像一个，具体数值如图 15-24 所示。

图 15-24　执行【镜像】修改命令后的效果

▶ **技巧**

通过"镜像：屏幕坐标"对话框中"偏移"后面的数值，可以精确控制镜像对象之间的距离。

步骤 ⑤ 选择一个底座，将其沿 y 轴移动复制一个，回到…(顶点)子对象层级，调整线形形状如图 15-25 所示，再将里面的样条线删除，然后为其添加【挤出】修改命令，设置挤出数量为 310。

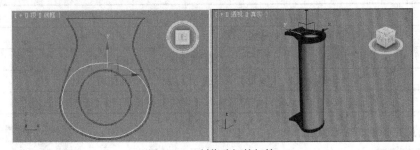

图 15-25　制作壁灯的灯管

步骤 ⑥ 按照相同的方法调整线形的形态，制作出壁灯的后背，得到如图 15-26 所示的效果。

步骤 ⑦ 保存文件，命名为"实例 139.max"。

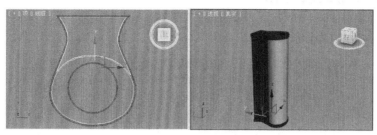

图 15-26　制作壁灯的后背

实 例 总 结

本实例通过制作一个筒式壁灯造型让大家能够在制作过程中熟练学会【倒角】修改和【镜像】修改工具的使用方法。

Example 实例 **140** 现代落地灯

案例文件	DVD\源文件素材\第 15 章\实例 140.max		
视频教程	DVD\视频\第 15 章\实例 140. avi		
视频长度	3 分钟 43 秒	制作难度	★★
技术点睛	线 的绘制及【车削】命令的使用		
思路分析	本实例通过现代落地灯的制作来学习熟练运用【车削】修改命令，首先使用【线】命令绘制出灯罩的截面，然后添加【轮廓】，使用【车削】修改命令生成灯罩，最后创建【圆锥体】、【圆柱体】生成灯杆		

本实例的最终效果如下图所示。

操 作 步 骤

步骤 ❶ 启动 3ds Max 2012 中文版，将单位设置为毫米。

步骤 ❷ 在前视图中绘制一条线形，然后施加一个轮廓，效果如图 15-27 所示。

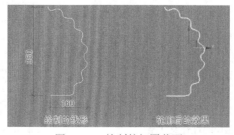

绘制的线形　　轮廓后的效果

图 15-27　绘制的灯罩截面

步骤 ③ 确认线形处于被选中状态，在 修改器列表 ▼ 中执行【车削】修改命令，单击【对齐】下的 最小 按钮，如图 15-28 所示。

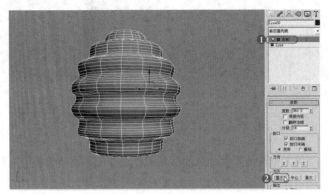

图 15-28 执行【车削】修改命令

步骤 ④ 这时我们发现通过车削得到的灯罩太细了，可以在顶视图中使用移动工具调整车削命令的轴，以修改灯罩的直径，如图 15-29 所示。

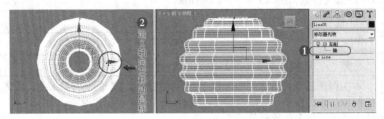

图 15-29 调整灯罩的直径

▶ 技巧

通过【车削】修改命令得到造型，如果修改了车削轴的位置，该造型的中心轴往往偏离了物体的中心，可以单击 🔳 / 轴 / 仅影响轴 / 居中到对象 命令，调整中心轴居中。

步骤 ⑤ 在顶视图中创建一个【圆锥体】，再创建两个【圆柱体】（作为灯杆和灯座），参数及位置如图 15-30 所示。

步骤 ⑥ 将灯罩赋予一种白瓷材质，灯杆和灯座赋予金属材质，最终效果如图 15-31 所示。

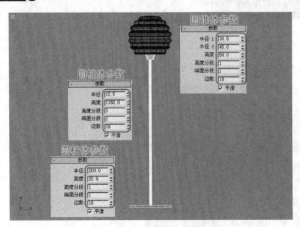

图 15-30 制作的灯杆及灯座

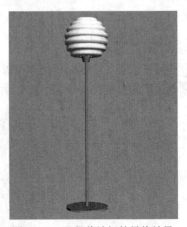

图 15-31 现代落地灯的最终效果

步骤 7 保存文件，命名为"实例 140.max"。

实 例 总 结

本实例使用【车削】修改命令生成并修改落地灯的灯头，再通过调整车削出的轴来修改得到的造型，最后使用圆柱体和圆锥体制作出落地灯的灯杆，得到真实的模型效果。

Example 实例 **141** 现代射灯

案例文件	DVD\源文件素材\第 15 章\实例 141.max		
视频教程	DVD\视频\第 15 章\实例 141. avi		
视频长度	2 分钟 23 秒	制作难度	★★
技术点睛	创建圆柱体并复制修改得到射灯的"灯杆"，【可编辑多边形】修改命令的使用		
思路分析	本实例通过射灯的制作主要学习【可编辑多边形】修改命令的使用		

本实例的最终效果如下图所示。

操 作 步 骤

步骤 1 启动 3ds Max 2012 中文版，将单位设置为毫米。

步骤 2 单击 ❋（创建）/ ◯（几何体）/ ▇▇圆柱体▇▇ 按钮，在顶视图中创建一个柱体（作为"灯座"），参数及位置如图 15-32 所示。

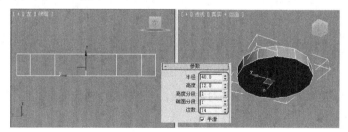

图 15-32 柱体的参数及位置

步骤 3 在左视图中复制一个圆柱体，修改参数并移动其位置，如图 15-33 所示。

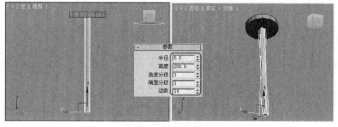

图 15-33 修改柱体的参数

步骤 ④ 再复制一个圆柱体，修改参数，然后使用工具栏中的旋转命令在左视图中沿 z 轴进行旋转，形态如图 15-34 所示。

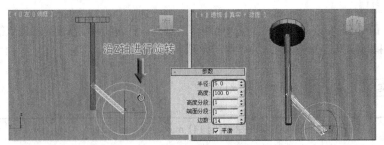

图 15-34　对复制的圆柱体进行旋转

步骤 ⑤ 选择中间的柱体，再复制一个（作为"灯头"），修改参数如图 15-35 所示。

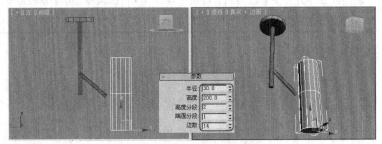

图 15-35　复制的柱体

步骤 ⑥ 将圆柱体转换为【可编辑多边形】，按下 1 键，进入 ⠸（顶点）子对象层级，在左视图中选择上面的顶点，然后使用工具栏中的缩放命令沿 x、y 轴进行缩放，如图 15-36 所示。

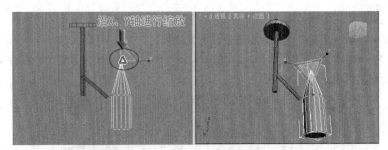

图 15-36　对顶点进行缩放

步骤 ⑦ 按下 4 键，进入 ■（多边形）子对象层级，在透视图中选择下面的面，然后执行 倒角 命令，效果如图 15-37 所示。

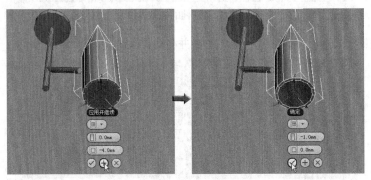

图 15-37　执行倒角

步骤 8 为壁灯的灯架赋予不锈钢材质，只有灯头下面的面赋予自发光材质，最终的效果如图 15-38 所示。

赋予不锈钢材质

赋予自发光材质

图 15-38　赋予材质后的效果

步骤 9 保存模型，文件名为"实例 141.max"。

实 例 总 结

本实例通过制作一个射灯造型学习了如何将圆柱体转换为【可编辑多边形】的使用方法与技巧。

Example 实例 **142** 现代台灯

案例文件	DVD\源文件素材\第 15 章\实例 142.max		
视频教程	DVD\视频\第 15 章\实例 142. avi		
视频长度	6 分钟 46 秒	制作难度	★★
技术点睛	椭圆 的绘制及【倒角剖面】、【弯曲】、【编辑多边形】修改命令的使用		
思路分析	本实例通过台灯的制作来学习如何使用【倒角剖面】修改命令生成三维物体，再由【弯曲】修改命令配合【编辑多边形】制作造型细部		

本实例的最终效果如下图所示。

操 作 步 骤

步骤 1 启动 3ds Max 2012 中文版，将单位设置为毫米。

步骤 2 在顶视图中创建一个 150×220 的椭圆，在左视图中创建一个 125×3，角半径为 1.5 的矩形，如图 15-39 所示。

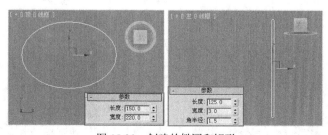

图 15-39　创建的椭圆和矩形

步骤 3 选择创建的椭圆，在修改器列表中选择【倒角剖面】修改命令，拾取矩形为剖面，得到的效果如图 15-40 所示。

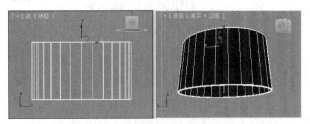

图 15-40　执行【倒角剖面】后的效果

步骤 4 再为其添加【弯曲】修改命令，修改弯曲角度和弯曲轴，得到台灯的灯罩，具体设置如图 15-41 所示。

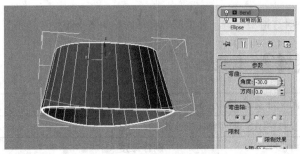

图 15-41　执行【弯曲】修改命令

步骤 5 在顶视图中创建一个 30×40×20 的长方体，修改其长、宽、高的段数为 3，如图 15-42 所示。

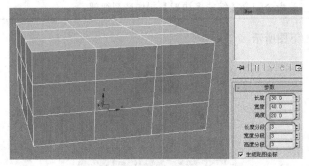

图 15-42　创建的长方体

步骤 6 确认创建的长方体处于选中状态，在修改器列表中选择【可编辑多边形】修改命令。按下键盘中的 1 键，进入 （顶点）子对象层级，使用缩放工具依次调整顶点的位置，调整后的形态如图 15-43 所示。

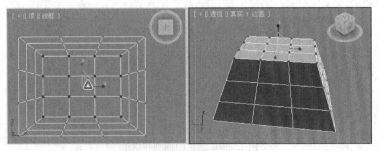

图 15-43　修改长方体顶点位置

▶ 技巧

在 ⋮ （顶点）子对象层级，使用【缩放】工具依次调整顶点的位置，可以使选中的顶点同时向中心集聚，出现梯形的形态。

步骤 7 激活左视图，选择顶部左边的两排顶点，单击【焊接】右侧的小按钮，如图 15-44 所示。

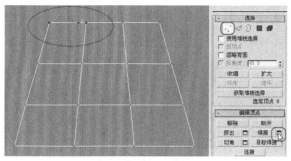

图 15-44 选择顶部的顶点

步骤 8 在弹出的"焊接顶点"对话框中输入焊接阈值为"7"，单击 确定 按钮，完成顶点的焊接，效果如图 15-45 所示，按照相同的方法将右边的顶点进行焊接。

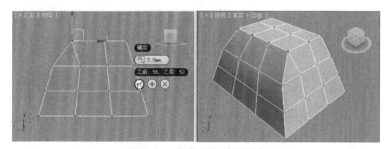

图 15-45 焊接长方体的顶点

▶ 技巧

"焊接阈值"是根据点与点之间的距离来决定的。如果两点间的距离为 10，那么在输入阈值时可稍微调大一些，方便焊接操作。

步骤 9 按下键盘中的 4 键，进入 ■（多边形）子对象层级，将顶部的两边面执行【倒角】修改命令，具体数值如图 15-46 所示。

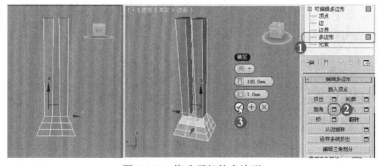

图 15-46 修改顶部的多边形

步骤 ⑩ 再次单击 应用 按钮，按照原数值执行一次【倒角】修改命令，单击 确定 按钮完成倒角，确认两个多边形处于选中状态，通过【挤出】修改命令将其再进行修改，设置挤出【数量】为 10。按下 1 键，进入顶点子对象层级，在前视图中调整顶点的形态，效果如图 15-47 所示。

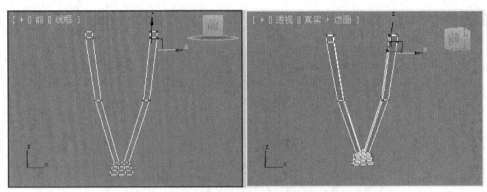

图 15-47 修改顶点的位置

步骤 ⑪ 同样再执行 3 次【倒角】修改命令，将底部的 4 个多边形制作出来，具体的数值如图 15-48 所示，然后再用移动工具调整顶点的位置，完成台灯支架的修改。

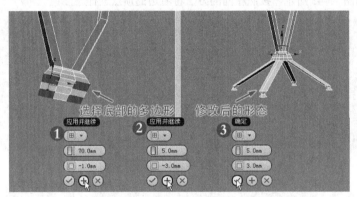

图 15-48 修改长方体底部的形态

步骤 ⑫ 台灯支架调整完成后，在修改器列表中选择【网格平滑】修改命令，修改其"细分量"参数，具体数值如图 15-49 所示。

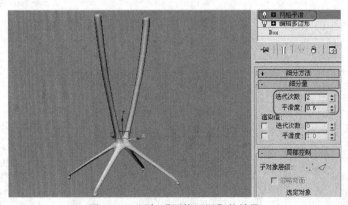

图 15-49 添加【网格平滑】的效果

▶ 技巧

　　【细分量】下的"平滑度"用于控制对象表面的平滑程度，如果"平滑度"为 0，则"迭代次数"的设置无效。

步骤 ⑬ 调整台灯支架与灯罩的位置，得到如图 15-50 所示的效果。

图 15-50　调整位置后台灯的效果

步骤 ⑭ 保存文件，命名为"实例 142.max"。

实例总结

　　本实例通过台灯的制作，学习了如何使用【倒角剖面】修改命令生成台灯的灯罩，通过【弯曲】修改命令进行修改，配合【可编辑多边形】和【网格平滑】修改命令制作出台灯的细部。

Example 实例 **143** 方筒灯

案例文件	DVD\源文件素材\第 15 章\实例 143.max		
视频教程	DVD\视频\第 15 章\实例 143. avi		
视频长度	3 分钟 11 秒	制作难度	★ ★
技术点睛	矩形 的绘制及【倒角】修改命令的使用		
思路分析	本实例通过方筒灯的制作来学习【倒角】修改命令的使用		

　　本实例的最终效果如下图所示。

操作步骤

步骤 ❶ 启动 3ds Max 2012 中文版，将单位设置为毫米。

步骤 **2** 在顶视图中创建一个 110×240 的矩形，添加【编辑样条线】修改命令，进入 (样条线) 子对象层级，为其添加 12 的轮廓，如图 15-51 所示。

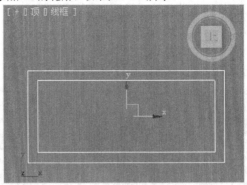

图 15-51　绘制并修改得到的矩形

步骤 **3** 在修改器列表中选择【倒角】修改命令，设置参数如图 15-52 所示，得到方筒灯的外轮廓。

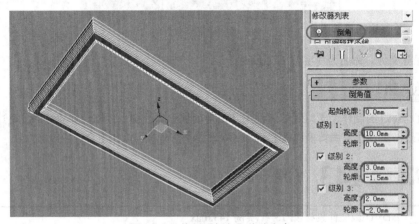

图 15-52　执行【倒角】修改命令

步骤 **4** 为制作的筒灯轮廓施加【可编辑多边形】修改命令，按下 4 键，进入 (多边形) 子对象层级，将顶部的面删除。按下 3 键，进入 (边界) 子对象层级，选择内部的边界，将其封口，作为筒灯的底板，如图 15-53 所示。

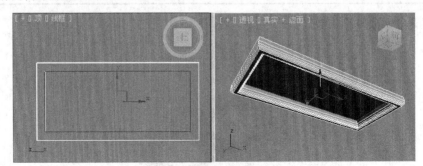

图 15-53　制作筒灯的底板

步骤 **5** 在顶视图中创建一个半径为 35 的圆，按照同样的方法制作出内部的圆筒灯并复制一个，如图 15-54 所示。

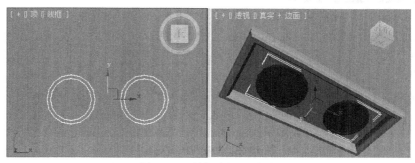

图 15-54　制作的内部圆筒灯

▶ 技巧

在建模过程中尽量使用单面建模，而且内部的圆筒灯与底板之间要预留一点间隙，避免在渲染过程中出现黑斑。

步骤 6 保存文件，命名为"实例 143.max"。

实 例 总 结

本实例通过方筒灯的制作来熟练应用【倒角】修改命令。

Example **实例 144** 镜前灯

案例文件	DVD\源文件素材\第 15 章\实例 144.max		
视频教程	DVD\视频\第 15 章\实例 144. avi		
视频长度	5 分钟	制作难度	★★
技术点睛	【编辑样条线】命令		
思路分析	本实例通过镜前灯的制作来学习【编辑样条线】命令的使用		

本实例的最终效果如下图所示。

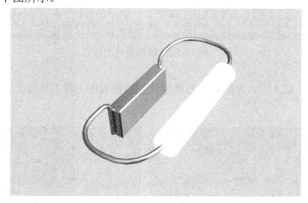

操 作 步 骤

步骤 1 启动 3ds Max 2012 中文版，将单位设置为毫米。

步骤 2 单击 ✲（创建）/◯（几何体）/ 扩展基本体 ∨ / 切角长方体 按钮，在顶视图中单击并拖动鼠标创建一个【切角长方体】作为"镜前灯底座"，如图 15-55 所示。

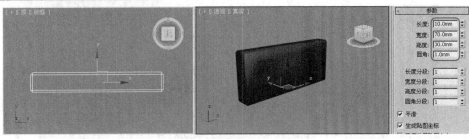

图 15-55　创建切角长方体

步骤 **3** 单击 ⚒ （创建）/ ⟳ （线形）/ 矩形 按钮，在顶视图中绘制一个圆角矩形，作为"镜前灯灯架"，设置一下【渲染】卷展栏下的参数，如图 15-56 所示。

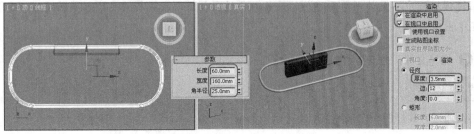

图 15-56　创建切角长方体

步骤 **4** 确认矩形处于被选中状态，在 修改器列表 ▾ 中执行【编辑样条线】修改命令，按下 1 键，进入 ⣿ （顶点）子对象层级，在矩形上加 4 个顶点，并将这 4 个顶点类型改为【角点】，位置如图 15- 57 所示。

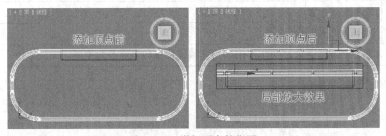

图 15-57　增加顶点的位置

步骤 **5** 按下 2 键，进入 ⟋ （分段）子对象层级，在前视图中将中间的线段选择并删除掉，如图 15-58 所示。

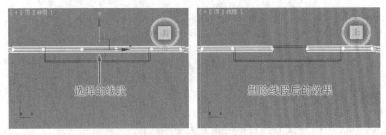

图 15-58　删除中间线段

步骤 **6** 按下 1 键，进入 ⣿ （顶点）子对象层级，在前视图中调整中间两个顶点的位置，如图 15-59 所示。

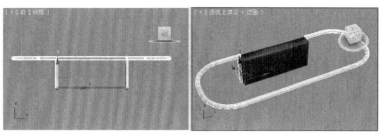

图 15-59　调整中间顶点的位置

步骤 7 在左视图中创建一个【切角圆柱体】作为"镜前灯灯管"造型，如图 15-60 所示。

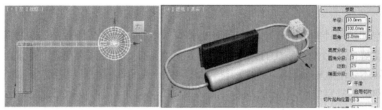

图 15-60　灯管造型的位置

步骤 8 保存文件，命名为"实例 144.max"。

实 例 总 结

本实例通过镜前灯的制作，学习了如何使用【编辑样条线】修改命令配合移动工具生成台灯的灯架。

第16章 室内家具模型的制作

本章内容

- ➤ 现代茶几
- ➤ 休闲凳
- ➤ 洗手盆
- ➤ 现代组合沙发
- ➤ 中式电视柜
- ➤ 会议桌
- ➤ 现代双人床
- ➤ 屏风
- ➤ 会议椅
- ➤ 中式餐椅
- ➤ 书架

在一个室内空间的设计布置过程中，家具是必不可少的物品。我们不仅要求它实用性强，还希望它造型美观，具有良好的装饰性。家具的设计以舒适为前提条件，然后还要考虑当前的流行格调及个人的爱好与品味。另外还要注意整体家具间的协调搭配，风格一致的不同家具组合将会体现出独特的韵律感，营造出一个温馨和谐的居室空间。

本章我们将学习不同的家具的制作方法，希望大家在学习时遵循"先模仿后创新"的原则，制作具有风格特色且实用的作品。

Example 实例 **145** 现代茶几

案例文件	DVD\源文件素材\第 16 章\实例 145.max		
视频教程	DVD\视频\第 16 章\实例 145. avi		
视频长度	4 分钟 15 秒	**制作难度**	★★
技术点睛	绘制【矩形】，使用【编辑样条线】修改造型，然后用【挤出】修改命令生成对象		
思路分析	本实例通过制作一个客厅的茶几造型来熟练掌握【编辑样条线】和【挤出】修改命令的使用		

本实例的最终效果如下图所示。

操 作 步 骤

步骤 ① 启动 3ds Max 2012 中文版，将单位设置为毫米。

步骤 ② 单击 （创建）/ （图形）/ 矩形 按钮，在前视图中绘制 260×1000 的矩形，如图 16-1 所示。

步骤 ③ 确认矩形选择处于被选择状态，在 修改器列表 中执行【编辑样条线】修改命令，按下 3 键，进入 （样条线）子对象层级，在【轮廓】右面的窗口中输入 25，单击 轮廓 按钮，产生一个 25 的轮廓，效果如图 16-2 所示。

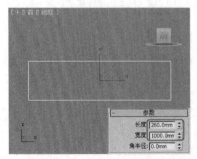

图 16-1 绘制的矩形

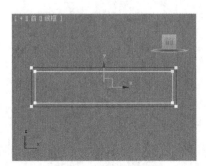

图 16-2 轮廓后的效果

　　绘制完【矩形】以后，可以在【修改器列表】中执行【编辑样条线】修改命令，也可以右击鼠标，将其选择转换为【可编辑样条线】。

步骤 4 在修改器列表中选择【挤出】修改命令，设置修改数量为 700，得到如图 16-3 所示效果。

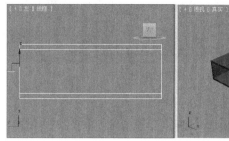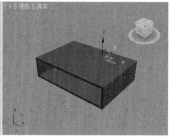

图 16-3　挤出后的效果

步骤 5 在前视图中绘制如图 16-4 所示的线形。

步骤 6 为绘制的线形执行一个轮廓，设置数量为 25；在修改器列表中选择【挤出】修改命令，修改数量为 500，将其移动到合适的位置，如图 16-5 所示。

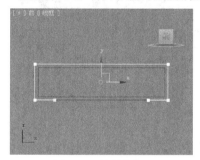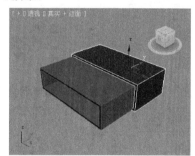

图 16-4　绘制的线形　　　　　　　　　　　图 16-5　挤出后的效果

　　我们在为线形执行轮廓时输入数量的正负值取决于绘制线形的起点。如上面实例中绘制的线形，如果起点到终点的方向为顺时针，则数量为 25；如果起点到终点的方向为逆时针，数量为-25。

步骤 7 在左视图中绘制一个线形（尺寸约 35×35），形态如图 16-6 所示。

步骤 8 为绘制的线形执行【挤出】修改命令，修改数量值为 2，并将其移动到合适的位置，再复制一个当前线形作为茶几的轮子固定件，如图 16-7 所示。

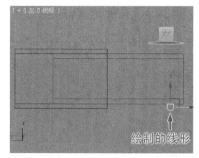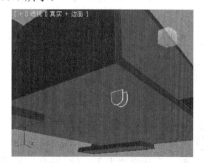

图 16-6　绘制的线形　　　　　　　　　　　图 16-7　复制后的位置

步骤 9 在左视图中创建一个切角圆柱体（作为茶几的轮子），位置及参数如图 16-8 所示。

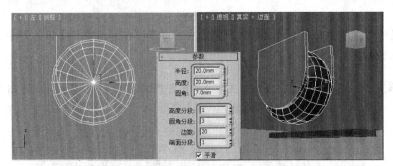

图 16-8　创建的切角圆柱体

步骤 10 复制一组制作好的轮子，位置如图 16-9 所示。

步骤 11 最后为了让茶几美观一些，可以在上面制作一点装饰，最终效果如图 16-10 所示。

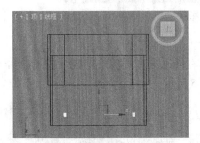

图 16-9　复制后的位置

图 16-10　制作的装饰

步骤 12 保存文件，命名为"实例 145.max"。

实 例 总 结

本实例通过制作方现代茶几造型练习了【编辑样条线】和【挤出】修改命令的使用，同时还希望大家在学习茶几制作的过程中能够掌握茶几的实际尺寸并留意现实生活中各种家具的不同尺寸，这样便于在设计过程中合理布置家具。

Example 实例 **146** 现代组合沙发

案例文件	DVD\源文件素材\第 16 章\实例 146.max		
视频教程	视频\第 16 章\实例 146. avi		
视频长度	5 分钟 07 秒	**制作难度**	★ ★
技术点睛	【FFD（长方体）】、【放样】、【可编辑多边形】修改命令的使用		
思路分析	本实例通过 L 型组合沙发的制作来学习【FFD（长方体）】、【倒角轮廓】、【放样】和【可编辑多边形】修改命令的使用		

本实例的最终效果如下图所示。

操 作 步 骤

步骤 1 启动 3ds Max 2012 中文版，将单位设置为毫米。

步骤 2 在顶视图中创建一个 810×810×300×30 的切角长方体，并修改其长度段数为 8，宽度段数为 8，圆角段数为 3，如图 16-11

所示。

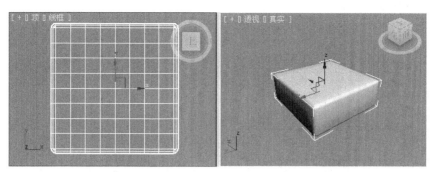

图 16-11 创建的切角长方体

步骤 3 在修改器列表中选择【FFD（长方体）】修改命令，单击参数类下的 设置点数 按钮，修改高度
点数为 2，如图 16-12 所示。

▶ 技巧

进入【FFD（长方体）】修改命令的控制点、晶格和设置体积子对象层级时也可以通过按下
键盘中的 1、2、3 键进入相关层级。

步骤 4 按下 1 键，进入【FFD（长方体）】修改命令的控制点层级，通过调整控制点的位置来得到凸
起的沙发座垫，修改后的切角长方体如图 16-13 所示。

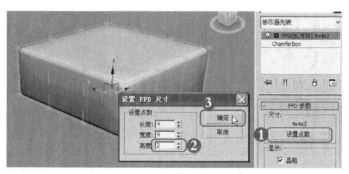

图 16-12 添加【FFD（长方体）】修改命令

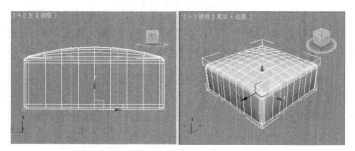

图 16-13 修改后的切角长方体

▶ 技巧

我们所制作的模型只是顶部凸起，因此在选择控制点时一定要将底部的控制点减选掉，只修
改长方体顶部的控制点。

步骤 5 使用前面学习的【放样】修改命令制作出沙发腿造型，并在合适的位置复制一个，得到如图 16-14 所示效果。

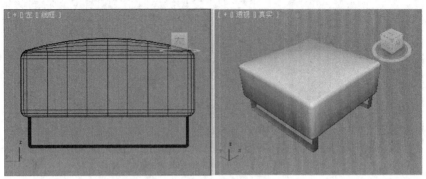

图 16-14　制作的沙发腿

步骤 6 使用同样的方法制作出其余的沙发、扶手及靠背，效果如图 16-15 所示。

> ▶ **技巧**
>
> 在设置【FFD（长方体）】修改命令的控制点的点数时数量不必太多，够用即可，若设置太多，会增加控制时的难度，反而弄巧成拙。

对于多个沙发下部的沙发腿，如果用【倒角轮廓】修改命令是制作不出来的，下面我们用【放样】修改命令来制作复杂的沙发腿造型。

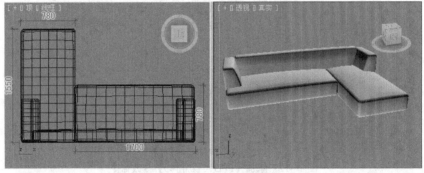

图 16-15　沙发的形态

步骤 7 在顶视图中绘制一个 40×15 的矩形，然后对其设置圆角，作为放样的图形截面。再绘制一条 L 型线形，作为放样的路径，形态如图 16-16 所示。

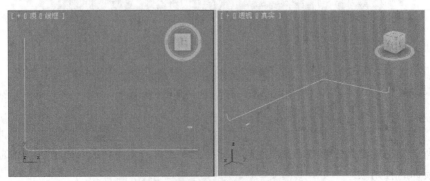

图 16-16　【放样】的路径和图形截面

步骤 8 确认放样的路径处于选中状态，选择【复合对象】下的【放样】命令，单击 获取图形 按钮，在视图中拾取绘制的矩形，得到如图 16-17 所示的造型。

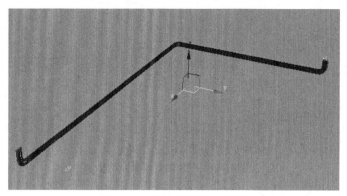

图 16-17　执行【放样】后效果

这时，我们可以发现放样后的矩形方向是错误的，需要将放样图形截面进行旋转修改。

步骤 9 确认制作的放样对象处于选中状态，按下 1 键，进入【图形】子层级，单击【图形】命令下的 比较 按钮，弹出【比较】对话框，单击 （拾取图形）按钮，在视图中单击放样对象的图形截面，得到如图 16-18 所示的对话框。

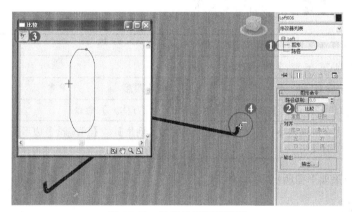

图 16-18　选择放样图形截面

步骤 10 在顶视图中框选放样图形，使用旋转工具将图形截面旋转 90°，如图 16-19 所示。

步骤 11 将制作完成的沙发腿调整至合适位置，然后再复制一条，添加【可编辑多边形】修改命令，通过移动顶点的位置来修改沙发腿的大小，如图 16-20 所示。

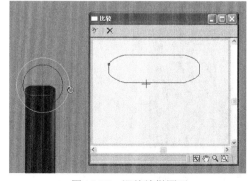

图 16-19　调整放样图形

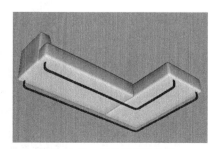

图 16-20　修改后的沙发腿

步骤 ⑫ 最后在上面制作几个靠垫，完成"L型组合沙发"的制作，效果如图 16-21 所示。

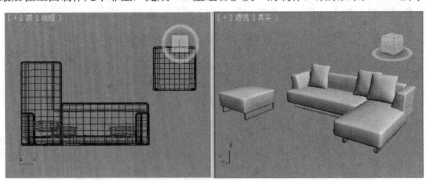

图 16-21　制作的 L 型组合沙发

步骤 ⑬ 保存文件，命名为"实例 146.max"。

实 例 总 结

　　本实例通过制作 L 型组合沙发造型来熟练操作【FFD（长方体）】、【倒角轮廓】、【放样】和【可编辑多边形】修改命令的综合应用。

Example 实例 **147** 现代双人床

案例文件	DVD\源文件素材\第 16 章\实例 147.max		
视频教程	视频\第 16 章\实例 147. avi		
视频长度	5 分钟 07 秒	**制作难度**	★★
技术点睛	【倒角】、【可编辑多边形】和【FFD（长方体）】命令		
思路分析	本实例通过现代双人床的制作来学习【倒角】、【可编辑多边形】和【FFD（长方体）】命令的使用		

　　本实例的最终效果如下图所示。

操 作 步 骤

步骤 ① 首先启动 3ds Max 2012 中文版，将单位设置为毫米。

步骤 ② 在顶视图绘制一条如图 16-22 所示的线形，作为双人床底座的轮廓。

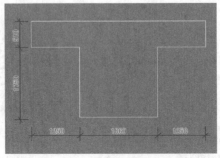

图 16-22　绘制的双人床底座轮廓

▶ 技巧

　　在绘制上图的线形时，一种方法我们可以先绘制 510×4360 和 1750×1860 的两个矩形，在对齐后，用线结合捕捉进行绘制；另一种方法，我们可以将两个矩形相交一部分，然后在【编辑样条线】命令中进行【布尔】得到该线形。

步骤 ③ 在修改器列表中选择【倒角】命令，设置其参数，具体如图 16-23 所示。

步骤 ④ 激活顶视图，创建一个 2000×1800×260×30 的切角长方体，设置其长度和圆角分段为 3，作为床垫，调整其位置如图 16-24 所示。

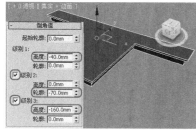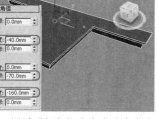

图 16-23　通过【倒角】命令生成床底座　　　　图 16-24　创建的切角长方体

步骤 ⑤ 在顶视图中创建一个 200×2300×700×30 的切角长方体，修改其高度分段为 10，圆角分段为 3，作为床头，调整位置如图 16-25 所示。

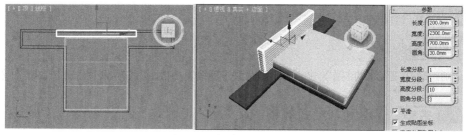

图 16-25　创建的切角长方体

步骤 ⑥ 为其添加【FFD（长方体）】命令，单击 设置点数 按钮，修改控制点为 2×2×6；进入控制点层级，依次调整床头的形态，效果如图 16-26 所示。

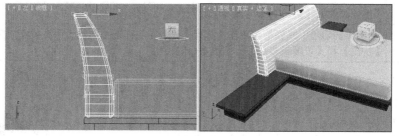

图 16-26　调整床头的形态

▶ 技巧

　　执行【FFD（长方体）】命令的时候，在没有变化的地方，可以只设置 2 个控制点，造型变化复杂的位置，可适当增加控制点的数量。

步骤 7 在顶视图中创建一个半径为 30，高度为 120 的圆柱体，然后沿床底座的形态进行复制，得到如图 16-27 所示效果。

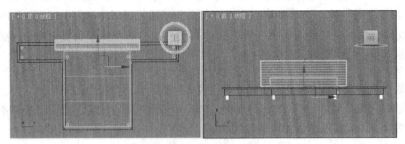

图 16-27　创建的圆柱体

步骤 8 将我们在前面制作的枕头合并到场景中，调整位置，效果如图 16-28 所示。

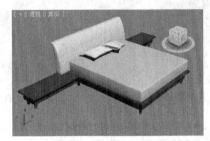

图 16-28　现代双人床的效果

步骤 9 将文件进行保存，命名为"实例 147.max"。

实 例 总 结

本实例通过现代双人床的制作，来学习【倒角】、【可编辑多边形】和【FFD（长方体）】命令的使用。

Example 实例 **148** 中式餐椅

案例文件	DVD\源文件素材\第 16 章\实例 148.max		
视频教程	视频\第 16 章\实例 148. avi		
视频长度	14 分钟 55 秒	制作难度	★★
技术点睛	【倒角剖面】、【挤出】、【可辑多边形】修改命令的使用		
思路分析	本实例通过中式餐椅的制作来掌握【线】在制作造型中的运用，重点掌握【倒角剖面】、【挤出】和【可编辑多边形】修改命令的使用		

本实例的最终效果如右图所示。

操 作 步 骤

步骤 1 启动 3ds Max 2012 中文版，将单位设置为毫米。

步骤 2 单击 ✳（创建）/◯（几何体）/ 扩展基本体 ∨/ 切角长方体 按钮，在顶视图中单击并拖动鼠标创建一个切角长方体（作为"椅子座"），如图 16-29 所示。

步骤 3 单击 ✳（创建）/◻（图形）/ 矩形 按钮，在顶视图中创建一个长度为 500，宽度为 550，角半径为 30 的矩形（作为"路径"），使用线命令在前视图中绘制一条弧线（作为"剖面线"），形态如图 16-30 所示。

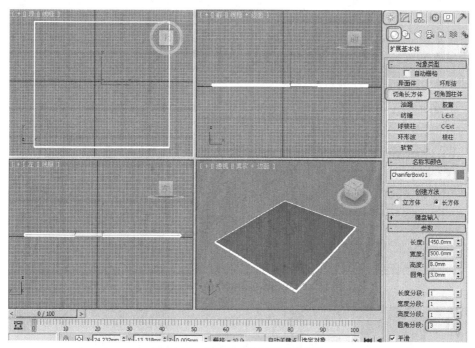

图 16-29　切角长方体的形态及参数

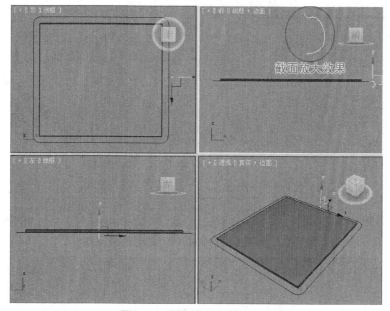

图 16-30　绘制的截面与轮廓线

步骤 4 确认矩形处于被选择状态，在修改器列表中执行【倒角剖面】修改命令，单击 `拾取剖面` 按钮，在前视图中单击"剖面线"，生成椅子的底座，如图 16-31 所示。

步骤 5 在前视图中使用【线】命令绘制出椅子的档板，然后执行【挤出】修改命令，设置【数量】为 10，如图 16-32 所示。

步骤 6 使用复制的方式生成其对面的档板，再使用旋转复制的方式来制作另一侧的档板，最终效果如图 16-33 所示。

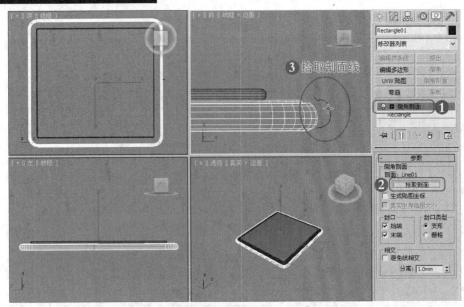

图 16-31 用倒角剖面制作的"椅子底座"

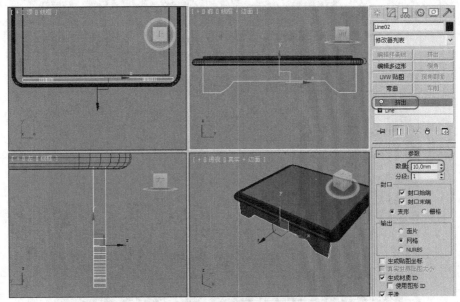

图 16-32 使用【线】绘制出椅子的档板挤出生成

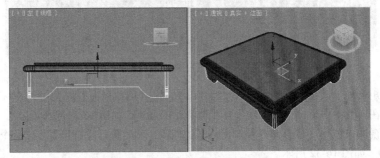

图 16-33 制作出椅子的所有档板

步骤 (7) 在顶视图中创建一个圆柱体（作为"椅子腿"），参数及位置如图 16-34 所示。

步骤 (8) 在前视图中使用移动复制的方式生成另一侧的椅子腿。

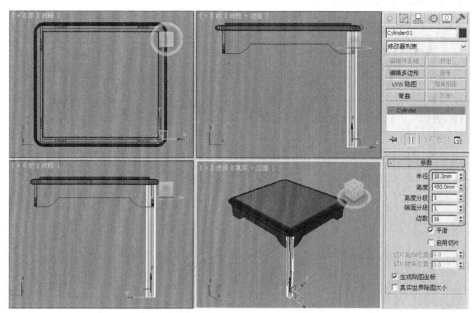

图 16-34　使用圆柱体制作出椅子腿造型

步骤 ⑨ 使用【线】在左视图中绘制出椅子的后腿的形态，进入【修改】面板。调整【厚度】为 35，勾选【在渲染中启用】和【在视口中启用】选项，如图 16-35 所示。

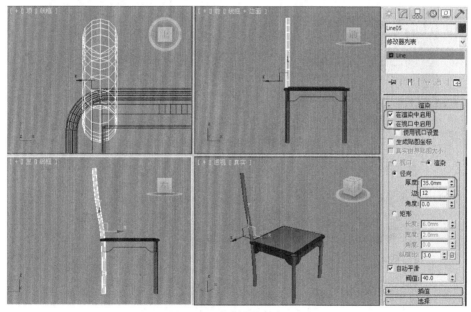

图 16-35　绘制出椅子的后腿

步骤 ⑩ 在前视图中使用移动复制的方式生成另一侧的椅子后腿造型。

步骤 ⑪ 复制一条放在中间，然后修改一下形态，作为椅子的靠背。按下 3 键，激活 ﾍ（样条线）子层级，为其施加一个轮廓，然后执行【挤出】修改命令，设置【数量】为 150，如图 16-36 所示。

步骤 ⑫ 在左视图中创建一个圆柱体（作为"椅子上面的靠背"），参数及位置如图 16-37 所示。

步骤 ⑬ 将圆柱体转换为【可编辑多边形】修改命令，进入 ⃛（顶点）子对象层级，在前视图中调整顶点的形态，使用工具栏中的【移动及旋转】修改命令来调整，最终的效果形态如图 16-38 所示。

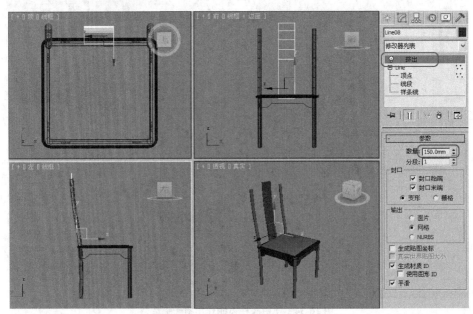

图 16-36　制作椅子中间的后背造型

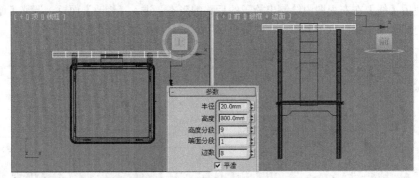

图 16-37　创建的柱体及参数

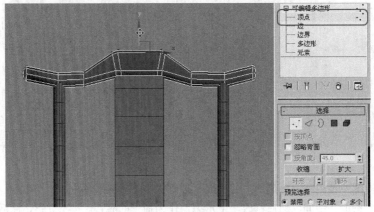

图 16-38　调整顶点后的形态

步骤 ⑭ 使用【线】命令在顶视图中绘制出椅子扶手的形态，进入【修改】面板，调整【厚度】值为 28，勾选【在渲染中启用】和【在视口中启用】选项，如图 16-39 所示。

步骤 ⑮ 使用【线】命令在前视图中绘制出椅子扶手立柱的形态，进入【修改】面板，设置【厚度】值为 20，勾选【在渲染中启用】和【在视口中启用】选项，如图 16-40 所示。

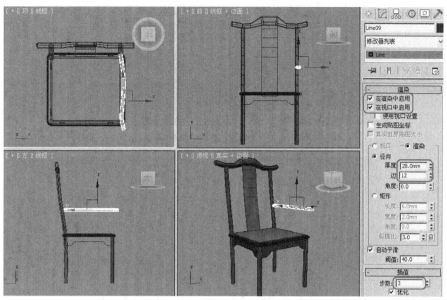

图 16-39　使用【线】命令来制作的"扶手"

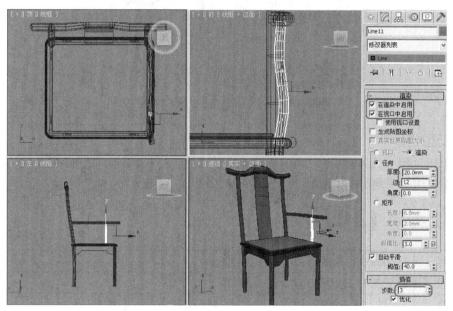

图 16-40　使用【线】命令来制作"立式扶手"

步骤 ⑯ 在顶视图中再移动复制一条，作为扶手的第 2 根立柱。

步骤 ⑰ 在前视图中选择整个的扶手造型，使用工具栏中的【镜像】命令来生成另一侧的扶手，如图 16-41 所示。

步骤 ⑱ 最后我们可以创建长方体来生成椅子腿的支架造型，效果如图 16-42 所示。

▶ 技巧

　　由此可见，我们在制作很多造型时用到的命令并不是很多，关键是要了解它的结构及相应的尺寸，只要掌握了这些才能制作出美观的造型。

步骤 ⑲ 保存文件，命名为"实例 148.max"。

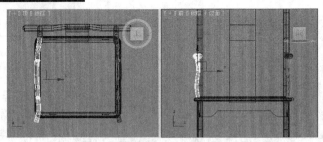

图 16-41　镜像生成另一侧的扶手

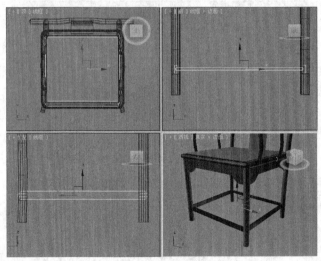

图 16-42　使用长方体制作的椅子腿"支架"造型

实 例 总 结

本实例通过制作中式餐椅造型来学习【倒角剖面】、【挤出】、【可编辑多边形】修改命令的使用，最后使用前面学过的一些辅助命令来制作一个完整的中式餐椅。

Example 实例 **149** 休闲凳

案例文件	DVD\源文件素材\第 16 章\实例 149.max		
视频教程	视频\第 16 章\实例 149. avi		
视频长度	5 分钟 17 秒	**制作难度**	★★
技术点睛	【车削】、【可编辑多边形】、【网格平滑】、【FFD（长方体）】修改命令的使用		
思路分析	本实例通过休闲凳的制作来学习【车削】、【可编辑多边形】、【网格平滑】和【FFD（长方体）】修改命令的结合使用		

本实例的最终效果如右图所示。

操 作 步 骤

步骤 ❶ 启动 3ds Max 2012 中文版，将单位设置为毫米。

步骤 ❷ 在前视图中绘制如图 16-43 所示线形，并为其修改轮廓为 5。

步骤 ❸ 在修改器列表中选择【车削】修改命令，单击【对齐】下的 最大 按钮，再添加【可编辑多边形】修改命令，进入 ∴（顶点）子对象层级，调整凳子座面的形状，如图 16-44 所示。

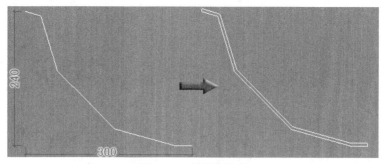

图 16-43　绘制的线形

图 16-44　调整凳子座面的形状

▶ 技巧

　　通过【可编辑多边形】命令调整椅子座时我们可以按照由下到上的顺序，先调整底部的顶点，然后再调整上面的顶点，直至得到满意的造型。

步骤 4　在修改器列表中选择【网格平滑】修改命令，得到如图 16-45 所示的效果。

图 16-45　为凳子座进行平滑处理

▶ 技巧

　　我们使用【车削】修改命令制作凳子座，底部的中心点处在执行【网格平滑】修改命令时会出现错误的显示，我们可以将围绕中心点的多边形删除，然后进入 （边界）子对象层级通过【封口】命令进行修改，避免积聚的中心点出现。

步骤 5　再为制作的凳子座面添加【FFD（长方体）】修改命令，通过调整控制点的位置进行精细修改凳子座面的形状，修改后的效果如图 16-46 所示。

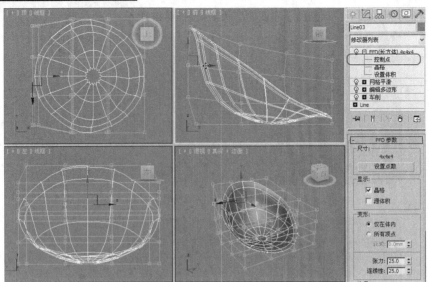

图 16-46　精细调整凳子座面的形状

步骤 ⑥ 激活前视图，绘制出凳子腿的剖面线，执行【车削】修改命令，我们也可以通过【可编辑多边形】修改命令对椅子腿进行形状上的调整，其形状如图 16-47 所示。

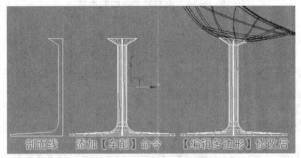

图 16-47　制作的凳子腿

步骤 ⑦ 保存文件，命名为"实例 149.max"。

实 例 总 结

本实例通过休闲凳的制作来熟练掌握【车削】、【可编辑多边形】、【网格平滑】和【FFD（长方体）】修改命令的使用，通过多个命令的相互补足，制作出精巧、真实的休闲凳造型。

Example 实例 **150** 中式电视柜

案例文件	DVD\源文件素材\第 16 章\实例 150.max		
视频教程	视频\第 16 章\实例 150. avi		
视频长度	9 分钟 16 秒	**制作难度**	★★
技术点睛	【矩形】、【线】的绘制，【挤出】、【倒角】、【车削】修改命令的使用		
思路分析	本实例通过中式电视柜的制作来熟练操作【倒角】、【挤出】、【车削】修改命令的使用		

本实例的最终效果如右图所示。

操 作 步 骤

步骤 ① 启动 3ds Max 2012 中文版，将单位设置为毫米。

步骤 ② 在顶视图中创建 1800×500 的矩形，执行【倒角】修改命令，作为电视柜的台面，具体参数如图 16-48 所示。

步骤 ③ 在左视图中使用线绘制如图 16-49 所示的图形，控制其长度为 140，宽度为 120。

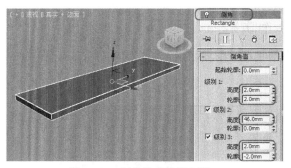

图 16-48 制作的电视柜台面

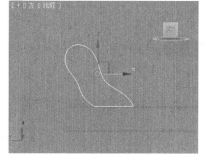

图 16-49 绘制的线形

步骤 ④ 确认绘制的线形处于选中状态，为其添加【倒角】修改命令，然后在左视图沿 x 轴镜像一个，具体位置及参数如图 16-50 所示。

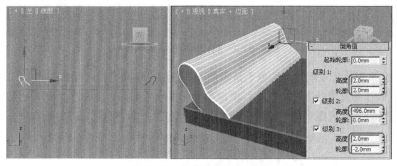

图 16-50 执行【倒角】命令

步骤 ⑤ 在左视图中绘制长度为 260，宽度为 1700 的矩形，为其施加【挤出】修改命令，修改【数量】值为 450，作为电视柜的柜体，在前视图中调整其位置如图 16-51 所示。

步骤 ⑥ 在左视图中绘制长度为 220，宽度为 385 的矩形，为其添加【倒角】修改命令，作为电视柜的抽屉门，具体数值如图 16-52 所示。

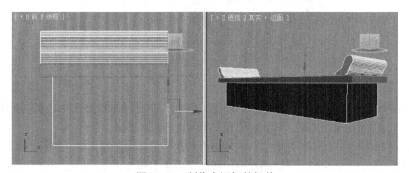

图 16-51 制作电视柜的柜体

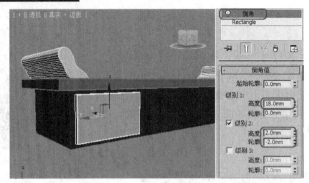

图 16-52　制作电视柜的抽屉门

步骤 7 在顶视图中使用线绘制抽屉的装饰铜件的截面线,然后为其添加【车削】修改命令,如图 16-53 所示。

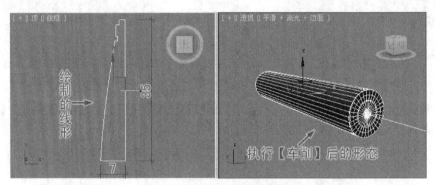

图 16-53　制作抽屉的装饰铜件

现在,我们会发现执行车削后的造型不是我们所需要的,还要对其进行修改。

步骤 8 确认制作的造型处于选中状态,单击参数面板中【方向】下的 x 按钮,再将【车削】前面的 ■点开,在透视图中沿 y 轴调整轴向得到正确的造型,如图 16-54 所示。

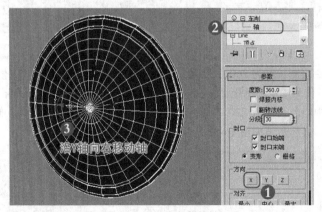

图 16-54　调整车削的轴

步骤 9 单击 ※ (创建)/○ (几何体)/ 管状体 按钮,在左视图和前视图中分别创建不同大小的管状体,作为抽屉的拉手,具体位置及参数如图 16-55 所示。

步骤 10 在左视图中选择制作的抽屉门、装饰铜件和拉手沿 x 轴复制 3 组,效果如图 16-56 所示。

步骤 11 参照上面的柜体绘制电视柜的底座,添加【倒角】修改命令,如图 16-57 所示。

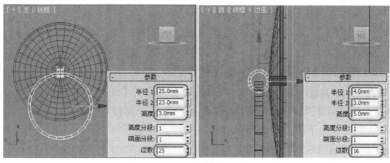

图 16-55　制作的抽屉拉手

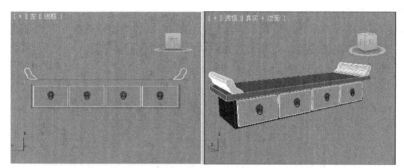

图 16-56　复制后的形态

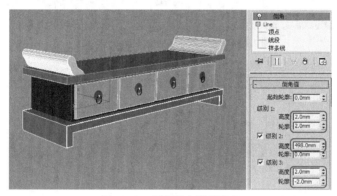

图 16-57　制作的电视柜底座

步骤 ⑫ 保存文件，命名为"实例 150.max"。

实 例 总 结

本实例通过中式电视柜的制作来熟练掌握【倒角】、【挤出】、【车削】修改命令的使用。

Example 实例 151 屏风

案例文件	DVD\源文件素材\第 16 章\实例 151.max		
视频教程	视频\第 16 章\实例 151. avi		
视频长度	2 分钟 50 秒	制作难度	★★
技术点睛	将 CAD 图纸【导入】到场景中，使用【挤出】修改命令生成三维物体		
思路分析	本实例通过中式屏风的制作来熟练掌握【导入】CAD 图纸的操作过程，熟悉【挤出】修改命令的使用		

本实例的最终效果如右图所示。

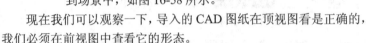

步骤 ① 启动 3ds Max 2012 中文版，将单位设置为毫米。

步骤 ② 单击菜单栏中的 ⑥ 按钮下的【导入】命令，在弹出的【选择要导入的文件】对话框中选择随书光盘"源文件素材/第 16 章"文件夹下的"中式屏风.dwg"文件，将其导入到场景中，如图 16-58 所示。

现在我们可以观察一下，导入的 CAD 图纸在顶视图看是正确的，我们必须在前视图中查看它的形态。

步骤 ③ 在顶视图中选择全部图纸，单击工具栏中的 ⟳（旋转）按钮，将光标放在该按钮上，单击鼠标右键，在弹出的【旋转变换输入】对话框中的【X】轴中输入 90，敲击键盘中的 Enter 键，如图 16-59 所示。

图 16-58　导入到 3ds Max 中的 CAD 文件

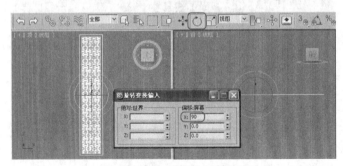

图 16-59　对"图纸"旋转 90°

此时图纸已旋转了 90°，就是我们所需要的形态，然后关闭该对话框。下面对它们施加相关的编辑命令将 CAD 图纸变成三维对象。

步骤 ④ 选择中间的花饰，执行【挤出】修改命令，设置【数量】为 25，外框执行【倒角】修改命令，设置一下【倒角】参数，调整其位置如图 16-60 所示。

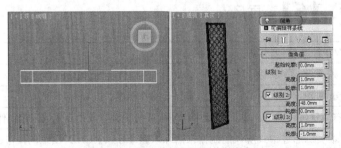

图 16-60　使用【倒角】制作的外框

步骤 5 将制作完成的模型成组，使用【旋转】工具旋转一下角度，再通过【镜像】工具复制 5 个，效果如图 16-61 所示。

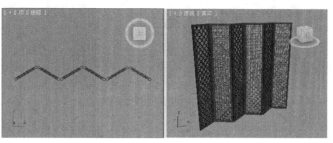

图 16-61　制作的屏风

▶ **技巧**

有很多造型在 3ds Max 中绘制起来是很麻烦的，所以最好在 CAD 中绘制好，将不同的造型分别放在不同的图层里，【导入】到 3ds Max 中直接执行【挤出】修改生成三维造型。

步骤 6 保存文件，命名为"实例 151.max"。

实 例 总 结

本实例通过制作一个中式屏风造型学习了【导入】CAD 图纸直接使用【挤出】及【倒角】命令来生成三维物体的技巧，这样可以大大节约作图时间，提高效率。

Example 实例 **152** 书架

案例文件	DVD\源文件素材\第 16 章\实例 152.max		
视频教程	视频\第 16 章\实例 152. avi		
视频长度	6 分钟 20 秒	制作难度	★★
技术点睛	▢线的绘制及【挤出】修改命令的使用		
思路分析	本实例通过制作中式书架造型来学习使用线绘制截面的方法，通过添加【挤出】修改命令得到书架的组成部分，制作出中式书架造型		

本实例的最终效果如下图所示。

操 作 步 骤

步骤 1 启动 3ds Max 2012 中文版，将单位设置为毫米。

步骤 2 单击 ✛（创建）/ ▢（线形）/ ▢线 按钮，在顶视图中绘制书架外框的截面，为其添加【挤出】修改命令，设置挤出的【数量】为 2560，如图 16-62 所示。

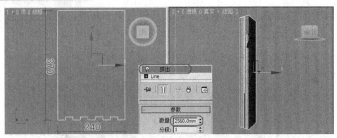

图 16-62　制作的书架外框

▶ 技巧

　　为了得到好的表现质感，我们在绘制截面时可以选择前面所有的直角顶点，为其进行倒角。

步骤 ③ 将制作的外框在顶视图中沿 *x* 轴复制 2 个，距离可以通过提前绘制矩形进行参照，如图 16-63 所示。

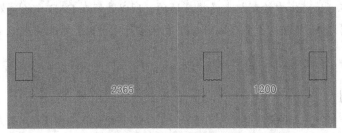

图 16-63　复制的书架的外框

步骤 ④ 在左视图中使用线工具绘制如图 16-64 所示的线形并执行【挤出】修改命令，设置挤出【数量】为 3800，作为书架的搁板，在前视图中沿 *y* 轴复制几个，完成水平搁板的制作。

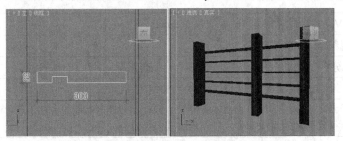

图 16-64　制作的水平搁板

步骤 ⑤ 再复制一个书架搁板到顶部，进入 ⋯ 顶点子层级调整界面的形态，作为书架的帽子，如图 16-65 所示。

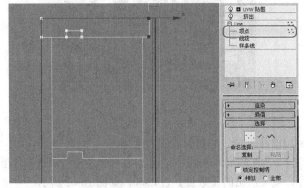

图 16-65　制作的书架的顶部造型

步骤 ⑥ 在前视图中绘制长度为 2350，宽度为 35 的矩形，为其添加【挤出】修改命令，设置挤出【数量】为 300，然后沿 x 轴按照间隔相等的距离进行复制，具体形态如图 16-66 所示。

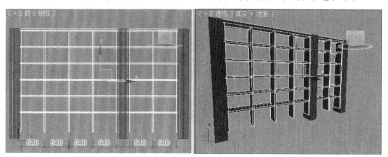

图 16-66　制作的书架的立板

步骤 ⑦ 再绘制两个矩形，执行【挤出】修改命令，制作出书架的背板和底板，调整至合适的位置，如图 16-67 所示。

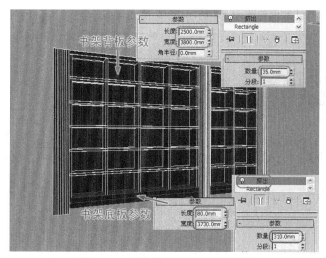

图 16-67　制作的书架的背板和底板

步骤 ⑧ 保存文件，命名为"实例 152.max"。

实 例 总 结

本实例通过制作中式书架造型来学习使用线绘制截面，然后通过【挤出】修改命令来得到最终的造型效果。

Example 实例 **153** 洗手盆

案例文件	DVD\源文件素材\第 16 章\实例 153.max		
视频教程	视频\第 16 章\实例 153. avi		
视频长度	10 分钟 23 秒	**制作难度**	★★
技术点睛	【可编辑多边形】、【编辑样条线】、【车削】、【倒角】修改命令的使用		
思路分析	本实例通过洗手盆的制作来学习【可编辑多边形】、【倒角】、【车削】和【编辑样条线】修改命令的使用		

本实例的最终效果如下图所示。

 操 作 步 骤

步骤 ① 启动 3ds Max 2012 中文版，将单位设置为毫米。

步骤 ② 在顶视图中创建一个 1200×400×18 的长方体，并为其添加【可编辑多边形】修改命令，进入 ■ （多边形）子对象层级，选择底部的多边形，通过单击 倒角 右侧的小按钮，修改得到洗手 盆的台面，具体数值如图 16-68 所示。

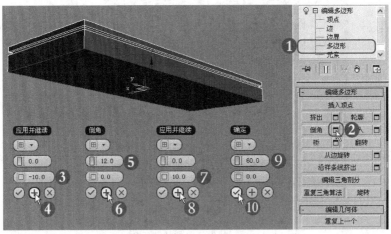

图 16-68　修改创建的长方体

步骤 ③ 继续上面的方法，确认刚才选择的多边形处于选中状态，单击 倒角 右侧的小按钮，修改 轮廓量为−10，单击 ⊕（应用并继续）按钮，修改高度为−50，制作出洗手盆台面的内部，如 图 16-69 所示。

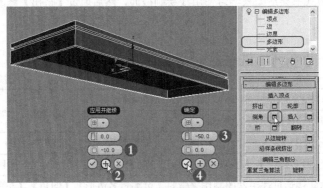

图 16-69　修改得到的台面内部

步骤 ④ 激活顶视图，创建一个半径为 10，高度为 55 的圆柱体，并将其调整至合适位置，如图 16-70 所示。

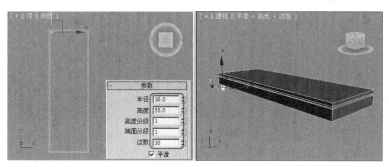

图 16-70　创建的圆柱体

步骤 5 在左视图中创建一个半径为 12，高度为 10 的圆柱体，作为台面的固定件，然后和上面创建的圆柱体一起复制一组，如图 16-71 所示。

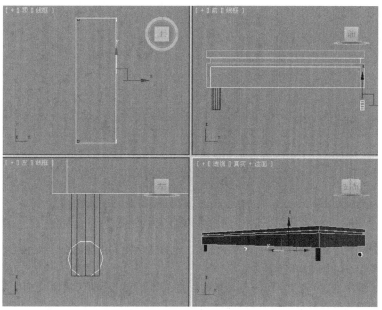

图 16-71　创建并复制的圆柱体

步骤 6 在顶视图中绘制一个 1150×370 的矩形，勾选【可渲染】，设置其厚度为 10。为其添加【编辑样条线】修改命令，按下 2 键，进入 （分段）子对象层级，删除后面的矩形边，如图 16-72 所示。

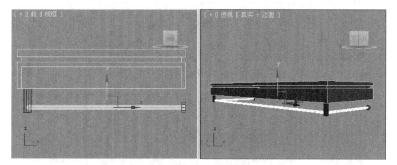

图 16-72　修改后的矩形

步骤 7 在前视图中绘制如图 16-73 所示的线形，执行【车削】修改命令，通过调整车削轴，得到图 16-74 所示的洗手盆造型。

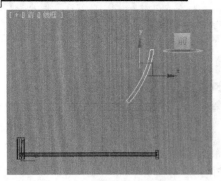
图 16-73　绘制的洗手盆截面

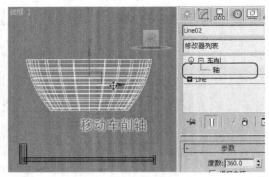
图 16-74　调整【车削】轴

步骤 ⑧ 在前视图中绘制如图 16-75 所示的线形，并执行【车削】修改命令，制作出洗手盆的阀门。

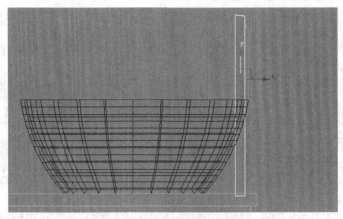
图 16-75　制作洗手盆的阀门

步骤 ⑨ 按照前面的方法绘制阀门开关的轮廓线，执行【倒角】修改命令，使用【旋转】工具调整其位置及形态，如图 16-76 所示。

步骤 ⑩ 在左视图中创建一个半径 1 为 6，半径 2 为 5，高度为 90 的管状体，使用工具栏中的【旋转】工具调整其位置及形态，如图 16-77 所示。

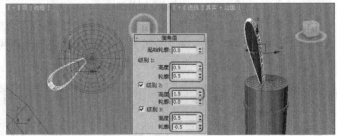
图 16-76　制作的阀门开关

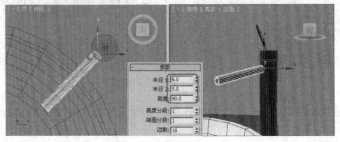
图 16-77　创建的管状体

▶ 技巧

　　建议读者平时在制作一些家具、洁具时最好分门别类地放好，等以后用到的时候直接使用【合并】命令合并到场景就可以了。

步骤 ⑪ 洗手盆造型就制作完成了，保存文件，命名为"实例 153.max"。

实 例 总 结

　　本实例通过洗手盆的制作来熟练操作【可编辑多边形】、【倒角】、【车削】和【编辑样条线】修改命令的使用。

Example 实例 **154** 会议桌

案例文件	DVD\源文件素材\第 16 章\实例 154.max		
视频教程	视频\第 16 章\实例 154. avi		
视频长度	5 分钟 32 秒	制作难度	★★
技术点睛	【编辑样条线】、【倒角】、【挤出】修改命令的使用		
思路分析	本实例主要使用【倒角】、【挤出】修改命令来制作一个会议桌		

　　本实例的最终效果如右图所示。

操 作 步 骤

步骤 ① 启动 3ds Max 2012 中文版，将单位设置为毫米。

步骤 ② 在顶视图中绘制一个 4200×2100 的大矩形和 1800×320 的小矩形，位置及形态如图 16-78 所示。

步骤 ③ 选择大矩形，为其添加【编辑样条线】修改命令，按下 1 键，进入 ⋮⋮ （顶点）子对象层级，修改一下大矩形的形态，然后将两个矩形附加为一体，如图 16-79 所示。

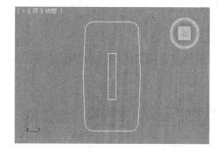

图 16-78　两个矩形的位置　　　　　　　　图 16-79　矩形修改后的形态

步骤 ④ 在修改器列表中执行【倒角】修改命令，调整参数如图 16-80 所示。

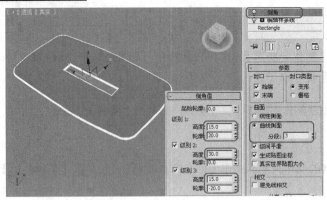

图 16-80　设置【倒角】参数

步骤 5 在顶视图中绘制如图 16-81 所示的线形，作为会议桌腿。

步骤 6 在修改器列表中执行【挤出】修改命令，设置【数量】为 750，效果如图 16-82 所示。

 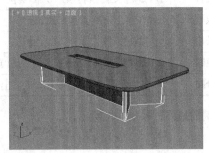

图 16-81　绘制的会议桌腿　　　　　　图 16-82　执行【挤出】修改命令

步骤 7 在顶视图中创建一个 820×1200×5×1 的切角长方体，调整其位置如图 16-83 所示。

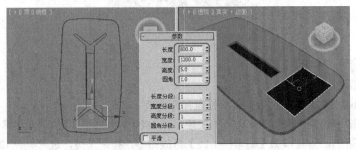

图 16-83　创建的【切角长方体】

步骤 8 会议桌造型就制作完成了，最后将文件保存，命名为"实例 154.max"。

实 例 总 结

本实例通过会议桌的制作来熟练操作二维线形的应用及【编辑样条线】、【倒角】、【挤出】修改命令的使用。

Example 实例 155 会议椅

案例文件	DVD\源文件素材\第 16 章\实例 155.max		
视频教程	视频\第 16 章\实例 155.avi		
视频长度	11 分钟 02 秒	制作难度	★★

技术点睛	【挤出】、【可编辑多边形】、【车削】、【放样】修改命令的使用及【放样】修改命令下【缩放】命令的使用
思路分析	本实例主要使用【挤出】修改命令、【车削】修改命令、【放样】修改命令制作一个会议椅

本实例的最终效果如下图所示。

操 作 步 骤

步骤 1 启动 3ds Max 2012 中文版，将单位设置为毫米。

步骤 2 在左视图中绘制 460×650 的线形，先绘制单线，然后添加值为 15 的轮廓，再进入顶点进行调整，形态如图 16-84 所示。

步骤 3 为其添加【挤出】修改命令，设置【数量】为 430，【分段】数为 6，如图 16-85 所示。

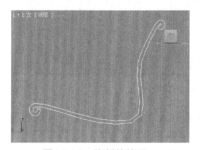

图 16-84　绘制的线形

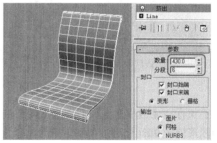

图 16-85　执行【挤出】修改命令后的形态

步骤 4 为椅子座添加【可编辑多边形】修改命令，按下 1 键，进入 （顶点）子对象层级，通过【软选择】选项在视图中调整椅子座的凹陷形态，如图 16-86 所示。

步骤 5 确认制作的椅子座处于选中状态，在原位置复制一个，删除【可编辑多边形】、【挤出】修改命令，进入 （线段）子对象层级，删除多余线段，得到如图 16-87 所示的线形，最后设置【渲染】下的参数（作为收边）。

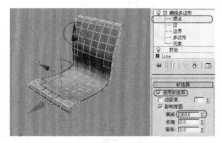

图 16-86　调整椅子座的形态

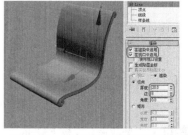

图 16-87　修改制作椅子座的收边

步骤 6 继续使用线来绘制椅子的扶手，通过设置【渲染】选项制作出扶手的粗细，并将制作的扶手和椅子座的收边镜像复制一组，如图 16-88 所示。

步骤 7 激活前视图，使用线来绘制椅子支撑杆的截面，为其添加【车削】修改命令，单击 最小 按钮，调整至合适的位置如图 16-89 所示。

图 16-88　修改制作椅子座的收边

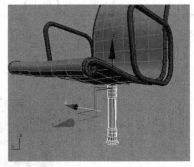

图 16-89　修改制作椅子的支撑杆

步骤 8 在左视图中绘制 40×28 的椭圆，作为椅子腿的放样截面图形，在前视图中绘制曲线作为椅子腿的放样路径，如图 16-90 所示。

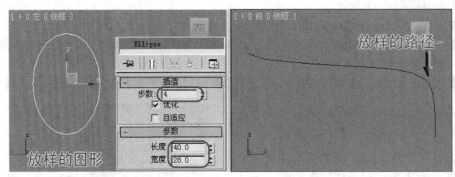

图 16-90　绘制椅子腿的放样截面和路径

当我们执行完【放样】操作后，会发现得到的放样对象截面是错误的，需要在左视图中将【放样】命令中的图形旋转 90°，才可以得到正确的显示效果。

步骤 9 选择放样对象，将【Loft】修改命令前面的■打开，选择"图形"项，在左视图中框选放样对象中的图形，使用旋转工具旋转 90°，得到如图 16-91 所示效果。

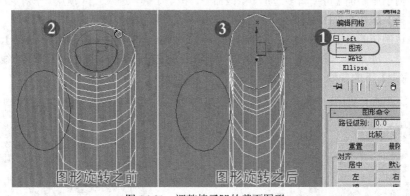

图 16-91　调整椅子腿的截面图形

步骤 10 单击修改命令面板下端 + 变形 类下的 缩放 按钮，弹出【缩放变形】对话框。在控制线上增加一个点，将点转化为 Bezier 角点，调整出椅子腿的最终形态，如图 16-92 所示。

步骤 11 将制作的椅子腿以椅子支撑杆为轴心旋转复制，然后将前面制作的会议桌【合并】到场景中，并将椅子沿会议桌的形状进行复制，使用【旋转】工具使其形态与会议桌的桌面形状一致，得到的最终效果如图 16-93 所示。

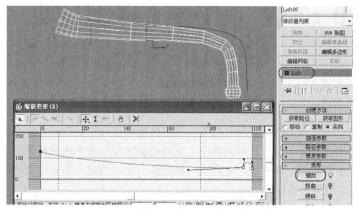

图 16-92　调整椅子腿的最终形态

图 16-93　复制后的效果

步骤 12 会议椅造型就制作完成了，保存文件，命名为"实例 155.max"。

实例总结

本实例通过会议桌的制作来熟练掌握二维线形的应用，及【挤出】、【可编辑多边形】、【车削】、【放样】修改命令的使用，重点掌握【放样】下【缩放】的使用。

第17章　室内各种墙体的建立

本章内容

➢ 中式客厅墙体的建立　　➢ 厨房墙体的建立　　　　➢ 家装整体户型墙体的建立

➢ 现代卧室墙体的建立　　➢ 公共卫生间墙体的建立

　　制作效果图的第一步应该先制作房间的墙体。室内装饰风格与气氛在很大程度上要靠墙面的造型和格局来体现。室内的墙面采用不同的材料来体现，主要根据空间的要求来选择不同的材料。运用比较多的是乳胶漆、壁纸、木制造型、墙砖等。会给人一种温馨、亲切的视觉享受；若墙面采用瓷砖设计，则会使人产生一种清凉、舒爽的感觉。

　　本章我们将以不同的空间墙体制作为例来学习快速创建墙体的方法。

Example 实例 156　中式客厅墙体的建立

案例文件	DVD\源文件素材\第 17 章\实例 156.max		
视频教程	DVD\视频\第 17 章\实例 156. avi		
视频长度	0 分钟 52 秒	制作难度	★★
技术点睛	【挤出】、【可编辑多边形】修改命令		
思路分析	本实例通过制作客厅的墙体来学习如何在 AutoCAD 绘制的图纸的基础上建立模型，从而达到准确、快速的建模		

　　本实例的最终效果如右图所示。

操作步骤

步骤 1 启动 3ds Max 2012 中文版，将单位设置为毫米。

步骤 2 单击菜单栏中 ⑤ 按钮下的【导入】命令，在弹出的【选择要导入的文件】对话框中选择本书配套光盘"源文件素材/第 17 章/客厅.dwg"文件，然后单击 打开⑩ 按钮，如图 17-1 所示。

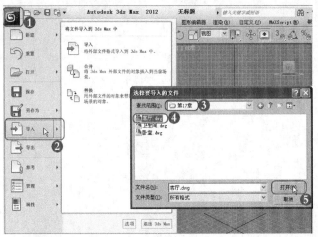

图 17-1　导入客厅 CAD 图纸

步骤 ❸ 在弹出的【AutoCAD DWG/DXF 导入选项】对话框中单击 确定 按钮。

步骤 ❹ 此时客厅的 AutoCAD 图纸就会导入到 3ds Max 中，效果如图 17-2 所示。

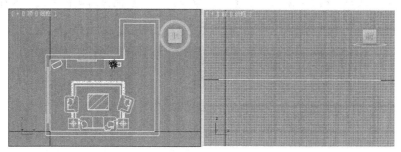

图 17-2　导入到 3ds Max 中的 CAD 文件

我们导入平面图的目的是起到一个参照的作用，为在建立模型时提供方便，使读者更能清楚地理解这个户型的结构。

步骤 ❺ 按下 Ctrl+A 键，选择所有线形，为线形指定一个便于观察的颜色。单击菜单栏的【组】/【成组】命令，单击 确定 按钮，如图 17-3 所示。

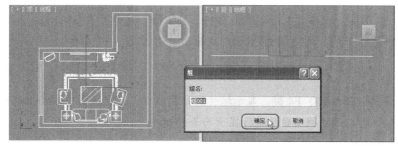

图 17-3　将 CAD 图纸成组

步骤 ❻ 激活顶视图，按下 Alt+W 键，将视图最大化显示。

步骤 ❼ 按下 S 键将【捕捉】打开，捕捉模式为 2.5 维捕捉，捕捉方式采用【顶点】。

步骤 ❽ 在顶视图中绘制墙体的内部封闭线形，如图 17-4 所示。

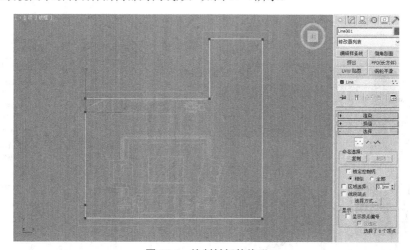

图 17-4　绘制封闭的线形

步骤 ❾ 为绘制的线形施加一个【挤出】修改命令，设置【数量】为 2700（即房间的层高为 2.7 米）。按下 F4 键，显示物体的结构线，如图 17-5 所示。

▶ 技巧

通过绘制封闭线形，然后执行【挤出】修改命令是一种很优秀的建模方式，这样也是单面建模，翻转法线后可以将整个房间的墙体制作出来。

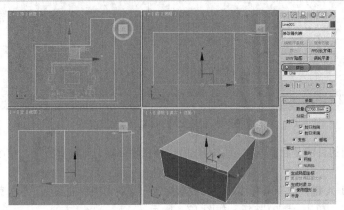

图 17-5　线形执行【挤出】修改命令后的效果

步骤 ⑩ 将挤出后的线形转换为【可编辑多边形】，进入 ▨（元素）子对象层级，按下 Ctrl+A 键，单击 ▢ 翻转 ▢ 按钮，将法线翻转过来，如图 17-6 所示。

▶ 技巧

为了便于观察，可以按下 F4 键，显示墙体的结构线框。在透视图中被挤出的线形周围出现了一个白色支架，可以通过快捷键 J 进行显示与否的切换。

步骤 ⑪ 为了方便观察，我们可以对墙体进行消隐，在透视图中选择墙体，右击鼠标，在弹出的右键菜单中选择【对象属性】，在弹出的【对象属性】窗口中勾选【背面消隐】，如图 17-7 所示。

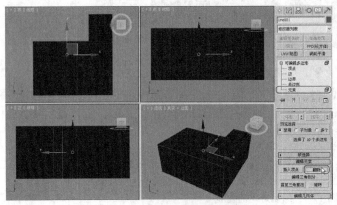

图 17-6　对"面"进行法线翻转

图 17-7　消隐前后的效果

步骤 ⑫ 此时墙体里面的空间就可以看得很清楚了，如图 17-8 所示。
步骤 ⑬ 保存文件，命名为"实例156.max"。

实例总结

本实例通过制作客厅的墙体来学习线形的绘制和修改，及通过【挤出】修改命令得到三维物体，最后通过【可编辑多边形】修改命令修改生成墙体。

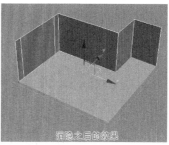

图 17-8　消隐前后的效果

Example 实例 157　现代卧室墙体的建立

案例文件	DVD\源文件素材\第 17 章\实例 157.max		
视频教程	DVD\视频\第 17 章\实例 157. avi		
视频长度	0 分钟 45 秒	制作难度	★★
技术点睛	【挤出】、【可编辑多边形】修改命令		
思路分析	本实例通过制作卧室的墙体来学习如何以 AutoCAD 绘制的图纸进行参照，再绘制线形执行【挤出】修改命令生成墙体，然后转换为【可编辑多边形】修改命令进行墙体的修改		

本实例的最终效果如右图所示。

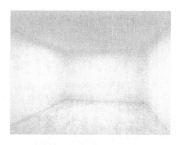

操作步骤

步骤 ❶ 启动 3ds Max 2012 中文版，将单位设置为毫米。

步骤 ❷ 按照导入"客厅.dwg"图纸的方法将随书光盘中的"源文件素材/第 17 章"文件夹类下的"卧室.dwg"文件导入到 3ds Max 中，便于在后面制作卧室效果图的过程中进行参照、摆放家具，如图 17-9 所示。

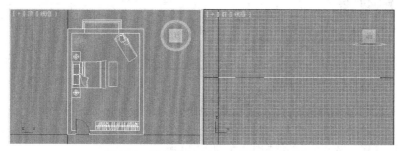

图 17-9　导入到 3ds Max 中的 CAD 文件

我们导入平面图的目的就是到一个参照的作用，为在建立模型时提供方便，以便更能清楚地理解这个户型的结构。

步骤 ❸ 按下 Ctrl+A 键，选择所有线形，为线形指定一个便于观察的颜色。执行【组】/【成组】菜单命令，单击 确定 按钮，如图 17-10 所示。

▶ 技巧

为了后面操作方便，我们移动图纸，在制作的过程中一般会将导入的图纸冻结。

图 17-10　将 CAD 图纸成组

步骤 4 选择图纸，右击鼠标，在弹出菜单中选择【冻结当前选择】命令，将图纸冻结，这样在后面的操作中就不会选择和移动图纸。

我们发现冻结之后的图纸是灰颜色的，看不太清楚，为了方便观察，可以将冻结的对象颜色改变一下。

步骤 5 执行【自定义】/【自定义用户界面】菜单命令，在弹出的【自定义用户界面】对话框中选择【颜色】选项卡，在【元素】右侧的窗口中选择【几何体】，在下面的窗口中选择【冻结】，单击颜色右面的色块，在弹出的【颜色选择器】中调整一种便于观察的颜色，单击 立即应用颜色 按钮，如图 17-11 所示。

此时，冻结图纸的颜色就会变成我们所调整的颜色了。

步骤 6 单击 按钮，将光标放在上面右击，在弹出的【栅格和捕捉设置】对话框中设置一下【捕捉】及【选项】，如图 17-12 所示。

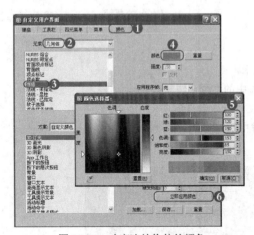

图 17-11　改变冻结物体的颜色

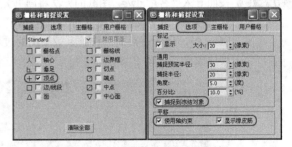

图 17-12　【栅格和捕捉】对话框

步骤 7 在顶视图中绘制墙体的内部封闭线形，如图 17-13 所示。

步骤 8 为绘制的线形施加一个【挤出】修改命令，将【数量】设置为 2700（即房间的层高为 2.7 米）。按下 F4 键，显示对象的结构线，如图 17-14 所示。

步骤 9 将挤出后的线形转换为【可编辑多边形】修改命令，进入 （元素）子对象层级，按下 Ctrl+A 键选择所有元素，单击 翻转 按钮，翻转法线。最后再勾选【背面消隐】，效果如图 17-15 所示。

步骤 10 保存文件，命名为"实例 157.max"。

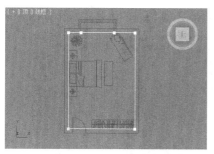

图 17-13　绘制封闭的线形

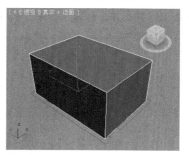

图 17-14　执行【挤出】修改命令

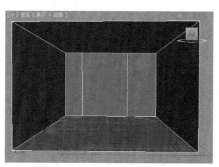

图 17-15　制作的卧室墙体转

实 例 总 结

本实例通过制作卧室的墙体来学习如何用长方体参照 AutoCAD 绘制的图纸来制作卧室墙体造型。

Example 实例 **158**　厨房墙体的建立

案例文件	DVD\源文件素材\第 17 章\实例 158.max		
视频教程	DVD\视频\第 17 章\实例 158. avi		
视频长度	5 分钟	制作难度	★★★
技术点睛	【可编辑多边形】修改命令的使用		
思路分析	本实例通过制作厨房的墙体，来学习先创建【长方体】为框架，然后转换为【可编辑多边形】命令对墙体进行编辑		

厨房墙体的效果如下图所示。

操 作 步 骤

步骤❶　首先启动 3ds max 2012 中文版，将单位设置为毫米。

步骤 **②** 激活顶视图，创建 3800×3300×2700 的长方体，作为厨房的墙体，如图 17-16 所示。

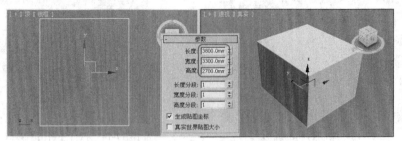

图 17-16 创建的长方体

步骤 **③** 将创建的长方体转换为【可编辑多边形】命令，进入 ▣ （元素）层级子物体，按一下 Ctrl+A 键，单击 翻转 按钮，将法线进行翻转，如图 17-17 所示。

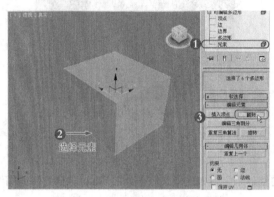

图 17-17 对"墙面"进行法线翻转

步骤 **④** 为了方便观察，将长方体的【背面消隐】选项勾选。效果如图 17-18 所示。

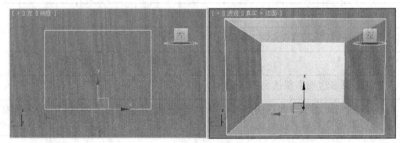

图 17-18 制作的厨房墙体

步骤 **⑤** 将文件进行保存，命名为"实例 158.max"。

实 例 总 结

本实例通过制作厨房的墙体，来熟练掌握用长方体来制作厨房墙体造型。

Example 实例 **159** 公共卫生间墙体的建立

案例文件	DVD\源文件素材\第 17 章\实例 159.max		
视频教程	DVD\视频\第 17 章\实例 159. avi		
视频长度	1 分钟 05 秒	制作难度	★★

技术点睛	【导入】CAD 图纸，再使用【挤出】修改命令生成墙体
思路分析	本实例通过制作公共卫生间的墙体来学习如何直接使用导入的图纸进行墙体建模

本实例的最终效果如右图所示。

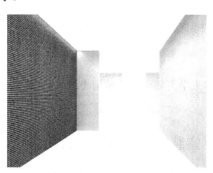

操 作 步 骤

步骤① 启动 3ds Max 2012 中文版，将单位设置为毫米。

步骤② 按照上面的方法将随书光盘"源文件素材/第 17 章"文件夹类下的"卫生间.dwg"文件导入到 3ds Max 中，如图 17-19 所示。

图 17-19　导入到 3ds Max 中的 CAD 文件

步骤③ 激活顶视图，最大化显示顶视图。

步骤④ 在视图中选择墙体，施加一个【挤出】修改命令，设置【数量】为 2800（即房间高度为 2.8 米），如图 17-20 所示。

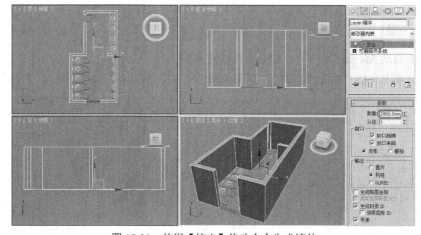

图 17-20　使用【挤出】修改命令生成墙体

> ▶ 技巧
>
> 　　如果在 CAD 中绘制的墙体是封闭的，而且没有重合的线形，焊接后直接执行【挤出】修改命令就行了。

步骤 ⑤ 按下 Ctrl+S 键，将文件保存为"实例 159.max"。

实 例 总 结

　　本实例通过制作卫生间的墙体来学习如何直接使用【导入】的 CAD 图纸使用【挤出】修改命令来快速的生成墙体。

Example 实例 **160** 家装整体户型墙体的建立

案例文件	DVD\源文件素材\第 17 章\实例 160.max		
视频教程	DVD\视频\第 17 章\实例 160. avi		
视频长度	5 分钟	制作难度	★★★
技术点睛	【可编辑多边形】修改命令、【挤出】命令		
思路分析	本实例通过制作家装整体户型墙体，来熟练运用【可编辑多边形】命令对已经建立好的墙体进行编辑		

　　最终的家装整体户型墙体的效果如图所示。

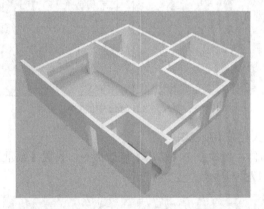

操 作 步 骤

步骤 ① 首先启动 3ds max 2012 中文版，将单位设置为毫米。

步骤 ② 打开本书光盘/"源文件素材" /"第 5 章"/"实例 38.max"件夹，如图 17-21 所示。

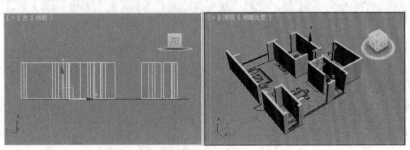

图 17-21　打开的"实例 38.max"

这个场景是我们在讲述【挤出】命令的时候制作的一个户型，里面的窗洞。门洞还没有封堵，下面我们就来讲述怎样进行编辑。

步骤 3 在视图中选择墙体，转换为【可编辑多边形】命令，按下 4 键，进入 ■ （多边形）层级子物体，在顶视图选择所有门洞两侧的面，如图 17-22 所示。

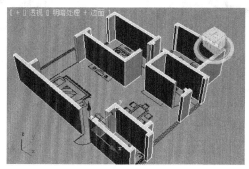

图 17-22 选择的面

步骤 4 单击 切片平面 按钮，此时在视图中有一个黄色的切割线框，将 Z 轴移动到 2000 的位置，单击 切片 按钮增加段数具体数值如图 17-23 所示。

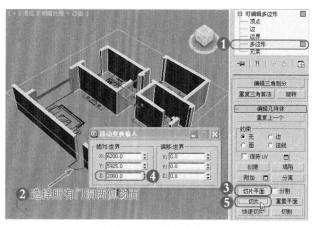

图 17-23 增加段数

步骤 5 选择任意门洞上面两侧的面，单击【编辑多边形】类下的 桥 按钮，此时的两个面就焊接为一体了，效果如图 17-24 所示。

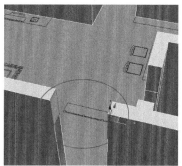

选择的两个面

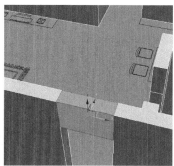

单击桥后的效果

图 17-24 对门洞上面的面进行封堵

步骤 6 用同样的方法将所有的门洞进行封堵，效果如图 17-25 所示。

步骤 7 窗洞的制作我们就不详细的讲述了，在制作窗洞的时候要增加两条断数，然后在使用 桥 进行焊接，最终的效果如图 17-26 所示。

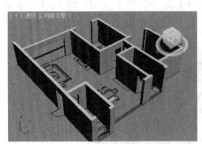

图 17-25　制作的门洞

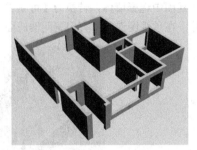

图 17-26　制作的窗洞

步骤 8 保存文件，命名为"实例 160.max"。

本实例通过制作整体户型墙体的门洞及窗洞，来学习怎样快速的为面增加断数，然后快速的使用 桥 命令进行封堵。

第18章　室内各种门窗的建立

本章内容
- ➤ 客厅窗户的制作
- ➤ 现代卧室飘窗的制作
- ➤ 书房推拉门的制作
- ➤ 厨房落地窗的制作
- ➤ 公共卫生间门、窗的制作

制作一幅精致的室内效果图，在众多的构件之中门和窗的造型可以说是细部刻画的重点部分。在现实生活中的装饰行业中，室内各类门的造型与结构设计是室内装修的重点，也是体现装修质量的标准之一，这就是人们非常注重的"门面"的原因。

本章我们将以"精简"为建模准则，带领大家创建不同的门窗造型。

Example 实例 161　客厅窗户的制作

案例文件	DVD\源文件素材\第18章\实例161.max		
视频教程	DVD\视频\第18章\实例161.avi		
视频长度	2分钟37秒	**制作难度**	★★
技术点睛	使用【可编辑多边形】下的【挤出】制作出客厅的窗洞		
思路分析	本实例主要使用【可编辑多边形】下的【挤出】修改命令制作出客厅的窗洞，重点学习怎样通过已经建立好的模型进行修改，然后使用二维线形制作出窗框		

本实例的最终效果如下图所示。

操作步骤

步骤 ① 启动3ds Max 2012中文版，打开本书光盘/"源文件素材/第17章/实例156.max"文件，如图18-1所示，我们在它的基础上进行编辑、修改，制作出客厅的窗户。

步骤 ② 首先制作窗洞。按下 2 键，进入 ◁（边）子对象层级，在透视图中选择阳台位置如图18-2所示的两条边。

步骤 ③ 单击【编辑边】下 连接 右面的小按钮，设置【分段】为2，单击 ✅（确定）按钮，如图18-3所示。

▶ **技巧**

使用【连接】来增加段数，类似于使用【切片平面】进行切割，只不过【连接】是在固定的距离之内进行定数的等分。

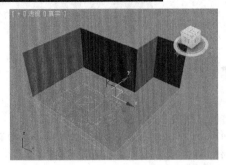

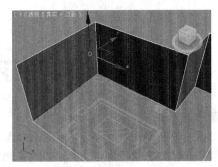

图 18-1　打开的客厅墙体　　　　　　　图 18-2　选择的两条边

步骤 4 按下 4 键，进入 ■（多边形）子对象层级，在透视图中选择阳台墙体中间下面的面，使用【挤出】制作出窗洞，效果如图 18-4 所示。

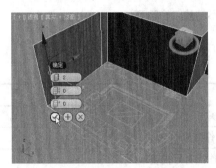

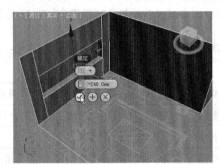

图 18-3　使用【连接】增加段数　　　　图 18-4　使用【挤出】制作门洞

▶ **技巧**

在选择边时最好使用工具栏中的 ⊡（选择对象）命令进行选择，如果使用 ✛（选择并移动）命令移动，经常会将选择的边移动位置了。

步骤 5 按下 1 键，进入 ⦂（顶点）子对象层级，确认 ✛（移动）工具处于激活状态。在前视图中选择上面的一排顶点，按下键盘上的 F12 键，在弹出的【移动变换输入】窗口中设置【Z】的数值为 2400，按下 Enter 键，将下面的顶点移动到 300 的位置，如图 18-5 所示。

步骤 6 删除挤出的面，此时我们就将窗洞制作出来了，效果如图 18-6 所示。

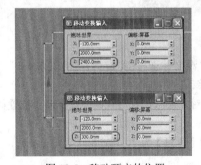

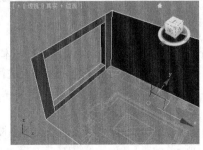

图 18-5　移动顶点的位置　　　　　　　图 18-6　制作的窗洞

步骤 7 在左视图中使用捕捉绘制一个 2100×3100 的矩形，如图 18-7 所示。

步骤 8 为矩形施加【编辑样条线】修改命令，进入 ⌃（样条线）子对象层级，为其添加值为 60 的轮廓，再施加【挤出】修改命令，设置【数量】值为 60，效果如图 18-8 所示。

步骤 9 在中间的位置制作出窗户的横撑和竖撑，效果如图 18-9 所示。

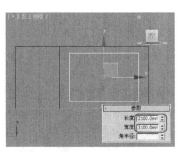

图 18-7　绘制的矩形

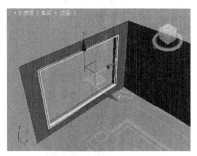

图 18-8　制作的门

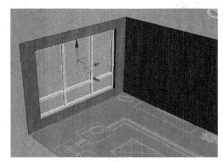

图 18-9　客厅窗户的效果

玻璃就不用制作了，因为前面要放上窗帘，所以一些细节就不需要表现了。

步骤 ⑩ 执行【另存为】命令，将场景另存为"实例 161.max"。

实 例 总 结

本实例通过制作客厅的推拉门来学习如何通过【可编辑多边形】修改命令来修改已经建立的模型，通过【挤出】修改命令生成窗洞及窗框。

Example **实例 162**　现代卧室飘窗的制作

案例文件	DVD\源文件素材\第 18 章\实例 162.max		
视频教程	DVD\视频\第 18 章\实例 162. avi		
视频长度	5 分钟 05 秒	制作难度	★ ★
技术点睛	【可编辑多边形】下的【挤出】制作出卧室的凸窗		
思路分析	本实例主要使用【可编辑多边形】下的【挤出】命令制作出卧室的凸窗，重点学习怎样通过已经建立好的模型进行修改，然后使用二维线形制作出窗框		

本实例的最终效果如下图所示。

操 作 步 骤

步骤 ① 启动 3ds Max 2012 中文版，打开本书光盘/"源文件素材/第 17 章/实例 157.max"文件，如图 18-10 所示，我们在它的基础上进行编辑、修改。

步骤 ② 按下 2 键，进入 ◁（边）子对象层级，在透视图中选择窗户位置的两条边，如图 18-11 所示。

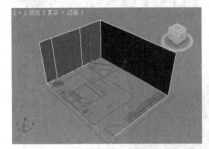

图 18-10 打开的卧室墙体

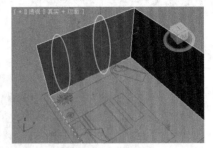

图 18-11 选择的两条边

步骤 ③ 单击【编辑边】下 连接 右面的小按钮，设置【分段】值为 2，单击 ⊘（确定）按钮，如图 18-12 所示。

步骤 ④ 按下 4 键，进入 ■（多边形）子对象层级，在透视图中选择阳台墙体中间下面的面，使用【挤出】制作出窗洞，第 1 次的挤出数量为-240，第 2 次为-520，将挤出的面及两侧的面删除，效果如图 18-13 所示。

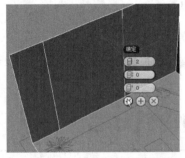

图 18-12 使用【连接】增加段数

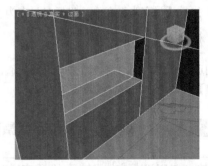

图 18-13 使用【挤出】制作窗洞

步骤 ⑤ 确认 ✚（移动）工具处于激活状态。在左视图中选择上面一排的顶点，按下 F12 键，在弹出的对话框中设置【Z】的数值为 2200，按下 Enter 键，下面定点的【Z】值为 600，如图 18-14 所示。

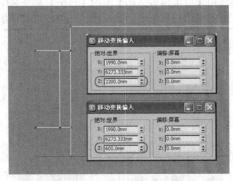

图 18-14 移动窗洞的高度

步骤 ⑥ 按下 2 键，进入 ◁（边）子对象层级，在顶视图中选择将窗户两侧的边按住 Shift 键复制出来，效果如图 18-15 所示。

▶ 技巧

　　在按住 Shift 键进行复制时距离无法控制，这时我们可以绘制一个参照的矩形作为参考，再移动复制的边。

步骤 ⑦ 使用【挤出】修改命令制作出窗框，效果如图 18-16 所示。

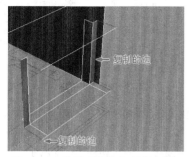 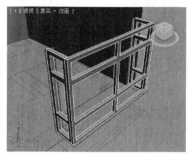

图 18-15　使用【挤出】制作窗洞　　　　　　　图 18-16　制作的窗框

步骤 ⑧ 执行【另存为】命令，将场景另存为"实例 162.max"。

实 例 总 结

　　本实例通过制作卧室的凸窗来熟悉怎样使用【可编辑多边形】修改命令来巧妙地对物体进行编辑，再用【挤出】修改命令制作出凸窗的窗框，通过不同的窗户造型来熟练使用、掌握该命令。

Example 实例 **163** 书房推拉门的制作

案例文件	DVD\源文件素材\第 18 章\实例 163.max		
视频教程	DVD\视频\第 18 章\实例 163.avi		
视频长度	6 分钟 30 秒	制作难度	★ ★
技术点睛	使用【可编辑多边形】下的【挤出】命令制作书房推拉门		
思路分析	本实例主要使用【可编辑多边形】下的【挤出】制作出房推拉门，重点学习怎样通过已经建立好的模型进行修改，然后使用二维线形制作出窗框		

本实例的最终效果如下图所示。

操 作 步 骤

步骤 ① 启动 3ds Max 2012 中文版，打开本书光盘/"源文件素材/第 18 章/书房.max"文件，如图 18-17

所示。我们在它的基础上进行编辑、修改，制作出书房的推拉门。

步骤 2 按下 2 键，进入 ◁ （边）子对象层级，在透视图中选择阳台位置，如图 18-18 所示的两条边垂直边。

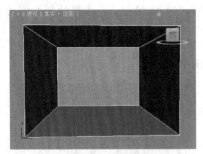
图 18-17 打开的书房墙体

图 18-18 选择的两条边

步骤 3 单击【编辑边】下 连接 右面的小按钮，设置【分段】值为 1，单击 ☑（确定）按钮，如图 18-19 所示。

步骤 4 选择水平的 3 条边，使用同样的方法垂直增加两条边，效果如图 18-20 所示。

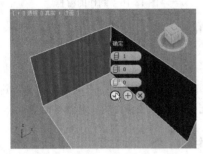
图 18-19 使用【连接】增加段数

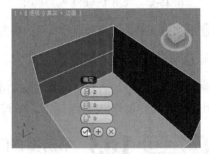
图 18-20 垂直增加两条边

步骤 5 按下 4 键，进入 ■ （多边形）子对象层级，在透视图中选择中间下面的面，使用挤出制作出落地窗的窗洞，效果如图 18-21 所示。

步骤 6 通过在顶视图与左视图中移动顶点的位置，设置窗洞的高度为 2100，宽度为 3300，如图 18-22 所示。

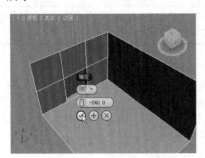
图 18-21 使用【挤出】制作窗洞

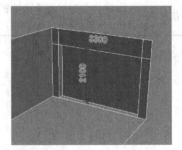
图 18-22 调整窗洞的位置

步骤 7 将挤出后的面删除。

我们在制作推拉门时制作一扇就可以了，然后再复制 3 扇。

步骤 8 在前视图中创建一个 2100×825，长度分段为 4，宽度分段为 2 的平面，效果如图 18-23 所示。

步骤 9 将平面转换为【可编辑多边形】修改命令，按下 2 键，进入 ◁ （边）子对象层级，对四周的边进行切角，中间的切角 25，效果如图 18-24 所示。

▶ 技巧

　　我们在建模过程中使用【平面】来代替【矩形】，省去了使用【矩形】添加【挤出】修改命令进行修改的步骤，也就是以最简捷的方法来制作造型，从而可以提高作图的速度。

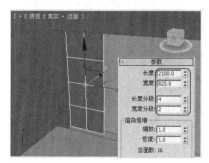

图 18-23　创建的平面

图 18-24　对边进行切角

步骤 ⑩　按下 4 键，进入 ■（多边形）子对象层级，将中间的 8 个面删除，然后对所有的面进行倒角 2 次，效果如图 18-25 所示。

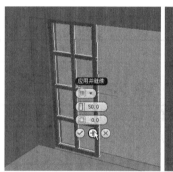

图 18-25　进行【倒角】

▶ 技巧

　　我们这样制作的推拉门边缘是带有倒角的，在后面渲染时会更好地体现出高光效果，因为现实生活中的家具大都要带有一定的倒角。

步骤 ⑪　在顶视图复制 3 个，位置及形态如图 18-26 所示。

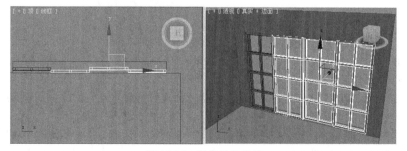

图 18-26　制作的推拉门

步骤 ⑫　在前视图中沿门洞绘制一个线形，然后添加一个值为 60 的轮廓，设置执行挤出，设置数量为 20，作为门框，效果如图 18-27 所示。

步骤 ⑬ 再为房间制作出踢脚板，高度为 80，效果如图 18-28 所示。

步骤 ⑭ 执行【另存为】命令，将场景另存为"实例 163.max"。

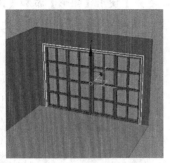

图 18-27　制作的门框

图 18-28　制作的踢脚板

实 例 总 结

本实例通过制作书房的推拉门来熟悉如何以【可编辑多边形】修改命令制作书房的推拉门，通过不同的推拉门造型来熟练使用该命令，掌握其中技巧。

Example 实例 164　厨房落地窗的制作

案例文件	DVD\源文件素材\第 18 章\实例 164.max		
视频教程	DVD\视频\第 18 章\实例 164.avi		
视频长度	3 分钟 49 秒	制作难度	★★
技术点睛	使用【可编辑多边形】下的【挤出】命令制作出会议室的窗户造型		
思路分析	本例通过用【可编辑多边形】命令制作厨房的落地窗，通过不同的落地窗造型来熟练使用该命令，掌握其中技巧		

本实例的最终效果如下图所示。

操 作 步 骤

步骤 ❶ 启动 3ds max2012 中文版，打开本书光盘/"源文件素材"/"第 17 章"/"实例 158.max"件夹，如图 18-29 所示。

步骤 ❷ 按下 2 键，进入 ◁（边）层级子物体，用前面我们讲述的方法在透视图中选择阳台位置增加如图 18-30 所示的两条垂直的边。

步骤 ❸ 按下 4 键，进入 ■（多边形）层级子物体，在透视图选择中间下面的面，用挤出制作出落地窗的窗洞，效果如图 18-31 所示。

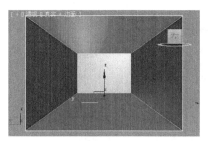

图 18-29　打开的厨房墙体

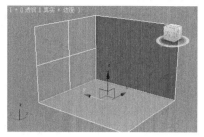

图 18-30　增加的两条边

步骤 ④ 通过在顶视图与左视图移动顶点的位置，窗洞的高度为 2200，宽度为 2800，如图 18-32 所示。

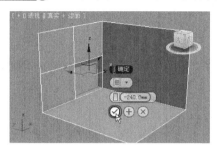

图 18-31　用【挤出】制作窗洞

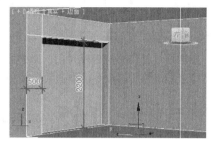

图 18-32　调整窗洞的位置

下面我们直接用挤出的面来制作落地窗。

步骤 ⑤ 按下 4 键，进入 ■（多边形）层级子物体，选择挤出的面，单击 倒角 右面的小按钮，在弹出的对话框中设置【高度】为 0，【轮廓量】为-60，单击 ☑（确定）按钮，如图 18-33 所示。

步骤 ⑥ 按下 2 键，进入 ◁（边）层级子物体，在透视图选择窗框里面的两条边，增加三条段数，然后再水平增加三条段数，如图 18-34 所示。

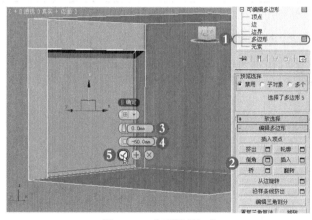

图 18-33　为面进行切角

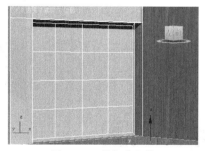

图 18-34　增加的段数

步骤 ⑦ 为中间增加的段数进行切角，数量为 30，效果如图 18-35 所示。

步骤 ⑧ 按下 4 键，进入 ■（多边形）层级子物体，选择窗框中间的十六个大面，挤出-60，制作出窗框的厚度，效果如图 18-36 所示。

步骤 ⑨ 将挤出后的十六个大面删除，也就是说玻璃就不要保留了，效果如图 18-37 所示。

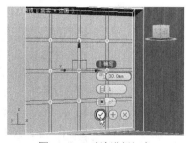

图 18-35　对边进行切角

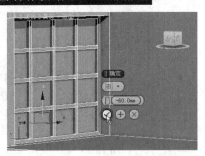

图 18-36　用挤出制作窗框　　　　　　　　　图 18-37　制作的窗框

步骤 ⑩ 执行【另存为】命令，将场景另存为"实例 164.max"。

实 例 总 结

　　本例通过制作书房的推拉门，来熟悉以【可编辑多边形】命令制作书房的推拉门，通过不同的推拉门造型来熟练使用该命令，掌握其中技巧。

Example 实例 **165** 公共卫生间门、窗的制作

案例文件	DVD\源文件素材\第 18 章\实例 165.max		
视频教程	DVD\视频\第 18 章\实例 165.avi		
视频长度	2 分钟 55 秒	制作难度	★★
技术点睛	【可编辑多边形】修改命令的使用		
思路分析	本实例主要使用【可编辑多边形】来编辑卫生间的窗洞及门洞，然后再制作出窗框及装饰门		

　　本实例的最终效果如下图所示。

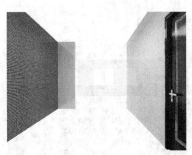

操 作 步 骤

步骤 ❶ 启动 3ds Max 2012 中文版，打开本书光盘/"源文件素材/第 17 章/实例 159.max"文件，如图 18-38 所示。

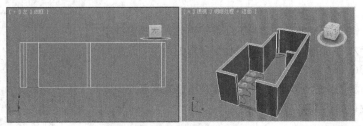

图 18-38　打开的卫生间墙体

步骤 2 选择墙体，单击鼠标右键，在弹出的右键菜单中选择【转换为】/【转换为可编辑多边形】命令，将墙体转换为【可编辑多边形对象】。

步骤 3 按下 2 键，进入 ◁（边）子对象层级，使用 连接 命令，分别为门洞增加一条段数，为窗洞增加 2 条段数，如图 18-39 所示。

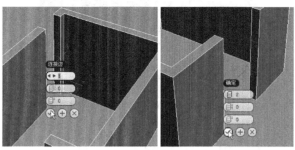

图 18-39　为门洞及窗洞增加段数

步骤 4 按下 4 键，进入 ■（多边形）子对象层级，在顶视图中选择窗户两侧的面，如图 18-40 所示。

步骤 5 单击【编辑多边形】下的 桥 按钮，此时窗洞生成，效果如图 18-41 所示。

图 18-40　选择的面

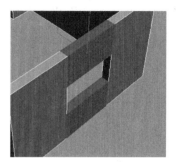

图 18-41　制作的窗洞

步骤 6 同样制作出门洞，效果如图 18-42 所示。

步骤 7 使用【移动变换输入】窗口将门洞移动到 2000 的高度，窗台的高度为 800，窗的高度为 2200，再制作一个窗框，效果如图 18-43 所示。

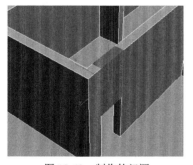

图 18-42　制作的门洞

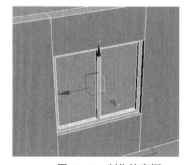

图 18-43　制作的窗框

步骤 8 为卫生间制作一个门套及门，效果如图 18-44 所示。

▶ 技巧

在制作门套时一定将门边线的截面绘制好，不然作出来的门套造型会不好看，具体的制作思路我们已经在"实例 44"中详细讲述了。

图 18-44　制作的门框及门

步骤　9 执行【另存为】命令，将场景另存为"实例 165.max"。

实 例 总 结

　　本实例通过制作公共卫生间窗及门来熟练掌握【可编辑多边形】下 桥 命令的使用，再使用放样及【可编辑多边形】修改命令制作出门套及门。

第 19 章　室内各种天花的建立

本章内容

➢ 客厅天花的制作　　　➢ 公共卫生间天花的制作　　　➢ 栅格天花的制作

➢ 卧室天花的制作　　　➢ 方格天花的制作

随着人们对于生活品味的追求，在室内空间的设计中，天花的造型也日益趋向成熟，渐渐地更加趋于人性化，"简洁、大方、实用"成为人们装修时的要求和目标。因此，选用的室内天花造型，不但要体现出别具一格的装饰与照明功能，而且还要注意隐蔽室内空间不需要暴露的钢架及混凝土梁等建筑结构，使之与地面、墙面融为一体，突出空间的装饰格调，在满足了以上要求之后，我们就要尽可能地将设计做得简洁。

本章我们将配合书中的实例来学习不同空间天花的制作过程。

Example 实例 **166**　客厅天花的制作

案例文件	DVD\源文件素材\第 19 章\实例 166.max		
视频教程	DVD\视频\第 19 章\实例 166. avi		
视频长度	3 分钟 26 秒	制作难度	★★
技术点睛	【线】的绘制，【编辑样条线】、【挤出】、【倒角剖面】修改命令的使用		
思路分析	本实例主要用使用【线】及【挤出】命令制作客厅的天花，然后使用【倒角剖面】修改命令制作出木线条		

本实例的最终效果如下图所示。

操 作 步 骤

步骤 ① 启动 3ds Max 2012 中文版，打开本书光盘/"源文件素材/第 18 章/实例 161.max"文件，如图 19-1 所示。

步骤 ② 在顶视图中使用【线】命令绘制出天花的造型，在里面绘制一个 2300×2600 的矩形，然后将其附加为一体，如图 19-2 所示。

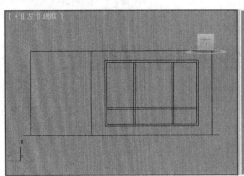
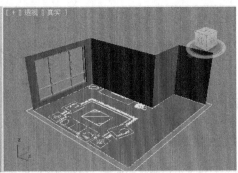

图 19-1　打开的"实例 161.max"文件

步骤 ③ 为绘制的线形施加一个【挤出】修改命令，设置【数量】为 80（即天花的厚度为 8 厘米），在前视图中放在顶的下方（中间的距离为 220），效果如图 19-3 所示。

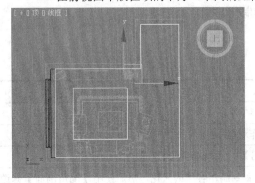
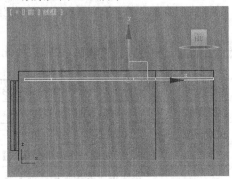

图 19-2　绘制的线形　　　　　　　　　　　　　图 19-3　天花的位置

如果想优化对象，可以将天花转换为【可编辑多边形】，将上面及四周的面删除。

下面来制作木线条。

步骤 ④ 在顶视图中使用捕捉绘制一个 2300×2600 的矩形作为【倒角剖面】修改命令中的"截面"，效果如图 19-4 所示。

步骤 ⑤ 在左视图中创建一个 100×80 的矩形，创建这个矩形的目的主要是用来做参照尺寸，再以矩形的大小为参照，使用【线】命令绘制一个封闭线形作为木线条的"剖面线"，将矩形删除，线形的形态如图 19-5 所示。

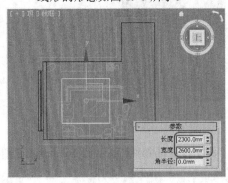
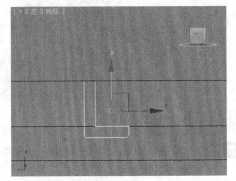

图 19-4　绘制的线形　　　　　　　　　　　　　图 19-5　绘制的剖面线

步骤 ⑥ 在视图中选择矩形，执行【倒角剖面】修改命令，单击 拾取剖面 按钮，在左视图中单击"剖面线"，此时木线条形成，效果如图 19-6 所示。

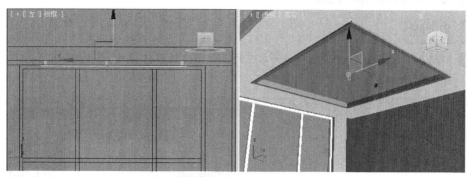

图 19-6　制作的木线条

> ▶ **技巧**
>
> 　　当我们导入了 AutoCAD 绘制的图纸文件后，在 3ds Max 制作的过程中难免会显示这些图线，如果感觉视觉上混乱，我们可以按下 Shift+S 键，将线形进行隐藏；等需要时再按 Shift+S 键，将其显示出来。

步骤 7　单击菜单栏 ⑤ 按钮类下的【另存为】命令，将场景另存为"实例 166.max"。

实 例 总 结

　　本实例通过制作客厅的天花来学习通过二维线形使用【挤出】来生成天花造型，使用【倒角剖面】修改命令快速的制作出木线条。

Example 实例 **167**　卧室天花的制作

案例文件	DVD\源文件素材\第 19 章\实例 167.max		
视频教程	DVD\视频\第 19 章\实例 167. avi		
视频长度	1 分钟 53 秒	制作难度	★ ★
技术点睛	【可编辑多边形】命令下【切角】的使用		
思路分析	本实例主要通过【可编辑多边形】修改命令制作卧室的天花，通过不同的天花造型来熟练使用该命令，掌握其中技巧		

　　本实例的最终效果如下图所示。

步骤① 启动 3ds Max 2012 中文版，打开本书光盘/"源文件素材/第 18 章/实例 162.max"文件，如图 19-7 所示。

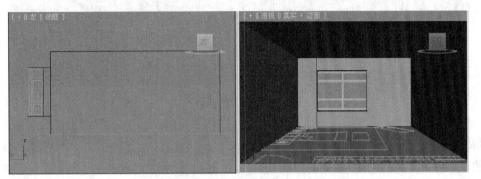

图 19-7　打开的"实例 162.max"文件

步骤② 选择墙体，按下 4 键，进入 ■（多边形）子对象层级，在透视图中选择顶，单击 倒角 右面的小按钮，第 1 次将轮廓数量设置为-10，单击⊞（应用并继续）按钮，再输入高度为-100，再单击⊞（应用并继续）按钮，如图 19-8 所示。

步骤③ 再次将轮廓数量设置为-200，继续单击⊞（应用并继续）按钮，最后设置高度为-20，单击☑（确定）按钮，如图 19-9 所示。

步骤④ 将场景【另存为】"实例 167.max"。

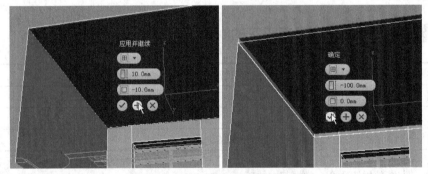

图 19-8　用【倒角】制作天花

实 例 总 结

本实例通过制作客厅的天花来学习【可编辑多边形】命令下【倒角】的作用。

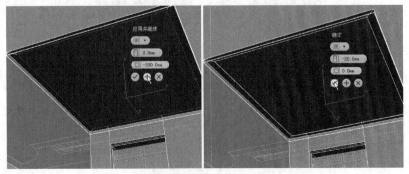

图 19-9　使用【倒角】制作天花

Example 实例 **168** 公共卫生间天花的制作

案例文件	DVD\源文件素材\第 19 章\实例 168.max		
视频教程	DVD\视频\第 19 章\实例 168.avi		
视频长度	1 分钟 58 秒	制作难度	★★
技术点睛	【编辑样条线】、【挤出】修改命令的使用		
思路分析	本实例通过制作公共卫生间的天花来学习怎样通过简单的建模方法制作出天花造型		

本实例的最终效果如下图所示。

操 作 步 骤

步骤 ❶ 启动 3ds Max 2012 中文版，打开本书光盘/"源文件素材/第 18 章/实例 165.max"文件，如图 19-10 所示。

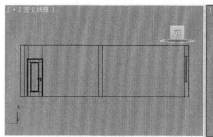 

图 19-10 打开的"实例 165.max"文件

步骤 ❷ 在顶视图中使用【线】命令沿内墙体绘制封闭线形（顶的造型），形态如图 19-11 所示。

步骤 ❸ 为绘制的线形施加一个【挤出】修改命令，设置【数量】为 1，在前视图中放在墙体的上方，效果如图 19-12 所示。

步骤 ❹ 在前视图中沿 y 轴向下方复制一个，修改【挤出】的【数量】为 80，放在顶部的下方，中间留出 60 的距离作为灯槽，效果如图 19-13 所示。

步骤 ❺ 在【修改器列表】中回到线形级别，进入 ∴（顶点）子对象层级，选择洗手盆上面的两个顶点，向左面移动值为 150 左右的距离，效果如图 19-14 所示。

步骤 ❻ 在前视图中将顶复制一个，放在墙体的下面，作为"地面"，再制作出"踢脚板"，效果如图 19-15 所示。

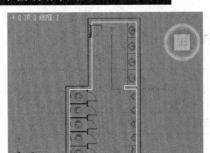

图 19-11　绘制的线形

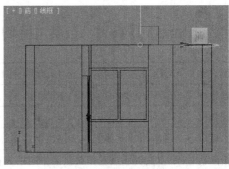

图 19-12　天花的位置

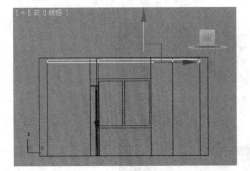

图 19-13　绘制的线形

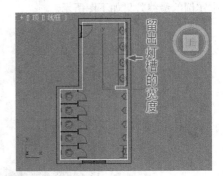

图 19-14　天花的位置

▶ 技巧

　　我们在制作踢脚板时门的位置就不需要制作了，所以在门的位置用【优化】命令插入两个顶点，将门下方的线段删除。

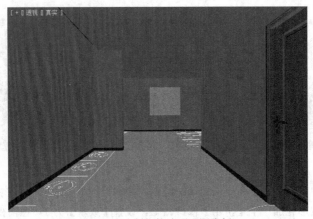

图 19-15　制作的地面及踢脚板

步骤 7 将场景【另存为】"实例 168.max"。

实 例 总 结

　　本实例通过制作公共卫生间天花造型，来学习如何通过二维线形使用【挤出】来生成天花造型，通过这种简单的建模方法可以制作出一些复杂造型，主要让大家明白在建立模型时重点是建立模型的结构。

Example 实例 169　方格天花的制作

案例文件	DVD\源文件素材\第 19 章\实例 169.max		
视频教程	DVD\视频\第 19 章\实例 169. avi		
视频长度	1 分钟 47 秒	制作难度	★★
技术点睛	【可编辑多边形】命令下【切片平面】的使用		
思路分析	本实例通过制作在一些工程装修中常用到的石膏板方格天花，来学习用【可编辑多边形】命令来快速的制作出需要的模型		

本实例的最终效果如下图所示。

操作步骤

步骤 ① 首先启动 3ds max 2012 中文版，将单位设置为毫米。

步骤 ② 在顶视图创建 6000×6000 的平面，修改长度和宽度的分段为 4，如图 19-16 所示。
因为平面是单面，在前视图对其沿 Y 轴镜像一下，让有面的朝下方。

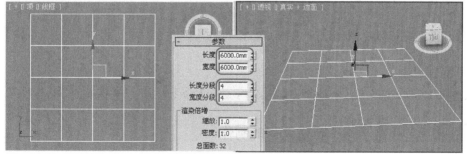

图 19-16　创建的平面

▶ **技巧**

　　如果在实际工作中，在制作天花之前可以考虑天花的尺寸及方格的多少，至于段数后面添加也可以，但是不太方便，因为我们这是随意练习，所以尺寸及段数是随意设置的。

步骤 ③ 将平面转换为【可编辑多边形】，按下 2 键，进入 ◁（边）层级子物体，选择四周的四条边，单击 切角 右面的小按钮，设置切角数量为 200，如图 19-17 所示。

步骤 ④ 在顶视图选择中间垂直和水平的三条边进行 切角 ，效果如图 19-18 所示。

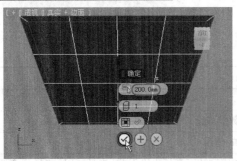
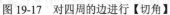

图 19-17 对四周的边进行【切角】

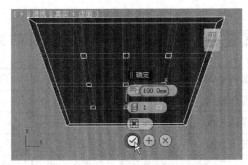

图 19-18 对中间的边进行【切角】

步骤 ⑤ 按下 4 键，进入 ■ （多边形）层级子物体，选择如图 19-19 所示的多边形，执行 挤出 命令，并设置挤出数量为 500。

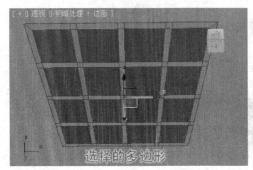
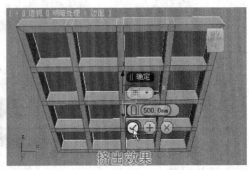

图 19-19 执行【挤出】命令

▶ **技巧**

　　我们在选择平面中的多边形时，可以先选择中间的大面（数量少，面积大，便于选择），然后按键盘中的 Ctrl+I 组合键进行反选即可。

步骤 ⑥ 将文件进行保存，命名为"实例 169.max"。

实 例 总 结

　　本实例通过制作方格天花，来熟悉以【可编辑多边形】命令来制作方格天花的方法与技巧。

Example 实例 **170** 栅格天花的制作

案例文件	DVD\源文件素材\第 19 章\实例 170.max		
视频教程	DVD\视频\第 19 章\实例 170. avi		
视频长度	5 分钟	制作难度	★★★
技术点睛	【可编辑多边形】命令、【挤出】命令		
思路分析	本实例通过制作栅格圆环天花，来学习怎样通过不同的物体，配合不同的编辑命令建模		

　　栅格圆环天花的效果如下页图所示。

操 作 步 骤

步骤 ① 首先启动 3ds Max 2012 中文版，将单位设置为毫米。

步骤 2 在顶视图创建 5000×5000 的平面，修改长度和宽度的分段为 20，如图 19-20 所示。在前视图沿 y 轴镜像一下。

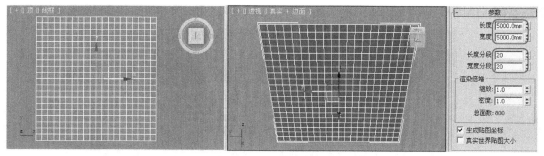

图 19-20　创建的平面

步骤 3 将平面转换为【可编辑多边形】，按下 2 键，进入 ⊘（边）层级子物体，选择四周的四条边，单击 切角 右面的小按钮，设置切角数量为 30，如图 19-21 所示。

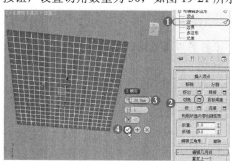

图 19-21　对四周的边进行【切角】

步骤 4 确认外部的边处于选择状态，按下 Ctrl+I（反选）键，将内部的边全部选择，按住 Alt 键，将四周的小边减选掉，同样进行 切角，设置切角数量为 15，效果如图 19-22 所示。

步骤 5 按照上面讲述的方法用挤出命令对小面进行挤出 40（作为格栅吊顶），然后将中间的大面删除，效果如图 19-23 所示。

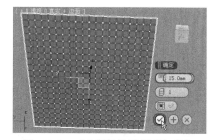

图 19-22　对中间的边进行【切角】

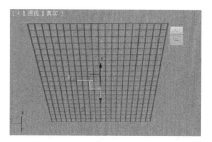

图 19-23　制作的格栅吊顶

步骤 6 单击 ⊕（创建）/ ⬚（线形）/ 圆环 按钮，在顶视图中绘制一个【半径 1】为 800，【半径 2】为 450 的同心圆，为其添加【挤出】命令，设置挤出的数量为 60，效果如图 19-24 所示。

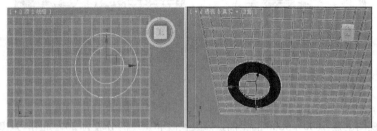

图 19-24　制作的环形天花

步骤 7 将制作的环形天花进行多个复制，并调整它们的大小和位置，如图 19-25 所示。

图 19-25　复制并修改的环形天花

步骤 8 将文件进行保存，命名为"实例 170.max"。

实 例 总 结

　　本实例通过制作异形天花，来熟悉以【可编辑多边形】命令来制作格栅天花的方法，以及配合不同的物体制作出特殊的造型。

第 20 章　室内效果图的制作

本章内容

➢ 家装——中式客厅的制作　　　　➢ 家装——东南亚书房的制作

➢ 家装——现代卧室的制作　　　　➢ 工装——茶楼的制作

　　怎样快速、完整地制作出高水准、效果好的室内效果图是本书自始至终要解决的问题，也是我们在工作中所一直研究的目的。本章我们将带领大家利用合并调用的方法来解决这一问题。在前几章中我们学习制作了大量的室内构件，这些构件的创建技法都是效果图制作所必须掌握的基本技能，希望读者能牢固掌握。

　　当场景中的家具都摆放好之后，我们就需要为该场景赋材质、设置灯光、渲染输出，最终得到逼真的效果图。下面我们就来学习客厅、卧室、书房、会议室、公共卫生间空间的制作过程。

Example 实例 **171**　家装——中式客厅的制作

案例文件	DVD\源文件素材\第 20 章\实例 171.max		
视频教程	DVD\视频\第 20 章\实例 171.avi		
视频长度	21 分钟 27 秒	制作难度	★★★★★
技术点睛	建立模型细部、调制材质、设置灯光、VRay 渲染出图		
思路分析	本实例通过制作客厅效果图来学习效果图的整体制作思路，打开前面制作好的框架，然后进行制作，最后合并家具、调制材质、设置灯光、VRay 渲染出图		

本实例的最终效果如下图所示。

操 作 步 骤

步骤 ❶ 启动 3ds Max 2012 中文版，打开本书光盘/ "源文件素材/第 19 章/实例 166.max" 文件，如图 20-1 所示。

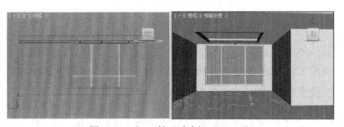

图 20-1　打开的 "实例 166.max"

这个场景是前面我们制作的，墙体、窗户、天花已经制作完成了，下面需要为场景合并家具。

步骤 ② 单击菜单栏中的 ⑤ 按钮，在弹出的菜单中选择【导入】/【合并】命令，在弹出的【合并文件】对话框中选择随书光盘/"源文件素材/第 20 章"文件夹下的"客厅家具.max"文件合并到场景中，如图 20-2 所示。

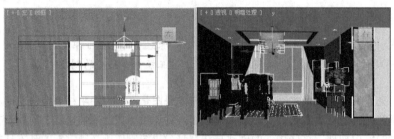

图 20-2 合并后的家具

▶ **技巧**

为了便于控制复杂的场景，我们可以先制作场景的框架，然后在另一个文件中制作该场景的家具，最后再合并为一个文件即可。

步骤 ③ 将【导入】的 CAD 平面图删除。

步骤 ④ 单击菜单栏 ⑤ 按钮下的【另存为】命令，将此线架保存为"实例 171.max"。

■ **客厅材质的调制**

关于材质的调制，我们仅讲述场景中框架的材质，合并对象的材质就不需要讲述了，场景中框架的材质包括白乳胶、壁纸、烤漆玻璃和地砖。关于材质的调制我们在第 10 章中已经详细讲述了，仅贴图不一样，图 20-3 是我们对主要材质进行的标记。

图 20-3 场景中的主要材质

▶ **技巧**

因为后面我们使用 VRay 进行渲染，所以在调材质时就应该将 VRay 指定为当前渲染器，不然不能在正常情况下设置使用 VRay 的专用材质。

步骤 ① 按下 M 键，打开【材质编辑器】窗口，选择第 1 个材质球，调制一种"白乳胶漆"材质，在

这里就不详细讲述了，将调制好的"白乳胶漆"材质赋给墙体、顶、天花。

步骤 2 选择第 2 个材质球，调制一种"硅藻泥"材质，在【漫反射】中添加一幅名为"硅藻泥.jpg"的位图，将调制好的"硅藻泥"材质赋予给电视后墙，为电视后墙添加【UVW 贴图】修改器，设置一下参数，再调整壁纸的纹理，如图 20-4 所示。

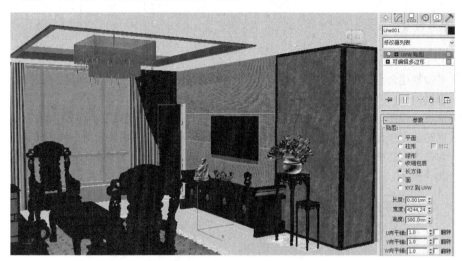

图 20-4　为电视后墙赋壁纸材质

步骤 3 选择第 3 个材质球，调制一种"地砖"材质，在【漫反射】中添加一幅名为"仿古砖 3-1.jpg"的位图，在反射中添加一幅【衰减】贴图，最后调整一下【反射】下的参数，如图 20-5 所示。

步骤 4 为地面添加【UVW 贴图】修改器，设置一下参数，调整地板的纹理，如图 20-6 所示。

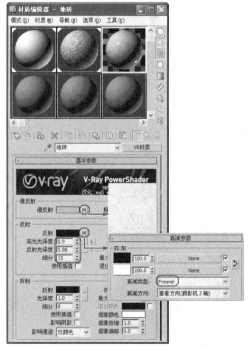

图 20-5　调制地砖材质

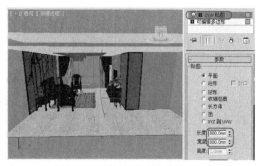

图 20-6　为地面赋地砖材质

> ▶ 技巧
>
> 对于合并的家具，我们已经将材质赋好了，如果想改变材质的纹理或颜色，使用材质编辑器中的 ✎（吸管）在家具上吸一下，这样被吸家具的材质就会吸到了激活的材质球上，调整家具的材质就会跟随改变。

● 客厅相机灯光的设置

步骤 ① 单击创建命令面板中的 📷（摄影机）/ ▢目标▢ 按钮，在顶视图中拖动鼠标创建出一个目标摄影机。

步骤 ② 激活透视图，按下 C 键，透视图即可变成摄影机视图。在前视图中选择中间的蓝线，也就是同时选择摄影机和目标点，将摄影机移动到高度为 1200 左右的位置，设置【镜头】为 28，勾选【剪切平面】选项，设置【近距剪切】为 1300，【远距剪切】为 1200，位置及参数如图 20-7 所示。

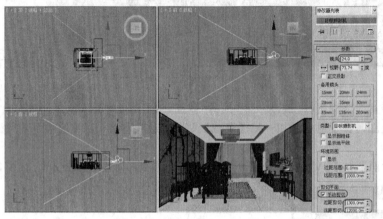

图 20-7　摄影机的位置及参数

使用 VRay 进行渲染，必须勾选摄影机参数下的【剪切】，否则会看不见渲染的效果，然后调整一下【近距剪切】及【远距剪切】的参数就可以了。

首先我们为背景添加一幅风景来模拟窗外的风景。

步骤 ③ 在视图中创建一个圆弧，执行【挤出】，设置【数量】为 3000 左右，然后添加一个【法线】修改命令，位置如图 20-8 所示。

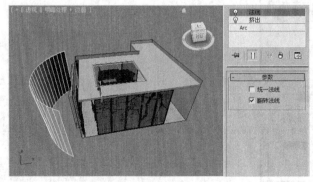

图 20-8　摄影机的位置及参数

步骤 ④ 按下 M 键，打开【材质编辑器】窗口，选择一个未用的材质球，将材质类型指定为【VR 灯光材质】，设置【颜色】亮度为 2，然后添加一幅风景的位图，将调制好的风景赋给圆弧，如图 20-9 所示。

　　下面来为场景设置灯光，灯光我们分两部分进行设置，分别是室外的日光效果及室内的灯光照明。下面先来创建日光效果，日光是由太阳光和天空光组成的。

步骤 5 单击 （灯光）/ VRay ▼ / VR_光源 按钮，在左视图落地窗的位置创建一盏【VR_光源】用于模拟天空光，将【颜色】设置为淡蓝色（天空的颜色），设置【倍增器】为 5 左右，取消【不可见】，参数的设置及灯光位置如图 20-10 所示。

图 20-9　调制的风景材质

图 20-10　【VR 灯光】的位置及参数

　　设置完天光果后就可以设置一下简单的渲染参数并渲染来观看一下整体效果，发现不理想的地方及时调整。

步骤 6 按下 F10 键，在打开的【渲染设置】对话框中选择【VR_基项】选项卡，设置【图像采样器】、【环境】参数，再选择【VR_间接照明】选项卡，首先打开【全局照明环境】，设置一下【发光贴图】、【灯光缓存】的参数，如图 20-11 所示。

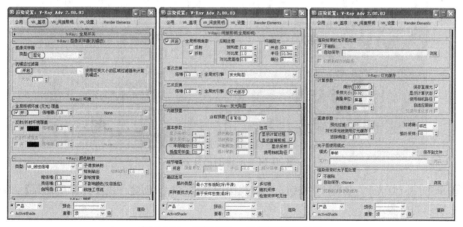

图 20-11　设置 VRay 的测试渲染参数

> ▶ **技巧**
>
> 　　在进行渲染测试时最好先简单设置下参数，这样渲染的速度会快很多，如果发现有问题可以进行调整，最后再设置一个高参数进行渲染。

步骤 7 按下 Shift+Q 键快速渲染，此时的效果如图 20-12 所示。

下面我们继续设置室内的灯光照明。

步骤 8 在顶视图灯槽的位置创建【VR_光源】，用于模拟灯槽的发光效果，然后使用【实例】方式复制多盏，长度不合适可以使用缩放进行调整，位置及参数如图20-13所示方式。

图 20-12 渲染的效果

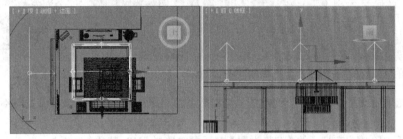

图 20-13 为灯槽创建灯光

步骤 9 在顶视图中吊灯的位置创建一盏【VR_光源】来模拟吊灯的发光效果，设置【颜色】为黄色，设置【倍增器】为2左右，取消【不可见】，将吊灯排除，位置如图20-14所示。

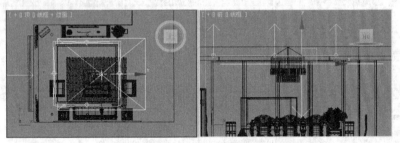

图 20-14 创建的吊灯效果

步骤 10 单击 （灯光）/ 目标灯光 按钮，在前视图中拖动鼠标，创建一盏【目标点光源】，如图20-15所示的位置。

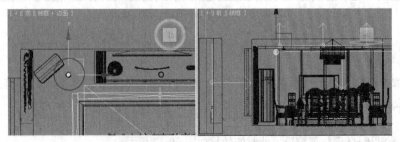

图 20-15 【目标点光源】的位置

步骤 ⑪ 选择灯头，进入修改命令面板，勾选【阴影】，选择【VRayShadow】，为【目标点光源】选择【光度学 Web】选项，选择随书光盘/"源文件素材/第 19 章/贴图"文件夹类下的"中间亮.IES"文件，如图 20-16 所示。

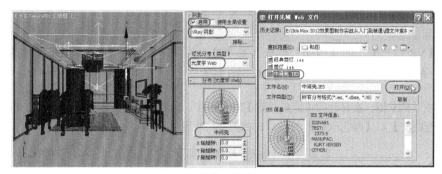

图 20-16　选择【光度学 Web】

步骤 ⑫ 调整【光度学 Web】的【强度】为 18000 左右，在前视图中使用【实例】方式复制多盏，如图 20-17 所示。

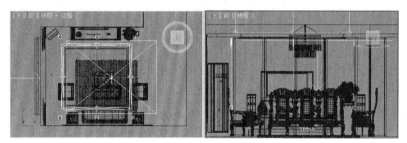

图 20-17　对灯光进行复制

步骤 ⑬ 按下 Shift+Q 键快速渲染，渲染的效果如图 20-18 所示。

图 20-18　渲染的效果

从上面的渲染效果来看整体曝光了，这种现象我们在渲染参数中就可以很好的控制。

● 设置 VRay 的最终渲染参数

当场景中的摄影机和灯光设置完成后，这时就需要将前面设置的测试参数进行调整，设置渲染输出的参数，需要把灯光和渲染的参数提高来得到更好的渲染效果。这个场景我们就不需要先渲染小光子图再渲染大图了。

步骤 ① 将模拟天光及吊灯的【VR_光源】的【细分】修改为 20，然后取消【影响反射】，如图 20-19 所示。

> ▶ **技巧**
>
> 修改【VR 灯光】下的【细分】参数，主要用于控制画面的清晰度，较小的数值墙面上就会有杂点，一般最终渲染时调整该数值为 20~30 左右。

步骤 ② 按下 F10 键，在打开的【渲染设置】对话框中，调整一下【图像采样】、【发光贴图】、【灯光缓冲】、【颜色映射】的参数，如图 20-20 所示。

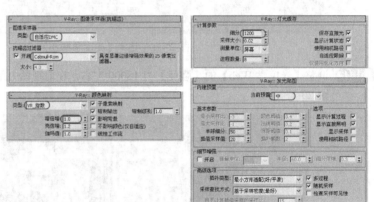

图 20-19 设置灯光的【细分】   图 20-20 调整渲染参数

> ▶ **技巧**
>
> 一般情况下，我们在【颜色映射】的【类型】右侧窗口中选择【指数】还是比较多的，采用【指数】整体效果会比较柔和。

步骤 ③ 设置完成参数后单击【公用】选项卡就可以渲染一张大尺寸的图了，可以将尺寸设置为 1500×1125，单击 渲染 按钮，如图 20-21 所示。

步骤 ④ 经过 40 分钟左右的时间渲染，最终渲染效果如图 20-22 所示。

图 20-21 设置渲染尺寸   图 20-22 渲染的效果

> ▶ 技巧
>
> 　　如果渲染大尺寸的图，最好先渲染一张光子图，再进行渲染大尺寸的图纸，这样会加快渲染速度。关于光子图的使用我们将在下面的实例中讲述。

步骤 5 在渲染窗口中单击 （保存图像）按钮，在弹出的【保存图像】对话框中将文件命名为"客厅"，【保存类型】选择*.tif 格式，单击 保存(S) 按钮，就可以将渲染的图像保存，如图 20-23 所示。

图 20-23　对渲染的图像保存

步骤 6 按下 Ctrl+S 键，快速保存场景。

实 例 总 结

　　本实例通过制作客厅效果图，重点掌握制作效果图的流程及思路，以及怎样进行专业建模，然后合并家具、赋材质、设置灯光、VRay 渲染，从而得到真实的效果。

Example 实例 172 家装——现代卧室的制作

案例文件	DVD\源文件素材\第 20 章\实例 172.max		
视频教程	DVD\视频\第 20 章\实例 172. avi		
视频长度	18 分钟 56 秒	制作难度	★★★★★
技术点睛	建立模型细部、调制材质、设置灯光及 VRay 渲染出图		
思路分析	本实例通过制作卧室效果图来学习效果图的整体制作思路，打开前面制作好的框架，然后合并家具、调制材质、设置灯光及 VRay 渲染出图		

　　本实例的最终效果如下图所示。

操 作 步 骤

步骤 ① 启动 3ds Max 2012 中文版。

步骤 ② 打开本书光盘/"源文件素材/第 19 章/实例 167.max"文件,如图 20-24 所示。

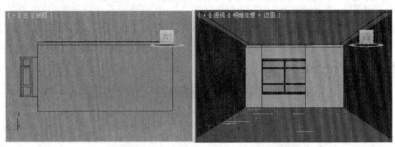

图 20-24 打开的"实例 167.max"

这个场景中的框架模型已经制作完成了,下面我们重点讲述材质的调制,及相机、灯光的设置,最终使用 VRay 渲染出图。

步骤 ③ 将随书光盘/"源文件素材/第 20 章"文件夹下的"卧室家具.max"文件合并到场景中,如图 20-25 所示。

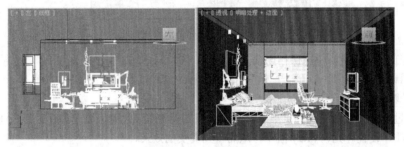

图 20-25 合并家具

步骤 ④ 右击鼠标,在弹出菜单中选择【全部解冻】,将 CAD 平面图删除。

步骤 ⑤ 单击菜单栏⑤按钮下的【另存为】命令,将此线架保存为"实例 172.max"。

■ 卧室材质的调制

卧室场景中框架的材质包括白乳胶漆、黄乳胶漆、地板,效果如图 20-26 所示。

① 白乳胶漆

② 黄乳胶漆

③ 地板

图 20-26 卧室场景中的主要材质

步骤 ① 按下 M 键,打开【材质编辑器】窗口,选择 1 个未用材质球,为其调制一种"白乳胶漆"材质，在这里就不讲述了，将调制好的"白乳胶漆"材质赋给天花及上面的装饰线。

步骤 ❷ 选择 1 个未用材质球，为其调制一种"黄乳胶漆"，在调制"黄乳胶漆"材质时使用了【VR 材质包裹器】，可以合理地控制墙面黄色乳胶漆颜色溢出的现象，如图 20-27 所示。

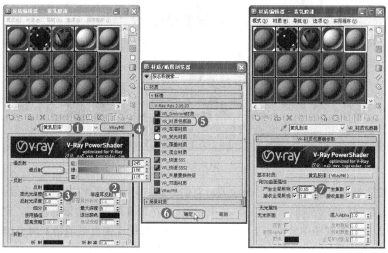

图 20-27　调制"黄乳胶漆"材质

步骤 ❸ 将调制好的"黄乳胶漆"材质赋给墙体。

步骤 ❹ 选择 1 个未用材质球，调制一种"地板"材质，在【漫反射】中添加一幅名为"地板 01.jpg"的位图，为地面添加【UVW 贴图】修改器，设置一下参数，调整地板的纹理，如图 20-28 所示。

图 20-28　为地面赋地板材质

▶ **技巧**

　　如果想快速地调制各种材质，最好的办法就是建立一个常用的材质库，当模型建立完成后，直接调用材质库中的材质就可以了。

■ 卧室摄影机及灯光的设置

步骤 ❶ 单击 ✥【创建】/ 📷（摄影机）/ 目标 按钮，在顶视图中拖动鼠标创建出目标摄影机。

步骤 ❷ 激活透视图，按下 C 键，透视图即可变成摄影机视图。在顶视图及前视图中调整一下摄影机的位置，稍微带一点俯视的效果，设置【镜头】为 28，调整一下【剪切平面】的参数，位置如图 20-29 所示。

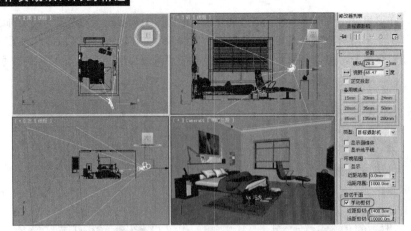

图 20-29　摄影机的位置及参数

下面我们来设置灯光，灯光分两部分来设置，它们分别是室内的灯光照明，以及室外的日光效果。

步骤 3 单击 （灯光）/VRay ＿＿＿＿＿/ VR_太阳 按钮，在顶视图中单击鼠标左键，创建一盏【VR 阳光】，在各个视图中调整一下它的位置，设置灯光的【强度倍增器】为 0.05，设置【大小倍增】为 3，目的是让阴影的边缘比较虚，参数及位置如图 20-30 所示。

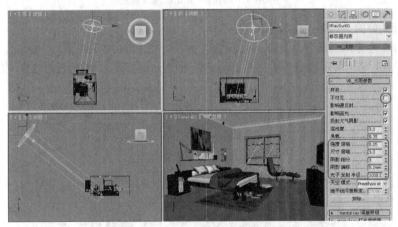

图 20-30　【VR 太阳】的位置及参数

下面我们用【VR_光源】来创建天光效果。

步骤 4 单击 （灯光）/VRay ＿＿＿＿＿/ VR_光源 按钮，在前视图凸窗的位置创建 3 盏 VR 灯光用于模拟天空光，设置【亮度】为 10 左右（因为我们选择的曝光方式不同了，所以灯光的亮度要大），设置颜色为淡蓝色（天空的颜色），位置如图 20-31 所示。

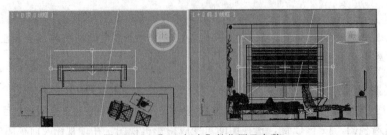

图 20-31　【VR 灯光】的位置及参数

步骤 5 单击 （灯光）/ 目标灯光 按钮，在前视图床头上面壁灯的位置创建一盏【目标灯光】，选择【光度学 Web】选项，光域网名称为"经典射灯.ies"，调整灯光的【强度】为 600 左右，使用【实例】的方式复制 2 盏，如图 20-32 所示的位置。

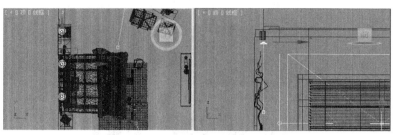

图 20-32　【目标点光源】的位置

步骤 6 在顶视图中创建一盏【VR_光源】，模拟顶面的发光效果，设置【颜色】为黄色，设置【倍增器】为 1 左右，将【不可见】选项取消，位置如图 20-33 所示。

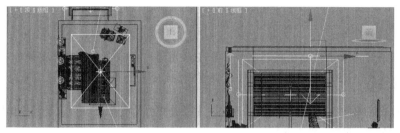

图 20-33　创建的 VR 灯光

这样卧室的灯光就设置完成了，下面需要设置一下 VRay 的渲染参数。

■　设置 VRay 的渲染参数

步骤 1 按下 8 键，打开【环境和效果】对话框，调整背景的颜色为白色。

步骤 2 按下 F10 键，在打开的【渲染设置】对话框中选择【VR_基项】选项卡，设置【全局开关】、【图像采样】参数，再选择【间接照明】选项卡，首先打开【全局照明环境】，设置一下其他参数，如图 20-34 所示。

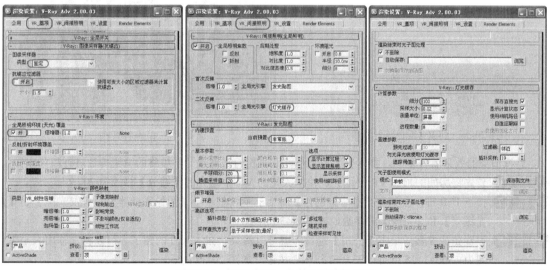

图 20-34　设置【VRay】的测试渲染参数

步骤 3 按下 Shift+Q 键快速渲染，此时的效果如图 20-35 所示。

图 20-35　渲染的效果

> ▶ **技巧**
>
> 在进行渲染时场景中的地毯我们采用了【VR 毛发】，在渲染过程中速度相对来说会慢一些，为了加快渲染速度，在进行测试过程中可以将【VR 毛发】隐藏起来，最终渲染时再显示出来。

通过上面的渲染效果我们不难看出很多问题，主要是曝光比较严重，再就是颜色和灯光对比较为强烈，整体有点灰暗，下面我们就来调整。

步骤④ 为了有一个合理的曝光控制，在【颜色映射】卷展栏下方【类型】右侧的窗口中选择【指数】曝光方式，调整【黑暗倍增器】、【变亮倍增器】的值为 1.2，如图 20-36 所示。

步骤⑤ 快速渲染观看效果，如图 20-37 所示。

图 20-36　调整【颜色映射】参数　　　　　图 20-37　渲染的效果

这次渲染的效果就好多了，整体也比较柔和。下面我们来设置一下最终的渲染参数进行渲染出图。

步骤⑥ 首先将房间的顶面 VR 平面光、模拟天光的 VR 平面光的【细分】修改为 20。

步骤⑦ 按下 F10 键，在打开的【渲染设置】对话框中调整一下【图像采样器】、【发光图】、【灯光缓存】和【系统】的参数，如图 20-38 所示。

步骤⑧ 设置完成参数后单击【公用】选项卡就可以渲染一张大尺寸的图了，可以将【输出大小】设置为 1500×1125 就可以了，单击 渲染 按钮，如图 20-39 所示。

步骤⑨ 经过两个左右小时的渲染，最终渲染效果如图 20-40 所示。

步骤⑩ 在渲染窗口中单击 ◼（保存图像）按钮，在弹出的【保存图像】对话框中将文件命名为"卧室"，【保存类型】选择*.tif 格式，单击 保存(S) 按钮就可以将渲染的图像保存。

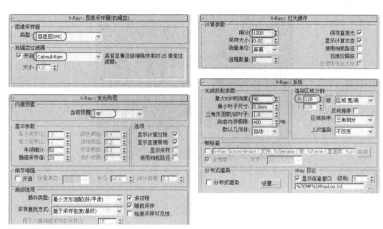

图 20-38 调整最终渲染参数

图 20-39 设置渲染尺寸

图 20-40 渲染效果

步骤 ⑪ 按下 Ctrl+S 键，将场景快速保存。

实 例 总 结

本实例通过制作卧室效果图，重点掌握制作效果图的流程及思路，及怎样快速地进行制作，首先合并家具，然后为其赋材质、设置灯光及使用 VRay 渲染。在设置 VRay 渲染时要掌握曝光方式的运用，从而得到真实的效果。

Example (实例) **173** 家装——东南亚书房的制作

案例文件	DVD\源文件素材\第 20 章\实例 173.max	
视频教程	DVD\视频\第 20 章\实例 173. avi	
视频长度	17 分钟 38 秒	制作难度	★★★★★
技术点睛	建立模型细部、调制材质、设置灯光及 VRay 渲染出图	
思路分析	本实例我们通过制作书房效果图来熟练掌握 VR 灯光的创建及 VR 渲染的设置	

本实例的最终效果如下图所示。

操作步骤

步骤 1 启动 3ds Max 2012 中文版，打开本书光盘/"源文件素材/第 20 章/实例 173.max"文件，如图 20-41 所示。

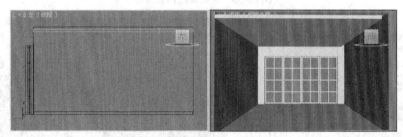

图 20-41　打开的"实例 173.max"

步骤 2 将随书光盘/"源文件素材/第 20 章"文件夹下的"书房家具.max"文件合并到场景中，并将其移动到合适位置，如图 20-42 所示。

图 20-42　合并家具后的位置

步骤 3 单击菜单栏 按钮下的【另存为】命令，将此线架保存为"实例 173A.max"。

书房模型的制作我们就不讲述了，材质也比较简单，场景框架的材质主要由白乳胶漆、壁纸、地板、黑胡桃、地毯组成，如图 20-43 所示。

图 20-43　书房场景中的主要材质

步骤 4 按下 M 键，打开【材质编辑器】窗口，选择第 1 个材质球，调制一种"白乳胶漆"材质，在这里就不讲述了，将调制好的"白乳胶漆"材质赋给天花。

步骤 5 选择第 2 个材质球，调制一种"壁纸"材质，在【漫反射】中添加一幅名为"ZW26400B2.jpg"的位图，将调制好的"壁纸"材质赋给墙体，为墙体添加【UVW 贴图】修改器，设置一下参数，调整壁纸的纹理，如图 20-44 所示。

图 20-44　为墙体赋壁纸材质

为了便于场景管理，我们可以把已经赋予壁纸的墙面转换为可编辑多边形，然后再将地板单独分离出来，这样在为地面、墙面赋材质时可以方便一些。

步骤 6 选择第 3 个材质球，调制一种"地板"材质，在【漫反射】中添加一幅名为"实木 A1.jpg"的位图，在【凹凸】中添加一幅名为"实木 B 缝.jpg"的贴图，使地板材质出现拼接缝，将调制好的"地板"材质赋给地面，具体参数如图 20-45 所示。

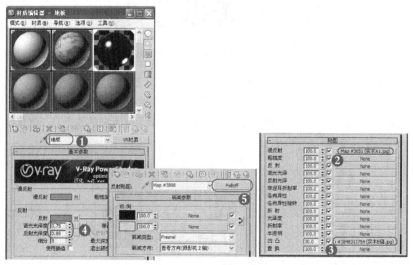

图 20-45　调制的地板材质

步骤 7 为地面添加【UVW 贴图】修改器，设置一下参数，调整地板的纹理，如图 20-46 所示。

现在还有黑胡桃材质了，选择一个未使用的材质球，使用 （吸管）在书橱上单击，此时就可以将上面的木纹材质吸到材质球上面了。

步骤 8 为黑胡桃材质赋给踢脚板及门框型，推拉门赋予一种白油材质。

● 为书房设置摄影机及灯光

图 20-46　为地面赋地毯材质

步骤 ① 在顶视图中创建一架【目标摄影机】，在前视图中将摄影机移动到高度为 1100 左右的位置，设置【镜头】为 28，再设置一下【剪切平面】的参数，如图 20-47 所示。

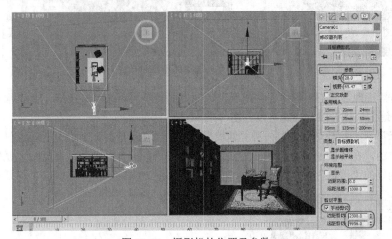

图 20-47　摄影机的位置及参数

灯光我们分两部分来设置，它们分别是室内的灯光照明，以及室外的日光效果。

步骤 ② 单击（灯光）/VRay/ VR_光源 按钮，在前视图推拉窗的位置创建一盏【VR_光源】，用于模拟天空光，设置亮度为 10 左右，设置颜色为淡蓝色（天空的颜色），位置如图 20-48 所示。

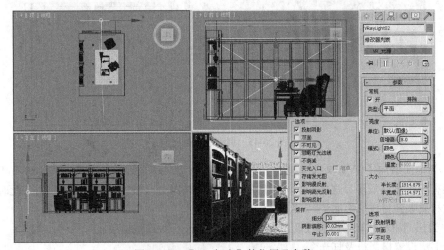

图 20-48　【VR 灯光】的位置及参数

步骤 ③ 在顶视图中灯槽的位置创建【VR_光源】，用于模拟灯槽的发光效果，位置及参数如图 20-49 所示。

步骤 ④ 在顶视图中书橱灯槽的位置创建【VR_光源】，用于模拟灯槽的发光效果，位置及参数如图 20-50 所示。

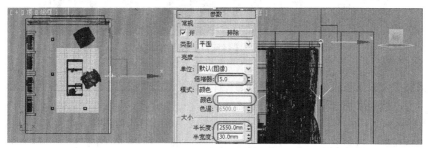

图 20-49 为灯槽创建灯光

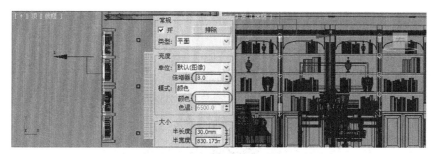

图 20-50 为书橱灯槽创建灯光

步骤 ⑤ 在顶视图中吊灯的位置创建一盏【VR_光源】，模拟吊灯的发光效果，设置【颜色】为黄色，设置【倍增器】为 2 左右，取消【不可见】，位置如图 20-51 所示。

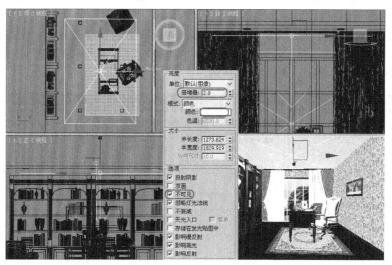

图 20-51 创建的吊灯效果

步骤 ⑥ 单击 ◇（灯光）/ 目标灯光 按钮，在前视图中拖动鼠标创建一盏【目标点光源】，【光度学 Web】文件选择"标准(cooper).ies"，设置【强度】为 3000 左右，然后实例复制多盏，如图 20-52 所示。

图 20-52 【目标点光源】的位置

步骤 7 为书房创建风景板。在顶视图中创建一个圆弧，执行【挤出】修改命令，设置【数量】为 3000 左右，然后添加一个【法线】修改命令。

步骤 8 按下 M 键，打开【材质编辑器】窗口，选择一个未用的材质球，将材质类型指定为【VR 灯光材质】，设置亮度为 2，然后添加一幅 "01.jpg" 风景的位图，将调制好的风景赋给圆弧，如图 20-53 所示。

图 20-53 为场景创建风景板

设置完灯光后，就可以设置一下简单的渲染参数进行渲染来观看一下整体的效果，发现不理想的地方及时调整。

步骤 9 按下 F10 键，在打开的【渲染设置】对话框中选择【V-Ray】选项卡，设置【图像采样器】、【环境】参数，再选择【间接照明】选项卡，首先打开【全局照明环境】，设置一下【发光图】、【灯光缓存】的参数，如图 20-54 所示。

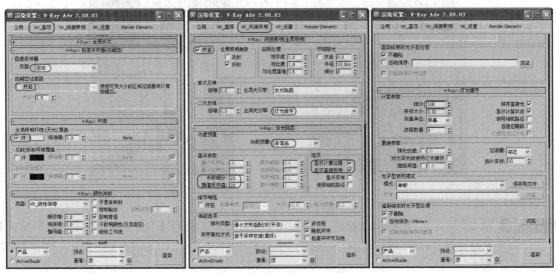

图 20-54 设置 VRay 的测试渲染参数

步骤 ⑩ 按下 Shift+Q 键快速渲染，此时的效果如图 20-55 所示。

图 20-55 渲染的效果

从上面的渲染结果来看，整体效果有点灰暗，这种现象我们在渲染参数中就可以调整了。

- 设置 VRay 的最终渲染参数

步骤 ① 首先将模拟天光及吊灯的【VR_光源】的【细分】修改为 20，然后取消【影响反射】，如图 20-56 所示。

步骤 ② 按下 F10 键，在打开的【渲染设置】对话框中调整一下【图像采样】、【发光贴图】、【灯光缓冲】、【颜色】的参数，如图 20-57 所示。

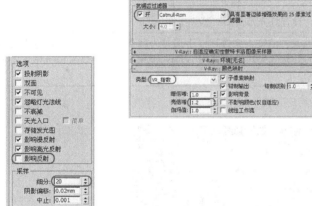

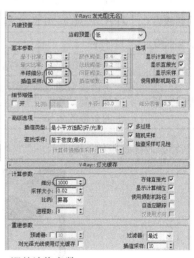

图 20-56 设置灯光的【细分】　　　　　　　　　图 20-57 调整渲染参数

步骤 ③ 设置完成参数后单击【公用】选项卡就可以渲染一张大尺寸的图了，可以将尺寸设置为 1500×1125 就可以了，单击 渲染 按钮，如图 20-58 所示。

步骤 ④ 经过 40 分钟左右的时间渲染，最终的渲染效果如图 20-59 所示。

步骤 ⑤ 在渲染窗口中单击 🖫 （保存图像）按钮，在弹出的【保存图像】对话框中将文件命名为"书房"，【保存类型】选择*.tif 格式，单击 保存(S) 按钮，就可以将渲染的图像保存。

步骤 ⑥ 按下 Ctrl+S 键，将场景快速保存。

图 20-58　设置渲染尺寸

图 20-59　渲染的效果

实 例 总 结

　　本实例通过制作书房效果图来重点掌握制作效果图的流程及思路，其中包括赋材质、设置灯光及 VRay 渲染。

Example 实例 174　工装——茶楼的制作

案例文件	DVD\源文件素材\第 20 章\实例 174.max		
视频教程	DVD\视频\第 20 章\实例 174. avi		
视频长度	11 分钟	制作难度	★★★★★
技术点睛	建立模型细部、调制材质、设置灯光及 VRay 渲染出图		
思路分析	本例我们通过茶楼这个场景的渲染，来讲述一下通过为背景添加一幅位图产生出真实的窗外风景，然后设置真实的灯光效果，最后使用 VRay 渲染，表现出现实情况中太阳照射下的茶楼的效果		

　　茶楼的最终效果如下图所示。

操 作 步 骤

步骤 ① 启动 3ds Max 2012 中文版，将单位设置为毫米。

步骤 ❷ 打开本书光盘/"源文件素材/第 20 章/174.max"文件，如图 20-60 所示。

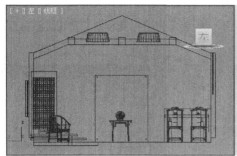

图 20-60　打开的场景

这个场景的材质也没有特殊的，分别是白乳胶漆、红乳胶漆、砖墙、白油、青石板、木纹等，如图 20-61 所示。这些材质我们前面都已经讲解过了，所以在这里关于材质的调制就不讲述了。

图 20-61　茶楼场景中的主要材质

首先我们为背景添加一幅风景，来模拟窗外的风景。

步骤 ❸ 按下 8 键，打开【环境和效果】对话框，单击 无 按钮，如图 20-62 所示。

步骤 ❹ 在弹出的【材质/贴图浏览器】中选择【位图】，如图 20-63 所示。

图 20-62　【环境和效果】对话框　　　　图 20-63　选择【位图】

步骤 5 在弹出的【选择位图图像文件】对话框中选择随书光盘/"源文件素材/第20章/贴图"文件夹下的"风景.jpg",如图20-64所示。

步骤 6 按下 Alt+B 键,打开【视口背景】对话框,勾选【使用环境背景】和【显示背景】,如图20-65所示。

图20-64 【选择位图图像文件】对话框

图20-65 【视口背景】对话框

下面我们就来讲述茶楼场景灯光的设置,然后进行使用 VRay 渲染。

步骤 7 单击 ⊕/✦/VRay ✓/VR_光源 按钮,在前视图创建一盏 VR 灯光,来模拟天空光,【倍增器】设置为 8 左右,【颜色】设置为淡蓝色(天空的颜色),位置如图20-66所示。

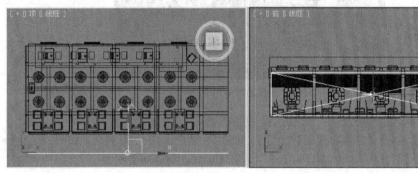

图20-66 创建的 VR 光源

步骤 8 在顶视图中沿 y 轴镜像复制一盏,放在对面的窗户外面,修改【倍增器】为 6 左右,其他默认即可,位置如图20-67所示。

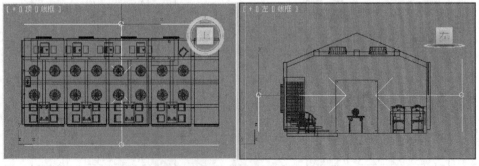

图20-67 VR_光源的位置

下面来创建 VR 阳光,来模拟现实中的太阳光效果。

步骤 ⑨ 单击 ⬥ / ⬦ / VRay ▾ / VR_太阳 按钮，在顶视图单击鼠标左键，创建一盏 VR 阳光，在各个视图调整一下它的位置，将灯光的【强度倍增】设置为 0.02，【尺寸倍增】设置为 3，目的是让阴影的边缘比较虚，参数及位置如图 20-68 所示。

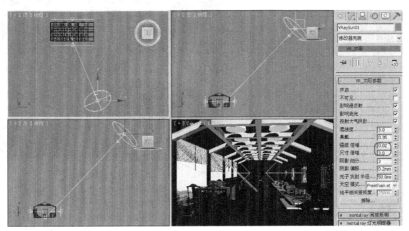

图 20-68　VR 阳光的位置及参数

下面我们就可以设置一下最终的渲染参数进行渲染出图。

● 使用 VRay 进行渲染

步骤 ① 首先将模拟天光的 VR 平面光的【细分】修改为 30。

步骤 ② 按下 F10 键，在打开的【渲染设置】对话框中，调整一下【图像采样】、【发光贴图】、【灯光缓冲】、【DMC 采样器】、【系统】的参数，如图 20-69 所示。

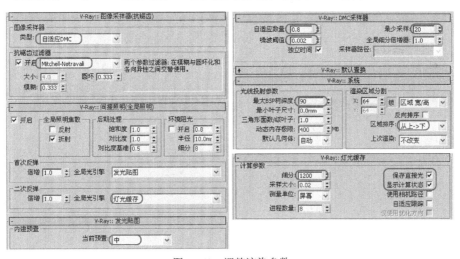

图 20-69　调整渲染参数

步骤 ③ 设置完成参数后单击 公用 选项卡，就可以渲染一张大尺寸的图了，可以将尺寸设置为 1500×1125 了，单击 渲染 按钮进行渲染，如图 20-70 所示。

步骤 ④ 经过一个左右小时的渲染，最终的渲染效果如图 20-71 所示。

步骤 ⑤ 在渲染窗口中单击 🖫（保存位图）按钮，在弹出的【保存图象】对话框中将文件命名为"茶楼"，【保存类型】选择*.tif 格式，单击 保存(S) 按钮，就可以将渲染的图象保存起来。

步骤 ⑥ 将此线架另存为"实例 174A.max"文件。

图 20-70　设置渲染尺寸　　　　　　　图 20-71　渲染的效果

 实 例 总 结

　　本例通过表现茶楼效果图来学习怎样为背景添加一幅位图，产生出真实的窗外风景效果，最终使用 VRay 进行渲染，产生真实的日光效果。

第21章　室内效果图的后期处理

本章内容
- ➢ 客厅的后期处理
- ➢ 卧室的后期处理
- ➢ 茶楼的后期处理
- ➢ 制作室内彩色平面图

后期处理作为效果图制作的最后一步，也是决定效果好坏至关重要的一步，它能弥补在 3ds Max 中表现的不足之处，可以说是起到扬长避短的作用。

使用 Photoshop 的最终目的是处理图像的色彩，对图像的色相、饱和度及明度进行恰如其分的调整。在对效果图后期的背景及配景融合时，由于图像都是从不同的素材上截取的，各配景的色调、对比度都不相同，如果它们同时出现在一个画面中会使整个场景的氛围不统一，此时可以使用 Photoshop 强大的色彩调节工具对配景进行处理。

下面我们就来学习它们的制作过程。

Example 实例 **175**　客厅的后期处理

案例文件	DVD\源文件素材\第 21 章\实例 175.tif 文件		
视频教程	DVD\视频\第 21 章\实例 175. avi		
视频长度	4 分钟 4 秒	制作难度	★★★
技术点睛	【曲线】、【亮度/对比度】、【照片滤镜】等工具的使用		
思路分析	本实例通过客厅效果图的后期处理，重点学习怎样使用 Photoshop 进行后期处理		

本实例的最终效果如下图所示。

操作步骤

步骤 ① 启动 Photoshop CS5 中文版。

步骤 ② 打开随书光盘/"源文件素材/第 20 章/客厅. tif"文件，这张渲染图是按照 1500×1125 的尺寸来渲染输出的，如图 21-1 所示。

现在观察和分析渲染的客厅效果，可以看出图稍微有些暗，并且带点灰，这就需要使用 Photoshop 先来调节该图整体的【亮度】和【对比度】。

步骤③ 在【图层】面板中按住【背景】层，将其拖动到下面的 🔲（创建新图层）按钮上，将背景图层复制一个，按下 Ctrl＋M 键，打开【曲线】对话框，调整参数如图 21-2 所示。

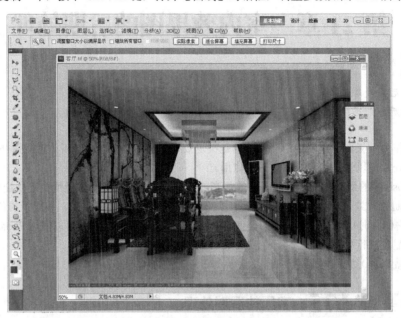

图 21-1　打开渲染的"客厅"

图 21-2　调整图像的亮度

步骤④ 按下 Ctrl＋L 键，打开【色阶】对话框，调整图片的亮度与对比度，如图 21-3 所示。

步骤⑤ 复制一个调整后的图层，在图层下面的下拉窗口中选择【柔光】，调整【不透明度】为 30 左右，效果如图 21-4 所示。

> ▶ 技巧
>
> 　　我们在实际工作中，无论使用 AutoCAD 还是使用 3ds Max 或 Photoshop 制作施工图或效果图，在绘制的过程中大都使用快捷键来操作，以提高作图的速度，这也是专业作图的基本要求。

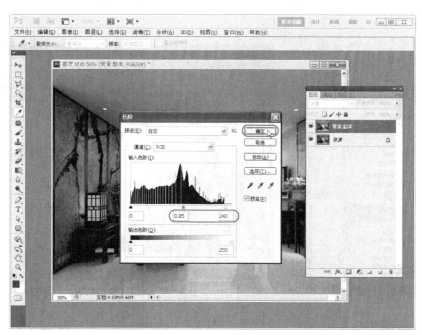

图 21-3　使用【色阶】调整图像的对比度

图 21-4　添加【柔光】效果

步骤 6 在【图层】面板下方单击 按钮，在弹出的菜单中选择【照片滤镜】，如图 21-5 所示。

步骤 7 在弹出的【照片滤镜】对话框中设置一下参数就可以了，如图 21-6 所示。

步骤 8 使用橡皮工具将近处【照片滤镜】的蓝色擦除，因为靠近窗户的位置采用的是冷色调，里面使用的是暖色调。

现在来观看整体效果就很舒服了，画面有了一个冷暖对比，可以对整体画面再调整一下【对比度】。

步骤 9 单击菜单栏中的【文件】/【存储为】命令，将处理后的文件另存为"实例 175.tif"。

此时，客厅的后期处理就完成了，读者可以根据自己的感受对效果图的每一部分进行精细调整。这一项工作是很感性的，所以希望大家多加练习，提高自己的审美能力，为以后作出更好的作品打下坚实的基础。

图 21-5　选择【照片滤镜】

图 21-6　调整【照片滤镜】的参数

实 例 总 结

本实例通过对客厅效果图的后期处理来学习如何以不同的手段进行修饰、处理渲染图片中的不足，同时也借助处理的手段进行美化、丰富所渲染的图片。

Example 实例 176　现代卧室的后期处理

案例文件	DVD\源文件素材\第 21 章\实例 176.tif 文件		
视频教程	DVD\视频\第 21 章\实例 176. avi		
视频长度	4 分钟 24 秒	制作难度	★★★
技术点睛	【曲线】、【亮度/对比度】、【照片滤镜】以及图层蒙版的使用		
思路分析	本实例我们来处理卧室渲染输出后的效果图，重点学习使用 Photoshop 为渲染的场景添加窗外的风景图片，从室内可以看见窗外的蓝天、白云，产生通透的效果		

本实例的最终效果如下图所示。

操 作 步 骤

步骤 1 启动 Photoshop CS5，打开随书光盘/"源文件素材/第 20 章/卧室.tif"文件，效果如图 21-7 所示。

图 21-7　打开的卧室效果图

现在观察和分析渲染的图片，可以看出图稍微有些暗，并且带点灰，这就需要使用 Photoshop 来调节该图的亮度和对比度。

步骤 2 按下 Ctrl＋M 键，打开【曲线】对话框，调整参数如图 21-8 所示。

▶ 技巧

在效果图后期处理过程中，【曲线】和【亮度/对比度】是使用比较频繁的命令，可以很方便、简单地修改图像的整体效果。

步骤 3 接着再单击【图像】/【调整】/【亮度/对比度】命令，打开【亮度/对比度】对话框，调整它的亮度与对比度，如图 21-9 所示。

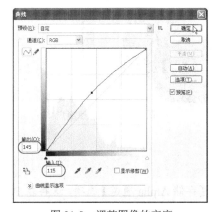

图 21-8　调整图像的亮度

图 21-9　调整图像的对比度

无论在使用【曲线】或【亮度/对比度】时，在对话框中都会有一个【预览】选项，建议读者在调整数值时可以通过【预览】先看一下整体效果。

步骤 ④ 经过前两步调整后的效果，如图 21-10 所示。

图 21-10　初步调节后的效果

下面我们需要添加一张比较合适的外景图片来模拟窗外的风景，希望读者平时多收集比较好的照片作为工作中的素材。这里使用一张和场景比较匹配的风景。

步骤 ⑤ 双击 Photoshop 的灰色操作界面，打开本书配套光盘/"源文件素材/第 21 章/风景.tif"文件，然后将其拖曳到卧室中，如图 21-11 所示。

步骤 ⑥ 在【图层】面板中单击【通道】，然后按住 Ctrl 键单击【Alpha 1】，此时全部选择窗户之外的部分，效果如图 21-12 所示。

图 21-11　将风景.jpg 拖曳到场景中

图 21-12　选择窗户

渲染输出时在【TIF 图像控制】窗口中，必须勾选【存储 Alpha 通道】选项，这样在 Photoshop 【通道】面板中才能有保存的通道。

步骤 7 回到【图层】中，按下 Ctrl＋Shift+I 键反选画面，然后单击【图层】面板下方的 ⬚（添加图层蒙版）按钮，此时的风景就移到了窗户的外面，效果如图 21-13 所示。

步骤 8 现在窗外的图片效果还可以，但是亮度还不够，需要调整一下，调整后的效果如图 21-14 所示。

图 21-13　删除多余的部分

图 21-14　调整窗外的风景

步骤 9 因为我们制作的是一个卧室效果图，整体应给人以温馨舒适的感觉，所以在色调上应以暖色调为主，下面就为其添加一个加温的【照片滤镜】命令，如图 21-15 所示。

步骤 10 卧室处理后的最终效果如图 21-16 所示。

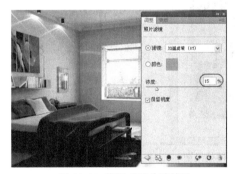

图 21-15　使用【照片滤镜】

图 21-16　卧室处理的最终效果

步骤 11 单击菜单栏中的【文件】/【存储为】命令，将处理完成的文件另存为"实例 176.tif"。

实 例 总 结

　　本实例通过对卧室效果图的后期处理来熟练操作前面所学的知识，同时学习如何使用【蒙版】工具在窗户的外面添加风景，从而可以更真实地模拟出现实情景。

Example 实例 177　茶楼的后期处理

案例文件	DVD\源文件素材\第 21 章\实例 177.tif 文件		
视频教程	DVD\视频\第 21 章\实例 177. avi		
视频长度	3 分钟 20 秒	制作难度	★★★
技术点睛	【曲线】、【亮度/对比度】、【照片滤镜】、✛（移动）工具		
思路分析	本实例我们来处理茶楼渲染输出后的效果图，重点学习用 Photoshop 为渲染的场景调整明暗度、对比度和整体的色调，并根据当前场景添加符合气氛的配景来烘托最终的设计效果		

茶楼的处理后效果如下图所示。

操 作 步 骤

步骤 1 启动 Photoshop CS5 中文版。

步骤 2 打开随书光盘/"源文件素材/第 20 章/茶楼.tif"文件，效果如图 21-17 所示。

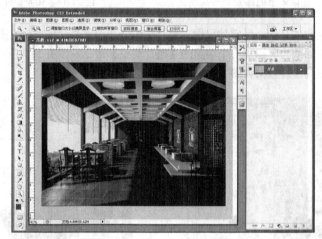

图 21-17　打开的茶楼效果图

　　现在观察和分析茶楼的效果图，可以看出通过 3ds Max 渲染得到的图稍微有些暗，并且细节表现不明显，这就需要使用 Photoshop 来调节该图的亮度和对比度。

步骤 3 在图层面板中按住背景层，将其向下拖动到图层面板下方的 ▣（创建新图层）按钮上，将背景图层复制一个，按下 Ctrl＋M 键，打开【曲线】对话框，调整参数，如图 21-18 所示。

步骤 4 接着再单击【图像】/【调整】/【亮度/对比度】命令，打开【亮度/对比度】对话框，调整它的亮度与对比度，如图 21-19 所示。

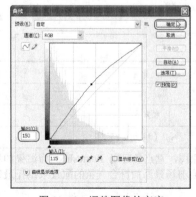

图 21-18　调整图像的亮度

图 21-19　调整图像的对比度

步骤 5 经过这两步调节后的效果，如图 21-20 所示。

图 21-20　初步调节后的效果

画面虽然修饰完成了，但是还缺少一些配景，添加配景的目的是让画面丰富，色调更和谐，使画面更加生动、逼真。下面我们对画面添加一些植物。

步骤 6 双击 Photoshop 的灰色操作界面，打开随书光盘/"源文件素材"/"第 21 章"/"植物.tif"文件。

步骤 7 单击工具箱中的 ➤ （移动）工具（或按 V 键），激活移动命令，将打开的"植物.tif"文件拖到"茶楼.tif"文件中，按下 Ctrl＋T 键，调整植物的大小及位置，调整一下【色彩平衡】及【亮度/对比度】，最终的效果如图 21-21 所示。

步骤 8 用同样的方法将"植物 01.tif"文件打开，移动到右上角，调整一下【亮度及对比度】及【色彩平衡】，最终效果如图 21-22 所示。

图 21-21　植物的位置

图 21-22　调整后的效果

步骤 9 用前面学过的同样的方法为图像添加一个【照片滤镜】命令，处理后的最终效果如图 21-23 所示。

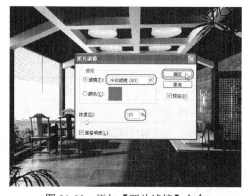

图 21-23　添加【照片滤镜】命令

步骤 ⑩ 按下 Ctrl＋Shift＋E 键，合并所有图层。

步骤 ⑪ 按下 Shift＋Ctrl＋Alt＋@键（选择图像的亮部），继续按下 Shift＋Ctrl＋I 键（反选选区），得到想要调整的暗部选取，如图 21-24 所示。

图 21-24　选择图像的暗部

步骤 ⑫ 按下 Ctrl＋J 键，把选区从图像中单独的复制一个图层，这时就可以对暗部单独的进行调整了，按下 Ctrl＋M 键，打开【曲线】对话框，调整参数，如图 21-25 所示。

步骤 ⑬ 再用【橡皮擦】工具把不太理想的地方擦掉，最终效果如图 21-26 所示。

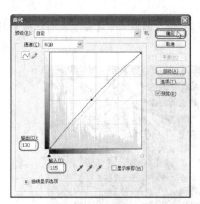

图 21-25　调整图像的亮度

图 21-26　调整后的效果

步骤 ⑭ 单击菜单栏中的【文件】/【存储为】命令，将处理完成的文件另存为"实例 177.tif"文件。

实 例 总 结

　　本实例通过对茶楼效果图的后期处理，熟练操作前面所学的知识，学习如何以不同的手段进行修饰、处理渲染得到的图片中的不足，同时也借助处理的手段进行美化、丰富所渲染的图片。

Example 实例 **178** 制作室内彩色平面图

案例文件	DVD\源文件素材\第 21 章\实例 178.tif		
视频教程	DVD\视频\第 21 章\实例 178. avi		
视频长度	14 分钟 35 秒	制作难度	★★★
技术点睛	使用【色彩范围】选择、（魔棒）工具和（移动）工具		
思路分析	本实例我们来处理一套两室两厅的彩色平面图，重点学习怎样将 CAD 图纸输出到 Photoshop 中进行调整		

本实例的最终效果如下图所示。

操 作 步 骤

步骤 ① 启动 AutoCAD 2012 中文版。

步骤 ② 打开随书光盘/ "源文件素材/第 21 章/套二双厅.dwg" 文件，如图 21-27 所示。

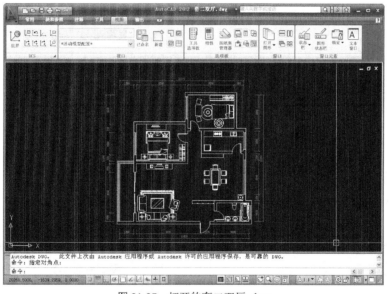

图 21-27 打开的套二双厅.dwg

步骤 ③ 单击菜单栏中的【文件】/【打印】命令，在弹出的【打印-模型】对话框中选择【打印机】的名称为 "PublishToWeb PNG.pc3"，单击 [特性(R)...] 按钮，如图 21-28 所示。

步骤 ④ 在弹出的【绘图仪配置编辑器】窗口中选择自定义图纸尺寸，单击 [添加(A)...] 按钮，如图 21-29 所示。

▶ 技巧

　　在【打印】对话框中【图纸尺寸】下方的下拉列表中可以选择图纸，但是尺寸比较小，我们可以使用【自定义图纸尺寸】来定义一张比较大纸，这样画面就清楚一些，最后还要根据打印的图纸尺寸来定。

步骤 5 此时弹出【自定义图纸尺寸】对话框中单击 下一步(N) > 按钮，如图 21-30 所示。

图 21-28 打印窗口

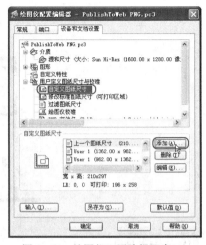

图 21-29 绘图仪配置编辑器窗口

步骤 6 在弹出的【自定义图纸尺寸-介质边界】对话框中设置【宽度】为 3000，设置【高度】为 2250，单击 下一步(N) > 按钮，如图 21-31 所示。

图 21-30 【自定义图纸尺寸】对话框

图 21-31 【自定义图纸尺寸】对话框

步骤 7 在【自定义图纸尺寸-图纸尺寸名】对话框中单击 下一步(N) > 按钮，如图 21-32 所示。

步骤 8 在【自定义图纸尺寸-完成】对话框中单击 完成(F) 按钮，如图 21-33 所示。

图 21-32 【自定义图纸尺寸】对话框

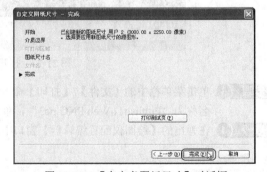

图 21-33 【自定义图纸尺寸】对话框

步骤 9 再回到【绘图仪配置编辑器】窗口中，单击 确定 按钮，在【打印】对话框中的【图纸尺寸】下拉列表中选择【用户 1（3000 像素×2500 像素）】图纸，然后勾选【居中打印】选项，如图 21-34 所示。

步骤 10 在【打印】对话框中【打印范围】下拉列表中选择【窗口】选项，在窗口中拖出一个矩形框，将平面图选择，如图 21-35 所示。

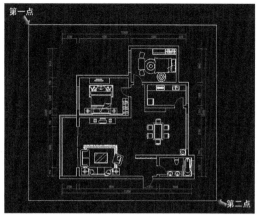

图 21-34　【打印】对话框　　　　　　图 21-35　自定义图纸尺寸

▶ 技巧

　　在打印之前可以先单击 预览(P)… 按钮观看，如果打印图纸的方向不对，可以通过单击⊙按钮显示出更多的选项来设置打印图纸的方向。

步骤⑪　在【打印】对话框中单击 确定 按钮，此时弹出【浏览打印文件】对话框，选择好文件的路径，单击 保存(S) 按钮，如图 21-36 所示。

图 21-36　【浏览打印文件】对话框

此时的 CAD 平面图就打印输出为一张 3000×2250 的图片了，这时我们就可以使用 Photoshop 进行修改了。

步骤⑫　启动 Photoshop CS5 中文版，打开刚才打印输出的"套二双厅-Model.png"文件。

步骤⑬　执行【选择】/【色彩范围】菜单命令，在弹出的【色彩范围】对话框中设置【颜色容差】为 100，将吸管放在白色上点一下，再单击 确定 按钮，如图 21-37 所示。

步骤⑭　此时白颜色全部被选中，按下 Ctrl＋Shift＋I 键反选，再按下 Ctrl＋C 键复制选择的图纸，最后按下 Ctrl＋V 键粘贴，复制了一个新的图层。将背景层（图层 0）填充为白色，如图 21-38 所示。

步骤⑮　在【图层】面板上回到【图层 1】，单击工具箱中的 ✎（魔棒）工具（或按下 W 键），激活【魔棒】工具，单击 ▣（添加到选区）按钮，勾选【连续】选项，在窗口中连续单击墙体，选择所有的墙体，如图 21-39 所示。

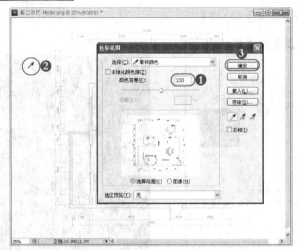

图 21-37　【色彩范围】对话框

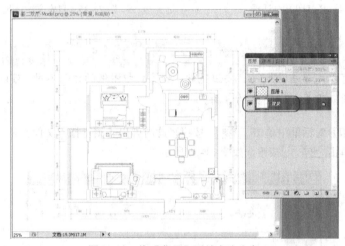

图 21-38　将【背景】层填充为白色

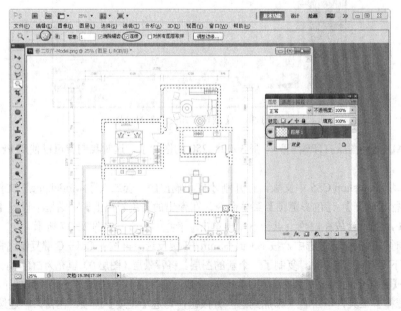

图 21-39　选择墙体

步骤 ⓰ 按下 D 键，将前景色转换为黑色，按下 Alt+Delete 键，填充前景色，此时墙体被填充为黑色，按下 Ctrl＋D 键取消选取，效果如图 21-40 所示。

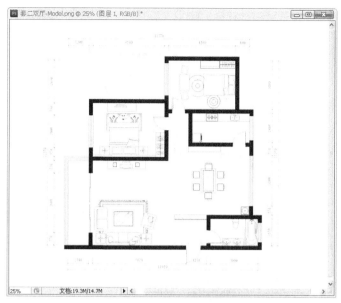

图 21-40　将墙体填充为黑色

下面来填充地面。

步骤 ⓱ 双击 Photoshop 的灰色操作界面，打开随书光盘/"源文件素材/第 21 章/彩坪地板.jpg"文件。

步骤 ⓲ 单击工具箱中的 ⏹️（移动）工具（或按 V 键），将打开的"彩坪地板.jpg"文件拖动到场景中，作为"卧室"的地板，调整一下大小，效果如图 21-41 所示。

步骤 ⓳ 复制一个拖入的地板放在儿童房里面，将多余的部分删除，效果如图 21-42 所示。

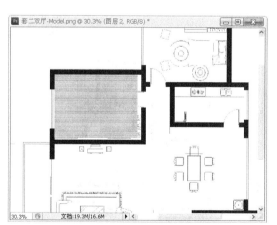

图 21-41　为主卧铺地板

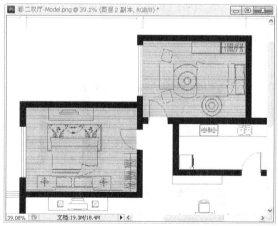

图 21-42　为次卧铺地板

步骤 ⓴ 使用同样的方法将"地砖.jpg"、"地砖 01.jpg"、"马赛克.jpg"文件拖到场景中，将地砖放在客厅、餐厅及走廊里面，地砖 01 放在厨房及卫生间里面，如果大小不合适，可以复制几块地砖拼起来，效果如图 21-43 所示。

下面我们来摆放家具。

步骤 ㉑ 打开随书光盘/"源文件素材/第 21 章/彩坪图块. psd"文件。

步骤 ㉒ 在"彩坪图块．psd"文件中选择"卧室家具"，然后将其移动到卧室中，位置及大小参照平面图就可以了，最后将CAD线形删除，如图21-44所示。

图21-43　制作的地面

▶ 技巧

房间里面的家具图块如果没有阴影，就显得家具漂浮，所以读者如果自己在放置家具时一定要制作出阴影的效果，这样会显得更真实一些。

步骤 ㉓ 使用同样的方法将"儿童房"、"客厅"、"厨房"、"卫生间"里面的家具放上，效果如图21-45所示。

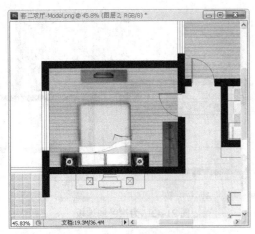

图21-44　卧室摆放家具的效果

图21-45　卧室摆放家具的效果

步骤 ㉔ 最后在每一个房间里面打上文字说明，复制多组后修改房间名称及材料，最后将细部及尺寸标注再修改一下，最终效果如图21-46所示。

步骤 ㉕ 按下Ctrl+S键，保存文件为"实例178 tif"。

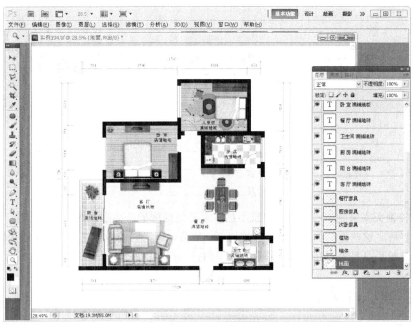

图 21-46　输入的文字

实例总结

本实例通过对"套二双厅.dwg"平面图输出到 Photoshop 中来详细讲述使用【打印】输出的方法与技巧，通过使用 Photoshop 这个强大的图像处理软件，将一个简单的线框图纸变成一个彩色的平面图。这样的平面图看起来更加美观、真实。

第22章　室外建筑小品的制作

本章内容

➢ 廊架   ➢ 路旗广告   ➢ 遮阳伞

➢ 凉亭   ➢ 花坛座   ➢ 公共座椅

➢ 候车亭   ➢ 阳台护栏

➢ 路灯   ➢ 喷泉

本章我们带领大家来制作一些室外建筑小品，主要包括廊架、凉亭、候车亭、雕塑、围墙、路灯、喷泉和阳台护栏等。这些建筑小品是整个建筑的一小部分，因为它们的存在才有了丰富多彩的室外景观，所以做好这些建筑小品是为后面制作室外景观效果图打下很好的基础。

Example 实例 179 廊架

案例文件	DVD\源文件素材\第22章\实例179.max		
视频教程	DVD\视频\第22章\实例179. avi		
视频长度	5分钟19秒	制作难度	★★
技术点睛	【弧】、【编辑样条线】、【倒角】修改命令的使用，【阵列】工具的操作		
思路分析	本实例通过制作一个廊架造型来学习【编辑样条线】、【倒角】、【挤出】修改命令的使用		

本实例的最终效果如下图所示。

操 作 步 骤

步骤 1 启动3ds Max 2012中文版，将单位设置为毫米。

步骤 2 单击 ❋（创建）/ ⚬（图形）/ ＿＿弧＿＿ 按钮，在顶视图中绘制一个圆弧（作为底座），参数如图22-1所示。

步骤 3 为圆弧添加【编辑样条线】修改命令，进入 ∧（样条线）子对象层级，在【轮廓】右侧的窗口中输入800，勾选【中心】，单击 ＿轮廓＿ 按钮，如图22-2所示。

步骤 4 为轮廓后的圆弧添加一个【倒角】修改命令，调整【倒角】的数值如图22-3所示。

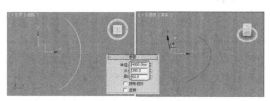

图 22-1　绘制的圆弧

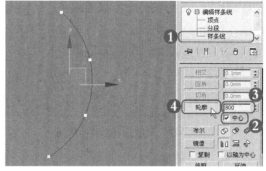

图 22-2　轮廓后的效果

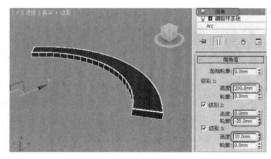

图 22-3　设置【倒角】参数

步骤 5 单击 ※（创建）/ ○（几何体）/ 圆柱体 按钮，在顶视图中创建一个圆柱体，参数及位置如图 22-4 所示。

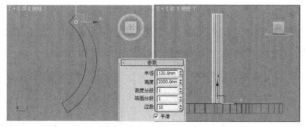

图 22-4　圆柱体的位置及参数

步骤 6 在前视图中沿 y 轴复制一个，修改一下参数再将其放置在上方，位置如图 22-5 所示。

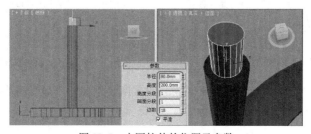

图 22-5　小圆柱体的位置及参数

步骤 7 同时选择两个圆柱体，将它们成为一组，这样操作的目的是后面执行【阵列】修改命令时方便管理，效果如图 22-6 所示。

步骤 8 下面我们以底座的中心为柱子的坐标轴，使用【阵列】命令生成 4 个，设置 z 轴的旋转阵列度数为-128°，效果如图 22-7 所示。

图 22-6　将圆柱体进行成组

步骤 9 在柱子的上面制作一个梁，首先绘制一个与底座数值相同的圆弧，添加【编辑样条线】修改命令，再为其施加值为 280 的轮廓，最后添加【挤出】修改命令，设置【数量】为 200，效果如图 22-8 所示。

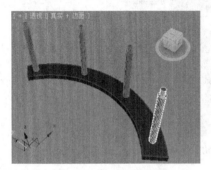
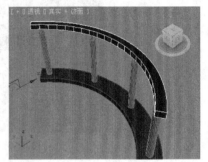

图 22-7　阵列后的效果　　　　　　　　　　图 22-8　制作的梁

步骤 10 在前视图中绘制一个 180×2000 的矩形，为其添加【编辑样条线】修改命令，进入 ∴ （顶点）子对象层级，调整一下形态，效果如图 22-9 所示。

步骤 11 为绘制的线形施加【挤出】修改命令，设置【数量】为 40，然后在顶视图中将其移动到合适的位置，使用旋转工具调整一下角度，效果如图 22-10 所示。

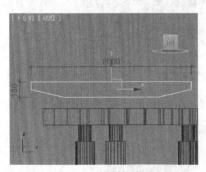

图 22-9　绘制的线形　　　　　　　　　　图 22-10　旋转后的效果

步骤 12 使用【阵列】命令生成 20 个当前对象，设置度数为 110°，最终效果如图 22-11 所示。

步骤 13 保存文件，命名为"实例 179.max"。

实 例 总 结

本实例通过制作廊架造型学习了弧的绘制及修改，通过【倒角】、【挤出】修改命令制作底座及上面的造型，最后使用【阵列】修改命令生成多个柱子及木条造型。

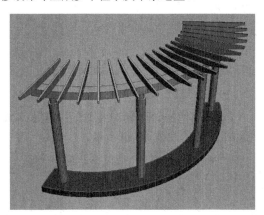

图 22-11　制作的廊架效果

Example 实例 **180** 凉亭

案例文件	DVD\源文件素材\第 22 章\实例 180.max		
视频教程	DVD\视频\第 22 章\实例 180. avi		
视频长度	3 分钟 48 秒	制作难度	★★
技术点睛	【四棱锥】的创建，【编辑多边形】、【晶格】修改的使用		
思路分析	本实例通过制作凉亭造型来学习四棱锥的创建与修改，并配合【编辑多边形】修改命令编辑不需要的部分，再通过【晶格】修改命令制作出凉亭的顶部造型		

本实例的最终效果如下图所示。

操 作 步 骤

步骤 ① 启动 3ds Max 2012 中文版，将单位设置为毫米。

步骤 ② 在顶视图中创建一个 3600×3600×1200 的四棱锥，修改其【宽度分段】、【深度分段】和【高度分段】值分别为 3，如图 22-12 所示。

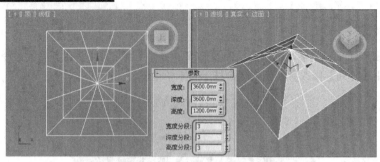

图 22-12　创建的四棱锥

步骤 ③ 为创建的四棱锥添加【编辑多边形】修改命令，按下 4 键进入 ■（多边形）子对象层级，将底部的多边形全部选择并删除，如图 22-13 所示。

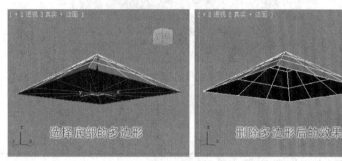

图 22-13　删除底部的多边形

步骤 ④ 退出【编辑多边形】修改命令，再为其添加【晶格】修改命令，具体的参数设置如图 22-14 所示。

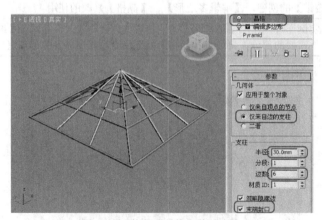

图 22-14　执行【晶格】修改命令

▶ 技巧

在使用【晶格】命令时如果仅使用 ⊙ 仅来自边的支柱 选项，顶端的封口处会出现空洞现象，在这里需要勾选 ☑ 末端封口 选项，修改产生的错误。

步骤 ⑤ 再将制作的凉亭定支架原位复制一个，删除【晶格】修改命令，作为凉亭的玻璃顶。

步骤 ⑥ 在顶视图中绘制一个 3700×3700 的矩形，通过【编辑样条线】修改命令将矩形轮廓向内偏移 500，再执行【挤出】修改命令，设置挤出【数量】为 60，作为凉亭的檐，调整其位置如

图 22-15 所示。

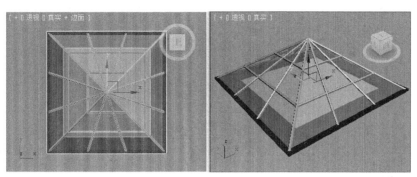

图 22-15　制作凉亭的檐

步骤 7 激活顶视图，在凉亭顶部角的位置创建一个 450×450×80 的长方体作为柱座，450×450×60 的长方体作为柱顶部，半径为 175，高度为 2260 的圆柱体作为柱子，然后再进行实例复制，得到如图 22-16 所示效果。

步骤 8 保存文件，命名为"实例 180.max"。

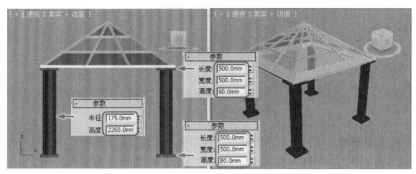

图 22-16　制作凉亭的柱子和柱座

实例总结

本实例通过制作凉亭的造型学习了四棱锥的创建，并通过【编辑多边形】和【晶格】修改命令来编辑出凉亭顶部造型，最后创建【长方体】和【圆柱体】完成凉亭的制作。

Example 实例 181 候车亭

案例文件	DVD\源文件素材\第 22 章\实例 181.max		
视频教程	DVD\视频\第 22 章\实例 181.avi		
视频长度	14 分钟 2 秒	**制作难度**	★★
技术点睛	绘制【弧】，使用【编辑样条线】、【挤出】修改命令进行修改，创建 C-Ext 作为槽型钢立柱		
思路分析	本实例通过 C-Ext 的创建得到候车亭的槽型钢立柱造型，再练习绘制线形，并配合【挤出】修改命令制作出候车亭的顶部和构件		

本实例的最终效果如下图所示。

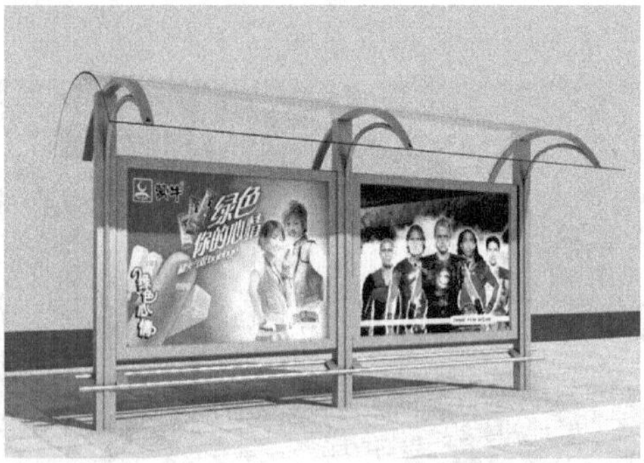

操作步骤

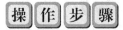

步骤 1 启动 3ds Max 2012 中文版，将单位设置为毫米。

步骤 2 在左视图中绘制如图 22-17 所示的弧，添加【编辑样条线】修改命令，进入（样条线）子对象层级，为绘制的弧施加值 10 的轮廓。

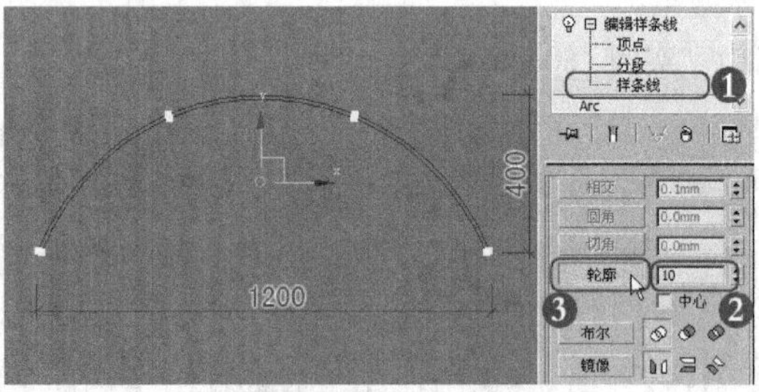

图 22-17 绘制并修改后的弧

步骤 3 为绘制的线形添加【挤出】修改命令，设置挤出【数量】为 3600，作为候车亭的顶。

步骤 4 按照相同的方法，制作出玻璃顶底部的弧形梁，修改挤出【数量】为 60。

步骤 5 在左视图中绘制如图 22-18 所示的线形，修改渲染下的【厚度】为 35，作为支架。

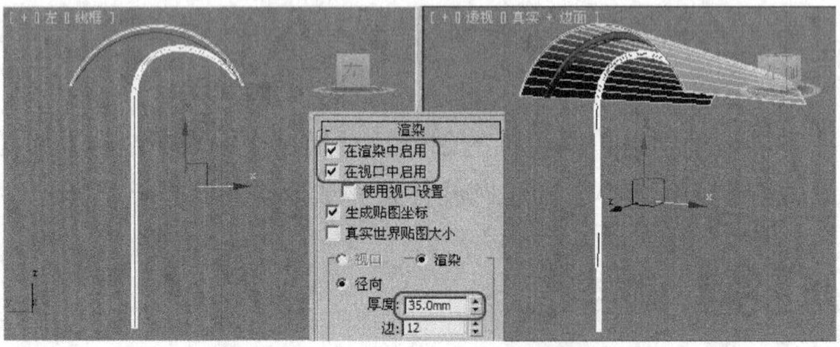

图 22-18 作为支架的曲线

步骤 6 在顶视图中创建一个 C-Ext 参数如图 22-19 所示，然后将其沿 z 轴旋转 90°，作为候车亭的槽型钢立柱。

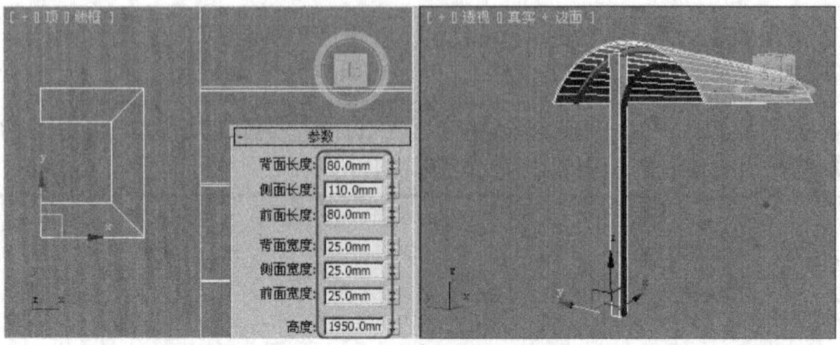

图 22-19 创建 C-Ext 作为立柱

▶ 技巧

为了作图方便，其实在制作立柱时也可以用线绘制出剖面，然后使用【挤出】修改命令生成三维造型是非常方便的建模方式。

步骤 ⑦ 将制作的立柱、支架和弧形梁复制 2 组，并将其调整至合适的位置。

步骤 ⑧ 在左视图中创建【半径】为 15，【高度】为 3400 的圆柱体，并调整至合适的位置再进行复制，如图 22-20 所示。

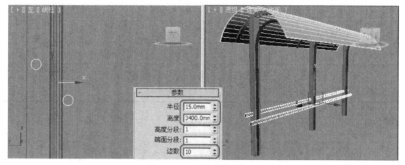

图 22-20　创建的圆柱体

步骤 ⑨ 使用线形绘制候车亭的固定件，并为其添加【挤出】修改命令，设置挤出【数量】为 80，并根据立柱的位置复制 3 个，如图 22-21 所示。

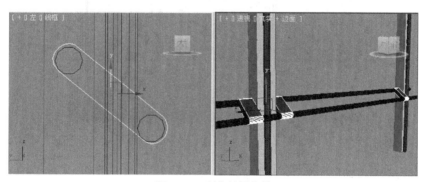

图 22-21　制作的固定件

步骤 ⑩ 在中间创建【长方体】，并将其转换为【可编辑多边形】，再修改一下，制作出广告灯箱，效果如图 22-22 所示。

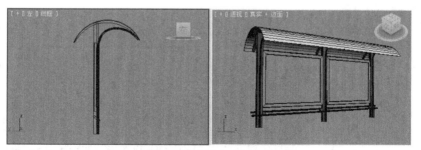

图 22-22　制作的广告灯箱

步骤 ⑪ 保存文件，命名为"实例 181.max"。

实 例 总 结

本实例通过制作候车亭造型来熟练掌握线形的绘制与编辑，及通过【挤出】修改命令生成三维物体，并使用【C-Ext】制作出候车亭的槽型钢立柱，从而完成候车亭的制作。

Example 实例 **182** 路灯

案例文件	DVD\源文件素材\第 22 章\实例 182.max		
视频教程	DVD\视频\第 22 章\实例 182.avi		
视频长度	6 分钟 19 秒	制作难度	★ ★
技术点睛	【圆柱体】、【圆环】的创建，使用【对齐】工具调整位置		
思路分析	本实例通过制作路灯来熟悉圆柱体、圆环的创建和修改，并配合【对齐】、【阵列】修改命令制作出路灯造型		

本实例的最终效果如下图所示。

操 作 步 骤

步骤 ① 启动 3ds Max 2012 中文版，将单位设置为毫米。

步骤 ② 在顶视图中创建圆柱体，将其复制并修改一个，制作出路灯的灯杆，具体数值和位置如图 22-23 所示。

步骤 ③ 同样，在顶视图中使用圆柱体制作出路灯的灯头，具体数值及位置如图 22-24 所示。

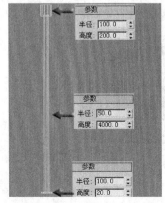

图 22-23 制作路灯的灯杆

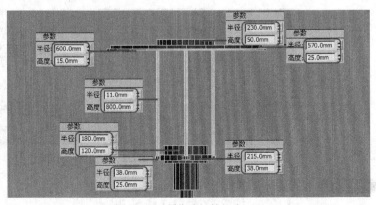

图 22-24 制作路灯的灯头

▶ **技巧**

　　在制作路灯的灯头和灯杆过程中，希望大家熟练使用【对齐】和【阵列】修改工具，便于控制模型的准确性。

步骤 4　在顶视图中创建一个管状体，作为路灯的发光灯柱和装饰环，如图 22-25 所示，完成路灯的制作。

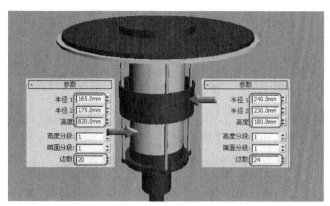

图 22-25　创建的圆环

步骤 5　保存文件，命名为"实例 182.max"。

实 例 总 结

　　本实例通过制作路灯造型来学习圆柱体、圆环的创建与修改，并配合【对齐】、【阵列】工具制作出路灯的造型。

Example 实例 **183**　路旗广告

案例文件	DVD\源文件素材\第 22 章\实例 183.max		
视频教程	DVD\视频\第 22 章\实例 183. avi		
视频长度	6 分钟 19 秒	制作难度	★★
技术点睛	【挤出】命令、【车削】		
思路分析	本例通过制作路面广告来熟悉线形的绘制与编辑，以及配合【车削】命令快速的制作出所需要的造型		

　　本实例的最终效果如下图所示。

操 作 步 骤

步骤 ❶ 启动 3ds Max 2012 中文版，将单位设置为毫米。

步骤 ❷ 在前视图中绘制 3000×100 的矩形，如图 22-26 所示。

图 22-26　绘制的矩形

步骤 ❸ 施加【编辑样条线】命令，进入 ⋰（顶点）层级，使用 Refine （优化）按钮插入多个顶点，然后调整一下形态，如图 22-27 所示。

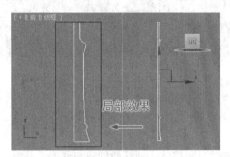

图 22-27　调整后的线形

步骤 ❹ 在修改器列表中添加【车削】命令，单击【对齐】下的 最小 按钮，效果如图 22-28 所示。

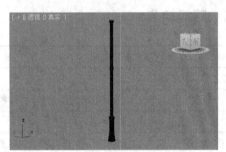

图 22-28　车削后的效果

步骤 ❺ 用线命令在左视图中绘制一条曲线，勾选【渲染】下的【在渲染中启用】和【在视口中启用】选项，，设置【厚度】为 36，作为下面的装饰造型，然后阵列 4 个，效果如图 22-29 所示。

图 22-29　制作的装饰

步骤 6 用线及椭圆命令在前视图绘制出上面的支架，形态如图 22-30 所示。

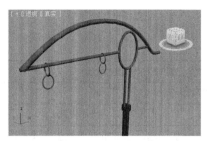

图 22-30　制作的支架

步骤 7 灯箱的制作主要是绘制矩形，施加【编辑样条线】命令调整下部两个顶点的形态，最后使用【挤出】来完成，外面的框架也是一样，效果如图 22-31 所示。

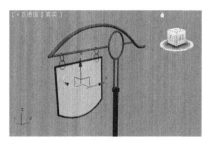

图 22-31　制作的灯箱

步骤 8 用【车削】及【挤出】命令制作出一个路灯，效果如图 22-32 所示。

图 22-32　制作的路灯

步骤 9 赋予材质后渲染的效果如图 22-33 所示。

图 22-33　赋予材质后的效果

步骤 10 将文件进行保存，命名为"实例 183.max"。

本例通过制作路面广告造型来学习了线形绘制的方法及技巧，主要绘制线形制作出支架部分，灯箱

主要用【挤出】来完成的，最后再制作一个路灯就完成了。

Example 实例 **184** 花坛座

案例文件	DVD\源文件素材\第22章\实例184.max		
视频教程	DVD\视频\第22章\实例184. avi		
视频长度	3分钟52秒	制作难度	★★
技术点睛	线的绘制，圆柱体的创建，【编辑样条线】、【车削】、【倒角剖面】、【布尔运算】修改命令的使用		
思路分析	本实例通过制作一个花坛造型来学习【车削】、【倒角轮廓】、【布尔运算】修改命令的使用		

本实例的最终效果如下图所示。

操作步骤

步骤 1 启动3ds Max 2012中文版，将单位设置为毫米。

步骤 2 在前视图中绘制如图22-34所示的线形，在修改器列表中选择【车削】修改命令，得到花坛顶部造型。

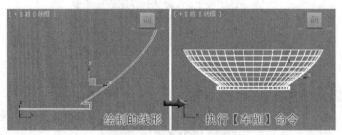

图22-34 花坛顶部的效果

步骤 3 在前视图中绘制用于执行【倒角剖面】修改命令的剖面，在顶视图中绘制900×900的矩形，如图22-35所示。

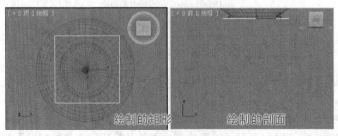

图22-35 绘制的矩形和线形

步骤 4 将绘制的矩形处于选中状态，添加【倒角剖面】修改命令，单击 拾取剖面 按钮，在前视图中拾取绘制的剖面，生成花坛的底座。

步骤 5 在前视图中创建【半径】为 180，【高度】为 1800 的圆柱体，修改【高度分段】数为 1，【边数】为 15，将其调整至合适的位置，如图 22-36 所示。

图 22-36　创建的圆柱体

▶ **技巧**

适当减少参与【布尔】命令对象的面片数，可以控制【布尔】后生成对象的面片。

步骤 6 选择制作的花坛底座，在【复合对象】下选择【布尔】命令，在【拾取布尔】下单击 拾取操作对象B 按钮，在视图中单击创建的圆柱体，完成花坛的制作，如图 22-37 所示。

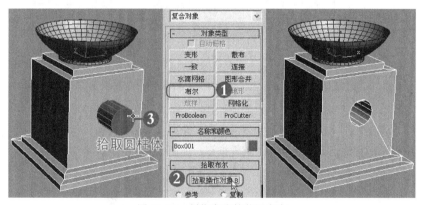

图 22-37　制作完成的花坛底座

步骤 7 保存文件，命名为"实例 184.max"。

实 例 总 结

本实例通过制作一个花坛造型来学习线形的绘制与编辑，并配合【车削】和【倒角轮廓】修改命令制作出需要的造型，再通过【布尔】修改命令制作出花坛底座的孔洞。

Example 实例 **185** 阳台护栏

案例文件	DVD\源文件素材\第 22 章\实例 185.max
视频教程	DVD\视频\第 22 章\实例 185. avi

视频长度	13 分钟 45 秒	制作难度	★★
技术点睛	矩形的绘制，【编辑样条线】、【挤出】、【倒角】及【车削】修改命令的使用		
思路分析	本实例通过制作阳台护栏造型来学习【车削】和【倒角】修改命令的使用		

本实例的最终效果如下图所示。

操 作 步 骤

步骤 ① 启动 3ds Max 2012 中文版，将单位设置为毫米。

步骤 ② 在前视图中绘制一个 10000×15000 的大矩形，在中间绘制一个 2600×4500 的小矩形，再将小矩形复制一个，如图 22-38 所示。

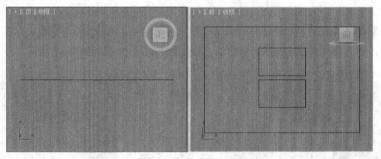

图 22-38　绘制的矩形

步骤 ③ 为矩形添加一个【编辑样条线】修改命令，单击 附加多个 按钮，在弹出的【附加多个】对话框中框选所有的矩形，再单击 附加 按钮，如图 22-39 所示。

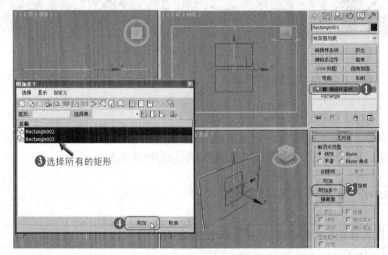

图 22-39　将矩形附加为一体

步骤④ 为附加后的矩形添加【挤出】修改命令，设置挤出【数量】为 240，效果如图 22-40 所示。

图 22-40　挤出后的效果

步骤⑤ 在前视图中使用【捕捉】方式绘制一个 2600×4500 的矩形（作为"窗框"），添加【编辑样条线】修改命令，进入 ∧（样条线）子对象层级，在【轮廓】右侧的窗口中输入 60，单击　轮廓　按钮，如图 22-41 所示。

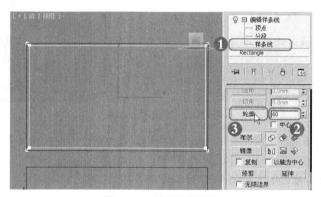

图 22-41　轮廓后的效果

步骤⑥ 进入 ∧（分段）子对象层级，选择左侧里面的线段，将其移动到右侧的位置，效果如图 22-42 所示。

步骤⑦ 进入 ∧（样条线）子对象层级，在前视图中选择里面的小矩形，将其复制 3 个，效果如图 22-43 所示。

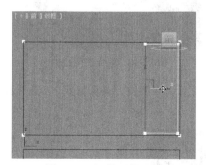
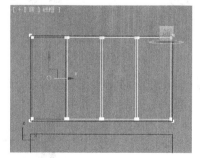

图 22-42　调整后的形态　　　　　　　图 22-43　复制后的效果

步骤⑧ 进入 ∧（分段）子对象层级，将里面 4 个小矩形上面的线段移动下来，再进入 ∧（样条线）子对象层级沿 y 轴复制 4 个小矩形，最后调整一下矩形的大小及位置就可以了，如图 22-44 所示。

步骤⑨ 为矩形制作的窗框添加【挤出】修改命令，设置挤出【数量】为 60，效果如图 22-45 所示。

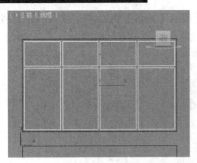

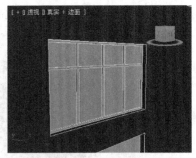

图 22-44　调整后的形态　　　　　　　　图 22-45　挤出后的效果

步骤⑩ 在顶视图中使用线命令绘制出阳台底座的截面，然后为其添加【倒角】修改命令，调整一下倒角参数，放置在合适的位置，如图 22-46 所示。

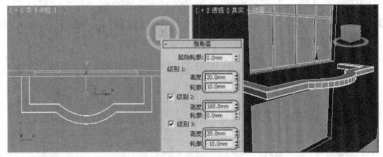

图 22-46　倒角后的效果

步骤⑪ 阳台的地面使用线形绘制出来，添加【挤出】修改命令，设置修改【数量】为 100，效果如图 22-47 所示。

步骤⑫ 使用制作阳台底座的方法制作出阳台的护栏，效果如图 22-48 所示。

图 22-47　制作的阳台地面　　　　　　　图 22-48　制作的阳台护栏

步骤⑬ 使用【车削】命令制作出阳台上面的花瓶柱，然后以实例的方式复制多个，效果如图 22-49 所示。

图 22-49　制作的花瓶柱

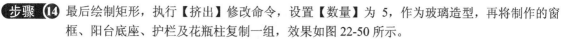

步骤 ⑭ 最后绘制矩形，执行【挤出】修改命令，设置【数量】为 5，作为玻璃造型，再将制作的窗框、阳台底座、护栏及花瓶柱复制一组，效果如图 22-50 所示。

步骤 ⑮ 保存文件，命名为"实例 185.max"。

图 22-50 制作完成的效果

实 例 总 结

本实例通过制作阳台护栏造型学习了【编辑样条线】、【倒角】、【挤出】和【车削】修改命令的使用。使用【挤出】修改命令生成墙体及窗框，使用【倒角】修改命令生成底座及护栏，使用【车削】修改命令生成花瓶柱造型。

Example 实例 186 喷泉

案例文件	DVD\源文件素材\第 22 章\实例 186.max		
视频教程	DVD\视频\第 22 章\实例 186. avi		
视频长度	13 分钟 24 秒	制作难度	★ ★
技术点睛	【多边形】及【线】的绘制，【倒角剖面】、【挤出】及【车削】修改命令的使用		
思路分析	本实例通过制作一个喷泉来学习【倒角剖面】和【挤出】修改命令的使用，及使用【粒子系统】产生出真实的喷泉效果		

本实例的最终效果如下图所示。

操 作 步 骤

步骤 ① 启动 3ds Max 2012 中文版，将单位设置为毫米。

步骤 ② 在顶视图中绘制一个【半径】为 6000 的多边形（作为"截面"），在前视图中使用线命令绘制出喷泉底座的剖面线（尺寸约 1000×300），形态如图 22-51 所示。

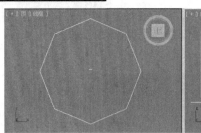
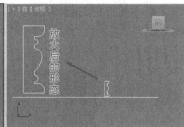

图 22-51 绘制的路径及剖面

步骤 3 在视图中选择绘制的多边形截面，在修改器窗口中执行【倒角剖面】修改命令，单击
拾取剖面 按钮，在前视图中单击绘制的"剖面线"，此时喷泉底座生成，效果如图 22-52
所示。

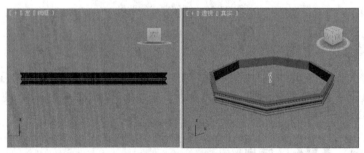

图 22-52 制作的喷泉底座

步骤 4 在前视图中将喷泉底座复制一个（作为"水"），删除【倒角剖面】修改命令，为其添加一
个【挤出】修改命令，设置【数量】为 10，位置及参数如图 22-53 所示。

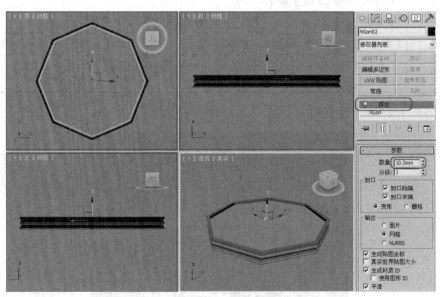

图 22-53 制作的水

步骤 5 在顶视图中绘制一个 1500×1500 的矩形（作为喷泉"底座"），为其添加一个【倒角】修改
命令，调整倒角的数值如图 22-54 所示。

步骤 6 在前视图中绘制一条封闭的线形，如图 22-55 所示。

步骤 7 在修改器列表中添加【车削】修改命令，单击【对齐】下的 最小 按钮，将【车削】前面的 ➕
点开，激活【轴】子层级，在顶视图中可以通过移动轴来改变水池的大小，移动之后中间就是空心的了，设置【分段】值为 30，效果如图 22-56 所示。

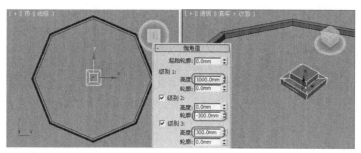

图 22-54　设置倒角参数

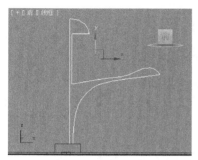

图 22-55　绘制的线形

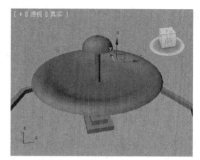

图 22-56　车削后的效果

步骤 8　在顶视图中创建一个【半径】值为 3000，【高度】值为 0 的圆柱体（作为"水面"），如图 22-57 所示。

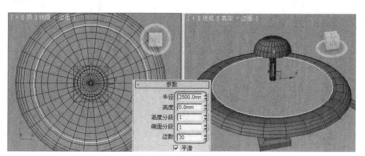

图 22-57　创建圆柱体

下面我们来创建【粒子系统】，模拟喷水的效果。

步骤 9　单击 （创建）/ （几何体）按钮，在【标准基本体】下选择【粒子系统】选项，如图 22-58 所示。

步骤 10　在【对象类型】下单击 喷射 按扭，在顶视图中拖动鼠标创建粒子，如图 22-59 所示。

图 22-58　【标准基本体】下拉列表

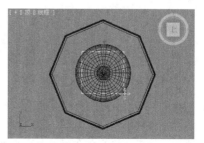

图 22-59　创建粒子

步骤 ⑪ 单击 (修改) 按钮进入修改面板,修改一下粒子参数,如图 22-60 所示。

步骤 ⑫ 在前视图中将粒子沿 y 轴镜像一下,并将其移动到合适的位置,如图 22-61 所示。

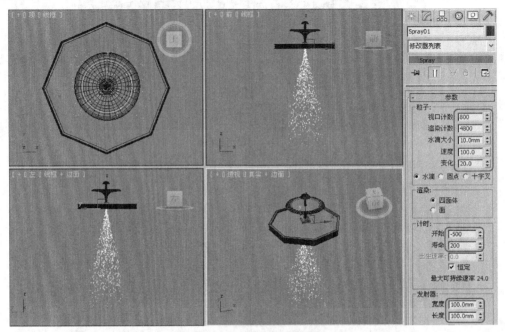

图 22-60 粒子参数的设置

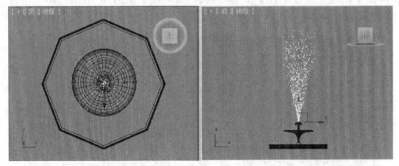

图 22-61 镜像后的效果

步骤 ⑬ 单击 (创建)/ (空间扭曲)/ 重力 按钮,在顶视图中拖曳创建一个【重力】,并将其移动到合适的位置,如图 22-62 所示。

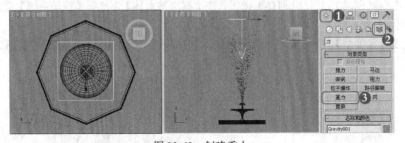

图 22-62 创建重力

步骤 ⑭ 选择创建的粒子,单击工具栏中的 (绑定到空间扭曲)按钮,在前视图中通过单击鼠标并拖动将粒子将其绑定在重力上,如图 22-63 所示。

步骤 ⑮ 选择重力,然后在修改命令面板中修改重力的【强度】值为 10,如图 22-64 所示。

图 22-63　将粒子绑定在重力上

图 22-64　调整【重力】参数

步骤 ⑯ 可以在前视图使用工具栏中的【缩放】命令对粒子的形态沿 y 轴进行调整，最后将时间划块拖动到第 100 帧的位置，此时的效果如图 22-65 所示。

步骤 ⑰ 保存文件，命名为"实例 186.max"。

图 22-65　拖动时间划块

实 例 总 结

本实例通过制作喷泉造型来熟练掌握线形的绘制与修改，并学习了【倒角轮廓】、【挤出】及【粒子系统】、【重力】命令的使用。

Example 实例 **187** 遮阳伞

案例文件	DVD\源文件素材\第 22 章\实例 187.max		
视频教程	DVD\视频\第 22 章\实例 187. avi		
视频长度	8 分钟 22 秒	制作难度	★★
技术点睛	【可编辑多边形】、【壳】命令的使用		
思路分析	本实例通过制作遮阳伞造型来学习【可编辑多边形】和【壳】修改命令的使用		

本实例的最终效果如下图所示。

操 作 步 骤

步骤 ❶ 启动 3ds Max 2012 中文版,将单位设置为毫米。

步骤 ❷ 在顶视图中绘制一个【半径】为 1200 的多边形,如图 22-66 所示。

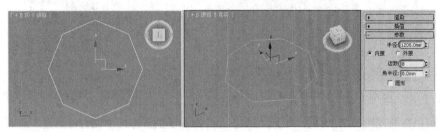

图 22-66　绘制的多边形

步骤 ❸ 将绘制的多边形转换为【可编辑多边形】,按下 4 键进入 ■(多边形)子对象层级,将顶部的多边形全部选择,然后单击 倒角 右侧的 ■ 按钮,设置【高度】为 50、【轮廓】为-100,单击 ⊕【应用并继续】按钮,如图 22-67 所示。

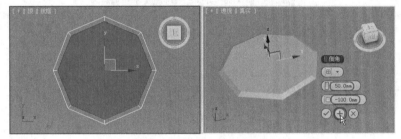

图 22-67　对多边形进行倒角处理

步骤 ❹ 连续 ⊕【应用并继续】按钮 9 次,最后单击 ☑【确定】按钮结束倒角操作,并将最后的顶面删除,如图 22-68 所示。

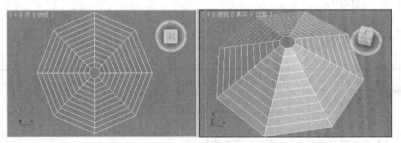

图 22-68　倒角效果

步骤 ❺ 在前视图中运用 ▣【选择并均匀缩放】工具将遮阳伞沿 y 轴向下压扁,如图 22-69 所示。

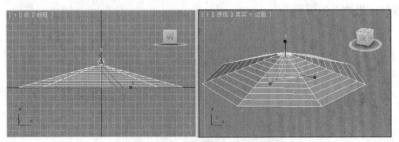

图 22-69　将遮阳伞压扁

接下来为多边形增加段数。

步骤 6 进入 ■ （多边形）子对象层级，选择所有的多边形，设置旋转角度为 22.5°，单击 切片平面 按钮，将切片按 z 轴旋转 22.5°，再单击 切片 按钮进行切片，重复执行该操作，最后效果如图 22-70 所示。

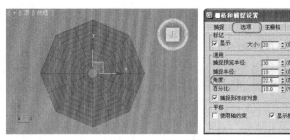

图 22-70 增加段数效果

步骤 7 进入 ◁（边）子对象层级，选择遮阳伞底部的所有边，然后按住 Shift 键的同时沿 y 轴向下移动复制两次，效果如图 22-71 所示。

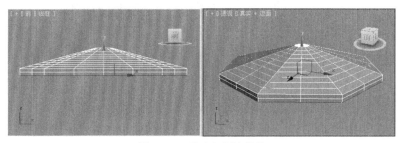

图 22-71 移动复制边效果

步骤 8 进入 ▫【顶点】子对象层级，在透视图中选择伞边位于中间的顶点，然后将他们再前视图中沿 Y 轴向下移动一下，做出遮阳伞伞边的弧形效果，如图 22-72 所示。

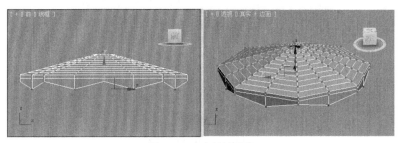

图 22-72 选择的顶点

步骤 9 选择如图 22-73 所示的顶点，将他们向下移动一下。

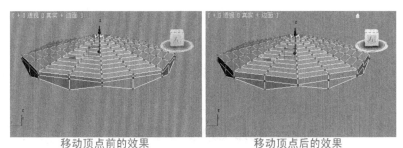

移动顶点前的效果　　　　　　　　移动顶点后的效果

图 22-73 移动顶点效果

步骤⑩ 进入☑（边）子对象层级，选择一条边，再单击【选择】类下的 循环 按钮，选择如图 22-74 所示的边。

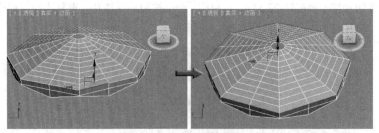

图 22-74　选择边效果

步骤⑪ 单击 切角 右侧的■按钮，对边进行【边切角量】分别为 15mm、6mm 的切角处理，效果如图 22-75 所示。

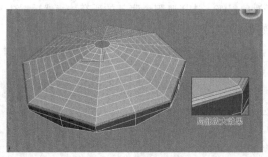

图 22-75　边切角效果

步骤⑫ 选择位于伞龙骨上的边，单击 挤出 右侧的■按钮，效果如图 22-76 所示。

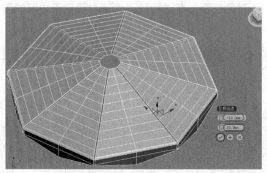

图 22-76　边挤出效果

步骤⑬ 单击 切角 右侧的■按钮，对边进行切角处理，效果如图 22-77 所示。

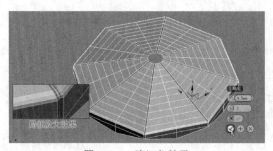

图 22-77　边切角效果

步骤 ⑭ 勾选【细分曲面】下的【使用 NURMS 细分】项，对多边形进行圆滑处理，效果如图 22-78 所示。

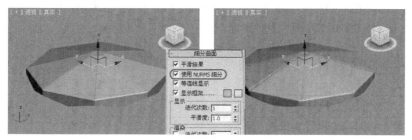

图 22-78　圆滑处理效果

步骤 ⑮ 为遮阳伞施加【壳】命令，设置【内部量】为 2mm，使遮阳伞产生厚度，如图 22-79 所示。

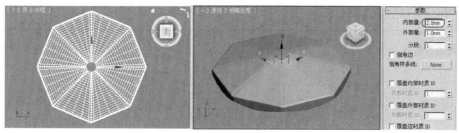

图 22-79　添加【壳】命令效果

步骤 ⑯ 将遮阳伞复制一个，调整他的形态和位置，如图 22-80 所示。

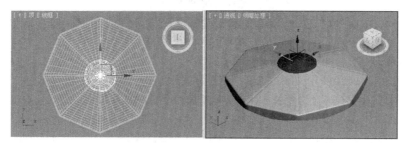

图 22-80　复制效果

步骤 ⑰ 在场景中制作上遮阳伞的其他构件，完成遮阳伞的制作，效果如图 22-81 所示。

图 22-81　制作遮阳伞效果

步骤 ⑱ 保存文件，命名为"实例 187.max"。

实 例 总 结

本实例通过制作遮阳伞的造型学习了运用【编辑多边形】修改命令来编辑出遮阳伞顶部造型，最后创建【长方体】和【圆柱体】完成遮阳伞的制作。

Example 实例 188 公共座椅

案例文件	DVD\源文件素材\第 22 章\实例 188.max		
视频教程	DVD\视频\第 22 章\实例 188. avi		
视频长度	7 分钟 02 秒	制作难度	★★
技术点睛	【间隔工具】的使用		
思路分析	本实例通过制作公共座椅造型来学习【切角长方体】的创建，需要重点掌握【间隔工具】的使用		

本实例的最终效果如下图所示。

操 作 步 骤

步骤 ① 启动 3ds Max 2012 中文版，将单位设置为毫米。

步骤 ② 在顶视图中创建一个切角长方体作为座椅的一个面，如图 22-82 所示。

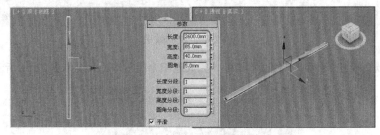

图 22-82 创建的切角长方体

步骤 ③ 在前视图中绘制一条曲线作为一个路径，如图 22-83 所示。

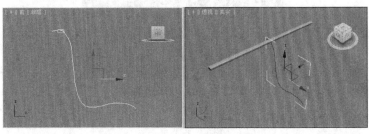

图 22-83 绘制的路径

步骤 4 确认切角长方体处于当前选择状态。将鼠标放在工具栏的空白处，当鼠标箭头变为 状时，单击右键，在弹出的右键菜单中选择【附加】工具栏，调出【附加】工具栏，选择 【间隔工具】，如图 22-84 所示。

图 22-84　选择【间隔工具】

步骤 5 在弹出的【间隔工具】窗口中设置参数，最后单击 应用 按钮，如图 22-85 所示。

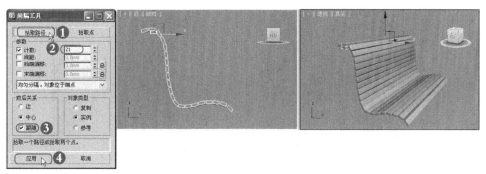

图 22-85　间隔工具编辑效果

步骤 6 将最先创建的切角长方体删除。

步骤 7 结合原先绘制的路径，在前视图中绘制一个闭合的曲线作为座椅的腿，如图 22-86 所示。

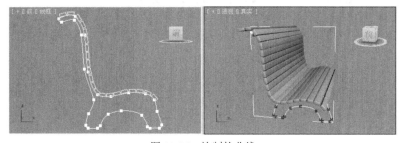

图 22-86　绘制的曲线

步骤 8 对曲线执行【挤出】命令，设置挤出【数量】为 60，效果如图 22-87 所示。

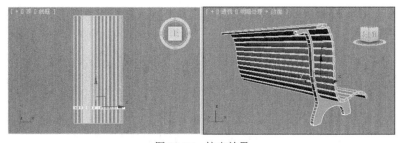

图 22-87　挤出效果

步骤 ⑨ 将其转换为【可编辑多边形】，选择两边的面，然后单击 倒角 右侧的 ▣ 按钮，设置【高度】为 5、【轮廓】为-5，单击 ⊘【确定】按钮，如图 22-88 所示。

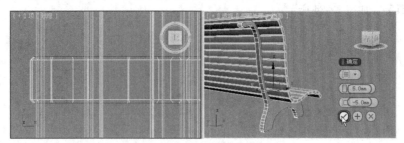

图 22-88　倒角效果

步骤 ⑩ 将制作的座椅腿移动复制一个，放在座椅的另一侧，完成公共座椅的制作，效果如图 22-89 所示。

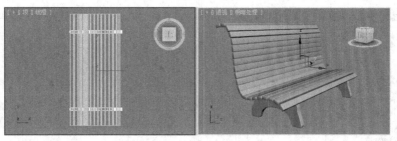

图 22-89　制作的公共座椅效果

步骤 ⑪ 保存文件，命名为"实例 188.max"。

实 例 总 结

本实例通过制作公共座椅造型来学习【切角长方体】的创建，重点学习了【间隔工具】的使用。

第23章 室外效果图的制作

本章内容

➤ 门头效果图的制作 　　　➤ 住宅效果图的制作 　　　➤ 商业大楼的表现

➤ 办公楼效果图的制作 　　➤ 别墅效果图的表现

　　本章我们以制作室外的各种效果图为实例来向大家讲述快速制作室外效果图的技巧，力求以最简捷、最优化的方式，向读者朋友们展现如何快速地制作出高品质的室外效果图作品。

　　室外效果图的建模工作可以使用 AutoCAD 完成，然后导入到 3ds Max 软件中生成三维模型，还可以直接使用 3ds Max 进行制作，但无论使用哪种方式建模，都必须保证建筑模型的细致、严谨与真实。最后使用 VRay 渲染出照片级的效果图。

Example 实例 **189** 门头效果图的制作

案例文件	DVD\源文件素材\第 23 章\实例 189.max		
视频教程	DVD\视频\第 23 章\实例 189. avi		
视频长度	20 分钟 46 秒	制作难度	★★
技术点睛	使用【挤出】修改命令生成墙体，调制材质并设置灯光，VRay 渲染器的使用		
思路分析	本实例通过制作门头效果图来学习室外效果图的整体制作思路，打开前面制作好的雨篷，然后制作墙体，最后调制材质、设置灯光，并使用 VRay 渲染出图		

本实例的最终效果如下图所示。

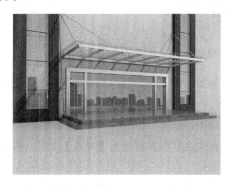

操 作 步 骤

步骤 ① 启动 3ds Max 2012 中文版，打开本书光盘/ "源文件素材/第 23 章/玻璃门及雨篷.max" 文件。这个场景中的玻璃门和雨篷已经制作完成了，下面我们来制作墙面及台阶。

步骤 ② 单击 ✱（创建）/ ◯（图形）/ 　线　 按钮，在前视图中绘制如图 23-1 所示的线形，参照玻璃门和雨蓬的比例，控制它们的尺寸为水平 20 个栅格、垂直 14 个栅格。

步骤 ③ 在修改器列表中选择【挤出】修改命令，设置修改【数量】为–240，效果如图 23-2 所示。

步骤 ④ 在前视图中绘制 2 个矩形，将它们附加为一体，执行【挤出】修改命令，设置【数量】为 200，再将其移动到墙体的前面，效果如图 23-3 所示。

步骤 ⑤ 在中间再制作出玻璃及窗扇，效果如图 23-4 所示。

步骤 ⑥ 在前视图中复制一组制作完成的造型墙，位置如图 23-5 所示。

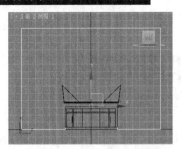

图 23-1 绘制的线形

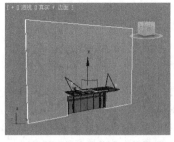

图 23-2 执行【挤出】修改后的效果

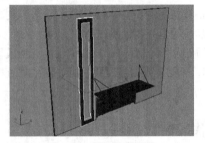

图 23-3 制作的造型墙

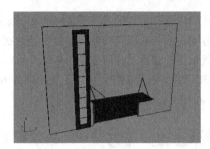

图 23-4 制作的玻璃及窗扇

步骤 7　在顶视图中按照比例，创建 3 个【长方体】或通过绘制矩形再执行【挤出】修改命令制作出地面及 2 个台阶，效果如图 23-6 所示。

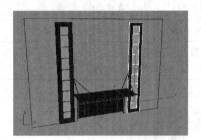

图 23-5 复制的造型墙

图 23-6 制作的台阶

步骤 8　为了在后面渲染时效果好一些，最好在门头后面制作一个简单的墙体，效果如图 23-7 所示。

▶ **技巧**

在移动室外墙体的构件时我们也可以熟练使用【对齐】工具，从而得到准确、标准的建筑模型。

材质我们就不讲述了，地面是一种灰颜色，为台阶赋予大理石材质，墙面赋予黄乳胶漆、红乳胶漆材质，玻璃和不锈钢我们已经调制完成了。赋予材质后的效果如图 23-8 所示。

▶ **技巧**

在建立模型时就应该为每种材料赋予一种简单的颜色，等建立完成模型后，直接调整其材质就可以了，材质调整好后场景中对象的材质也会一起改变，就不需要重新赋予了。

为了得到好的渲染效果，我们采用球天进行渲染，用以模拟真实的天空及周围的环境效果。

步骤 9　在顶视图中创建一个【半径】为 15000 的球体，然后将球体转换为【可编辑多边形】，进入 ■（多边形）子对象层级，选择下面的面将其删除，选择所有多边形，单击 ▨▨▨ 翻转 按钮，翻转法线，效果如图 23-9 所示。

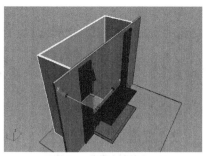

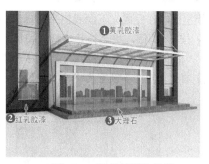

图 23-7　制作的后墙　　　　　　　　　　　图 23-8　赋予材质的效果

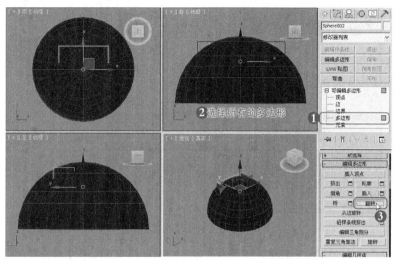

图 23-9　【翻转】法线

步骤 ⑩ 确认创建的球体处于选中状态，右击鼠标选择【对象属性】项，在弹出的【对象属性】对话口中设置各项参数，如图 23-10 所示。

步骤 ⑪ 进入 (顶点) 子对象层级，在前视图中选择球体上面的顶点，使用【移动】及【缩放】工具调整一下，效果如图 23-11 所示。

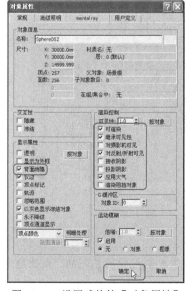

图 23-10　设置球体的【对象属性】

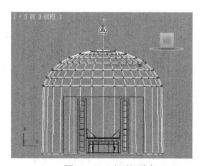

图 23-11　调整顶点

球天模型已制作完成，下面我们来为球天调制材质。

步骤 ⑫ 按下 M 键，快速打开【材质编辑器】窗口，选择一个新的材质球，使用默认的【Standard】（标准）材质就可以了，命名为"球天"。

步骤 ⑬ 将【自发光】设置为 100，在【漫反射】中添加一幅名为"sky.jpg"的位图，如图 23-12 所示。

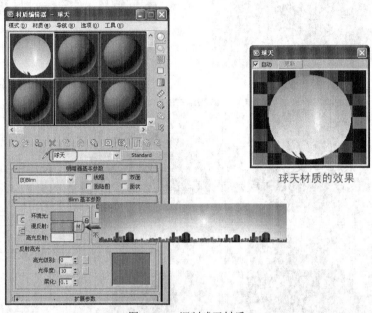

图 23-12　调制球天材质

步骤 ⑭ 将调制好的材质赋给半球体，然后为球体添加一个【UVW 贴图】修改器，在【贴图】下方选择【柱形】贴图方式，如图 23-13 所示。

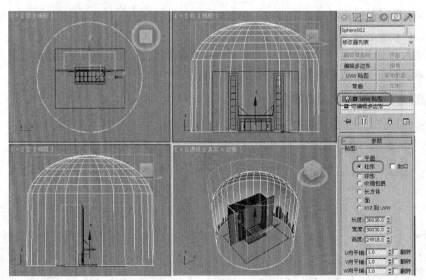

图 23-13　球体修改后的形态

▶ 技巧

以半球体为球天材质的模型，就是为了模拟现实生活中我们视觉所见到的"天圆地方"的效果，将周围真实的环境反射到玻璃中。

● 门头摄影机、灯光的设置

步骤 ① 单击【创建】命令面板中的 （摄影机）/ 目标 按钮，在顶视图中拖动鼠标创建出一架目标摄影机。

步骤 ② 激活透视图，按下 C 键，透视图即可变为摄影机视图。在前视图中选择中间的蓝线，也就是同时选择摄影机和目标点。

步骤 ③ 在前视图中将摄影机移动到高度为 1500 左右的位置，设置【镜头】为 35，位置如图 23-14 所示。

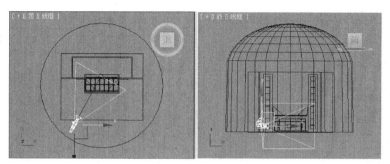

图 23-14　摄影机的位置

> ▶ **技巧**
>
> 　　如果想快速地创建摄影机，可以先调整一下透视图的观察角度，当调整好以后，快速地按下 Ctrl+C 键，即可从视图创建摄影机，此时在场景中就创建了一架摄影机。

　　门头灯光的设置也比较简单，主光源是使用【目标平行光】来完成的，使用 VRay 天光作为辅助光源，将整个场景照亮。

步骤 ④ 单击 （灯光）/ 标准 ∨ / 目标平行光 按钮，在顶视图中创建一盏【目标平行光】，进入修改面板修改其参数，然后调整一下位置，如图 23-15 所示。

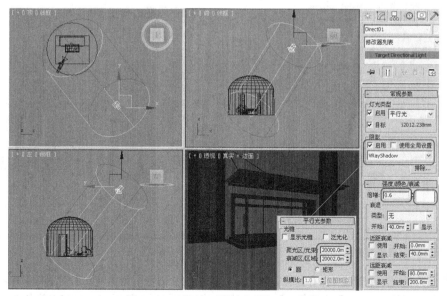

图 23-15　【目标平行光】的位置及参数

● 使用 VRay 进行渲染

步骤 ① 按下 8 键，打开【环境和效果】对话框，调整背景的颜色为淡蓝色。

步骤 ② 按下 F10 键，打开【渲染设置】对话框，设置一下 VRay 的渲染参数，如图 23-16 所示。

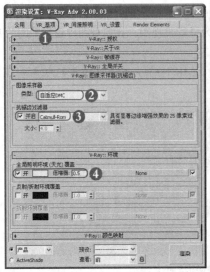

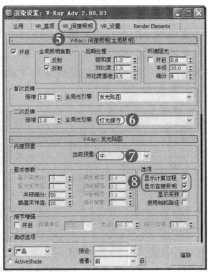

图 23-16 设置 VRay 渲染参数

▶ **技巧**

在使用 VRay 渲染时对于比较复杂的场景，最好先简单设置一下渲染参数，这样会大大地提高渲染时间，如果感觉满意，再设置最终的渲染参数进行渲染。

步骤 ③ 设置完成参数后单击 ▭ 按钮，将输出的图纸尺寸设置为 1500×1125，单击 ▭ 按钮，如图 23-17 所示。

步骤 ④ 经过半个小时的渲染，最终效果如图 23-18 所示。

图 23-17 设置渲染尺寸

图 23-18 渲染的最终效果

步骤 ⑤ 渲染完成后单击 ▭（保存位图）按钮，在弹出的【浏览图像供输出】对话框框中将文件命名为"门头.tif"，【保存类型】选择*.tif，再单击 保存(S) 按钮就可以将渲染的图像保存，如图 23-19 所示。

步骤 ⑥ 执行【另存为】命令，保存文件，命名为"实例 189.max"。

图 23-19　保存图像

实 例 总 结

本实例主要通过已经制作好的玻璃门及雨篷文件来制作门头，主要运用【挤出】修改命令来生成墙体、造型墙等。让我们了解怎样用最简单的方法来制作室外表现效果图。

Example 实例 190　办公楼效果图的制作

案例文件	DVD\源文件素材\第 23 章\实例 190.max		
视频教程	DVD\视频\第 23 章\实例 190. avi		
视频长度	28 分钟 39 秒	制作难度	★★
技术点睛	【导入】AutoCAD 图纸，使用【挤出】修改命令生成三维模型，调制材质并设置灯光，VRay 渲染器的使用		
思路分析	本实例通过制作一个办公楼效果图来学习怎样将 AutoCAD 中的图纸【导入】到 3ds Max 中建立模型、赋予材质、设置灯光，最后使用 VRay 渲染出图		

本实例的最终效果如下图所示。

操 作 步 骤

● 办公楼模型的制作

步骤 ❶ 启动 3ds Max 2012 中文版，将单位设置为毫米。

步骤 ❷ 使用前面的方法将随书光盘中"源文件素材/第 23 章"文件夹下的"办公楼图纸.dwg"文件导入到 3ds Max 中，效果如图 23-20 所示。

> ▶ 技巧
>
> 在 AutoCAD 中我们可以提前修改绘制的图纸，在建模时使用不到的线形全部删除，并且移动到坐标原点（0，0，0）上，便于建模过程中控制模型的位置。

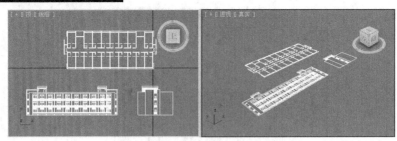

图 23-20　导入的办公楼图纸

我们导入的平面图已经在 AutoCAD 中修改好了，分别是一层平面图、南立面、东立面，其目的是起到参照的作用，主要是参照生成三维模型。

步骤 ③ 按下 Ctrl+A 键，选择所有线形，为线形指定一个便于观察的颜色，如图 23-21 所示。

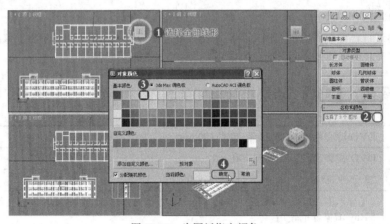

图 23-21　为图纸指定颜色

步骤 ④ 在顶视图中选择"南立面"和"东立面"，单击工具栏中的 ◯（旋转）按钮，将光标放在该按钮上面，单击鼠标右键，在弹出的【旋转变换输入】对话框中设置 x 轴为 90，敲击键盘中的 Enter 键，如图 23-22 所示。

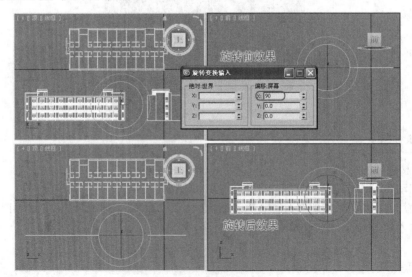

图 23-22　对"图纸"旋转 90°

步骤 ⑤ 在顶视图中再将"东立面"沿 z 轴旋转-90°，如图 23-23 所示。

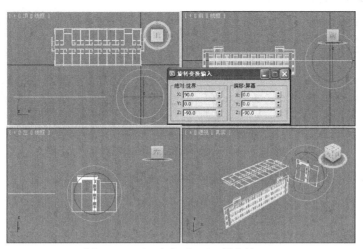

图 23-23　对"东立面"沿 z 轴旋转-90°

步骤 ⑥ 按下 S 键打开捕捉，使用 捕捉模式，右击鼠标，在弹出的【栅格和捕捉设置】对话框中设置各选项，如图 23-24 所示。

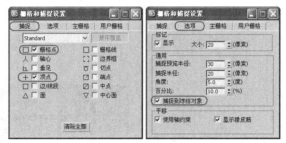

图 23-24　设置捕捉选项

▶ 技巧

在使用捕捉方式时一般常用 （2.5 维捕捉），此方法可以准确地捕捉到图纸和已建立的墙体等构件，达到精确建模的目的。

步骤 ⑦ 在顶视图和前视图中分别将 3 个图纸对齐，移动时一定要使用捕捉，对齐后的效果如图 23-25 所示。

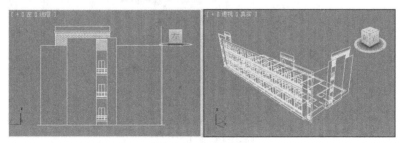

图 23-25　对齐图纸

步骤 ⑧ 选择图纸，右击鼠标选择【冻结当前选择】命令，冻结图纸，这样在后面的操作中就不会选择和移动图纸。

步骤 ⑨ 单击 （创建）/ （线形）/ 矩形 按钮，在前视图中创建一个大矩形，矩形的大小与外墙相同，如图 23-26 所示。

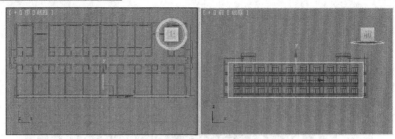

图 23-26　使用捕捉绘制的大矩形

步骤 ⑩ 将二维创建命令面板中的 ⌧ 开始新图形 按钮左侧取消勾选。

▶ 技巧

　　勾选取消 ⌧ 开始新图形 按钮左侧，可以使再次创建完成的矩形与处于被选择的矩形自动附加为一个整体，这样就省略了再去执行修改命令面板中的【编辑样条线】命令。

步骤 ⑪ 使用同样的方式，在前视图中每个窗户的位置创建矩形，使用捕捉沿图纸窗洞的内墙尺寸进行绘制，共绘制 30 个，然后施加【挤出】修改命令，设置【数量】为-240，即墙体厚度为 240 毫米，效果如图 23-27 所示。

图 23-27　制作的墙体

　　下面我们来制作窗户。

步骤 ⑫ 在前视图中使用捕捉方式绘制一个大小与窗洞相同的矩形，执行【编辑样条线】修改命令进行调整，然后施加【挤出】修改命令，设置数量为 80，即窗框的厚度为 80 毫米，将其放在墙体的中间，效果如图 23-28 所示。

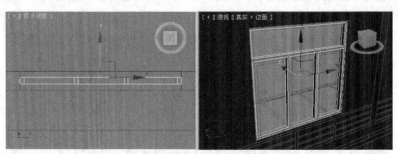

图 23-28　制作的窗户

步骤 ⑬ 通过捕捉功能，使用复制的方式将每一个窗洞复制一个窗框。

步骤 ⑭ 创建一个与整个墙体大小相似的矩形，然后施加【挤出】修改命令，作为"玻璃"，设置【数量】为 5。

▶ 技巧

对于在同一个平面上的玻璃，我们可以使用一个造型制作出来，便于面片数量的控制。

步骤 ⑮ 参照"南立面图"，将阳台及扶栏制作出来，设置阳台扶栏高度为 900 毫米，效果如图 23-29 所示。

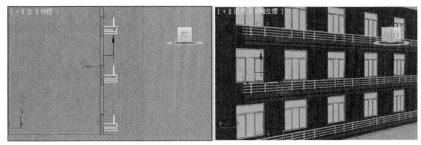

图 23-29　制作的阳台及扶栏

步骤 ⑯ 在顶视图中绘制 11 个矩形，然后施加【挤出】修改命令，设置挤出的数量为 10350，作为"阳台分隔墙"，效果如图 23-30 所示。

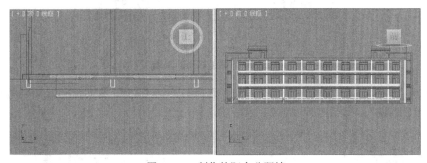

图 23-30　制作的阳台分隔墙

步骤 ⑰ 使用同样的方法制作墙体的外框，设置【挤出】的数量为 1000，效果如图 23-31 所示。

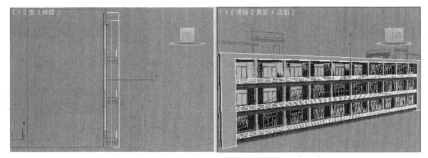

图 23-31　制作的外框墙

此时，办公楼的南立面就制作完成了，下面我们来制作东立面效果。

步骤 ⑱ 参照平面图及 2 个立面图，制作出"东立面"的效果图，如图 23-32 所示。

步骤 ⑲ 再将内部的阳台及细部结构制作出来，然后将"东立面"的效果图成为一组，使用工具栏中的【镜像】修改命令生成另一侧的墙体，最后将办公楼封顶，效果如图 23-33 所示。

步骤 ⑳ 保存文件，命名为"实例 186.max"。

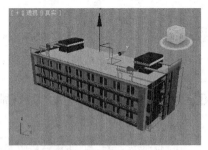

图 23-32　制作的"东立面"的效果图　　　　　　　　图 23-33　制作完成的办公楼

● 办公楼材质的调制

　　材质的调制相对来说就比较简单了，场景中的主要材质包括蓝乳胶漆、白乳胶漆、砖墙、玻璃、楼板等。地面是一种灰颜色，台阶赋予了大理石材质，赋予材质后的效果如图 23-34 所示。

图 23-34　赋予材质的效果

步骤 ①　按下 M 键，打开【材质编辑器】窗口，选择第 1 个材质球，将其指定为 VR 材质，并命名为"蓝乳胶漆"，设置参数如图 23-35 所示。

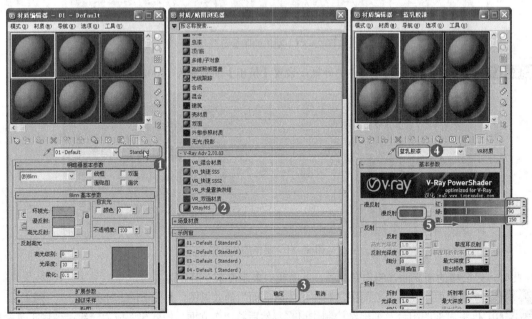

图 23-35　调制蓝乳胶漆材质

步骤 ②　将调制好的蓝乳胶漆材质赋给墙体造型，如图 23-36 所示。

步骤 ③　使用同样的方法调制一种"白乳胶漆"，赋予给顶及走廊，如图 23-37 所示。

图 23-36　将蓝乳胶漆赋给墙体　　　　　　　图 23-37　将白乳胶漆赋给顶与走廊

步骤④ 选择第 3 个材质球，使用默认的【标准】材质就可以了，命名为"玻璃"，将颜色调整为灰蓝色，调整一下高光，最后在【贴图】卷展栏下的【反射】通道中添加一幅【VR 贴图】，参数设置如图 23-38 所示。

步骤⑤ 将调制好的玻璃材质赋给玻璃造型。

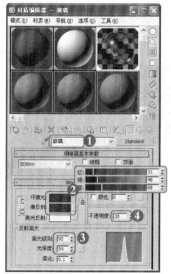

图 23-38　调制玻璃材质

步骤⑥ 选择一个新的材质球，命名为"楼板"，修改【漫反射颜色】为白色，将其指定为【混合】材质，这是一种可以将多种材质进行合成的材质类型，如图 23-39 所示。

步骤⑦ 在【混合基本参数】面板下方单击【遮罩】右面的小按钮，在弹出的【材质/贴图浏览器】窗口中选择【位图】，选择随书光盘/"贴图"文件夹下的"light.jpg"，如图 23-40 所示。

步骤⑧ 单击 （转到父对象）按钮，返回到上级面板，单击【材质 1】右面的小按钮，将颜色调整为白色，再返回到上级面板，将【材质 2】的颜色调整为白色，【自发光】调整为 100，此时的材质球效果如图 23-41 所示。

▶ 技巧

　　如果感觉我们添加的这个长方形灯光效果不好，可以在 Photoshop 中制作一个圆形的灯光，用于模拟筒灯的形状，效果也很好。

步骤⑨ 选择一个新的材质球，将其指定为 VR 材质，命名为"砖墙"，单击【漫射】右面的小按钮，选择【位图】，在弹出的【选择位图图像文件】窗口中选择随书光盘/"贴图"文件夹类下的"砖.jpg"，在贴图通道中将【漫反射】的贴图复制到【凹凸】通道中，如图 23-42 所示。

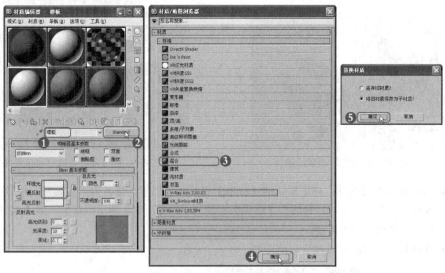

图 23-39　选择【混合】材质

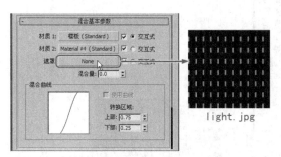

图 23-40　【混合】材质参数面板

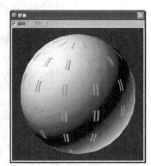

图 23-41　楼板的材质球效果

步骤⑩ 调制一种墨绿色作为扶栏的材质，再调制一种灰白色作为窗框的材质。

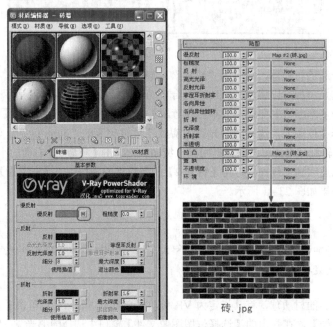

图 23-42　调整墙砖材质

步骤 ⑪ 赋予材质后的效果如图 23-43 所示。

　　至此，所有的材质已经调制完成了，为了得到好的渲染效果，我们采用了球天进行渲染，用以模拟真实的天空效果。

步骤 ⑫ 在顶视图中创建一个【半径】为 30000 的球体，然后将球体转换为【可编辑多边形】，进入 ■（多边形）子对象层级，选择下面的多边形面，将其删除。

图 23-43　赋予材质后的效果

步骤 ⑬ 按下 5 键，进入 ● （元素）子层级，按下 Ctrl+A 键，选择所有多边形，单击 翻转 按钮，翻转法线，效果如图 23-44 所示。

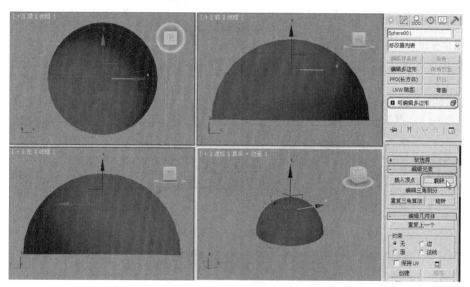

图 23-44　对半球【翻转】法线

步骤 ⑭ 选择球体，单击右击鼠标后选择【属性】，在弹出的【对象属性】对话框中设置各项参数，如图 23-45 所示。

步骤 ⑮ 进入 ⁝（顶点）子对象层级，在前视图中选择球体上面的顶点，使用移动工具调整一下，效果如图 23-46 所示。

步骤 ⑯ 按下 M 键快速打开【材质编辑器】窗口，选择一个新的材质球，使用默认的【Standard】（标准）材质就可以了，命名为"球天"。

步骤 ⑰ 设置【自发光】值为 100，在【漫反射】中添加一幅名为"sky.jpg"的位图，如图 23-47 所示。

步骤 ⑱ 将调制好的材质赋予给半球体，然后为球体添加一个【UVW 贴图】修改器，在【贴图】下方选择【柱形】贴图方式，如图 23-48 所示。

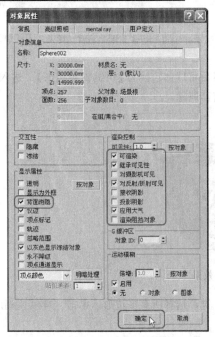

图 23-45 【对象属性】窗口

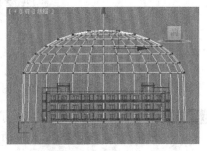

图 23-46 调整顶点

● 办公楼摄影机、灯光的设置

步骤 ❶ 单击创建命令面板中的 （摄影机）/ 目标 按钮，在顶视图中拖动鼠标创建出一架目标摄像机。

图 23-47 调制球天材质参数

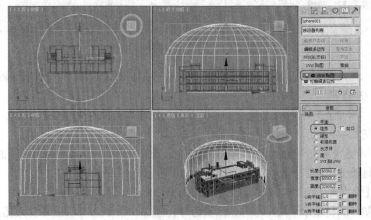

图 23-48 为半球添加【UVW 贴图】修改器

步骤 ❷ 激活透视图，按下 C 键，透视图即可变成摄影机视图，在前视图中选择中间的蓝线，也就是同时选择摄影机和目标点。

步骤 3 在前视图中将摄影机移动到高度为 1100 左右的位置，设置镜头为 35，位置如图 23-49 所示。

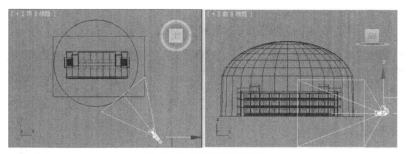

图 23-49 摄影机的位置

下面我们来创建太阳光效果。

步骤 4 单击 （灯光）/ 标准 / 目标平行光 按钮，在顶视图中创建一盏【目标平行光】，进入修改面板后修改参数，然后调整一下位置，参数的设置及位置如图 23-50 所示。

● 使用 VRay 进行渲染

步骤 1 按下 8 键，打开【环境和效果】对话框，调整背景的颜色为淡蓝色。

步骤 2 按下 F10 键，打开【渲染设置】对话框，设置一下 VRay 的渲染参数，如图 23-51 所示。

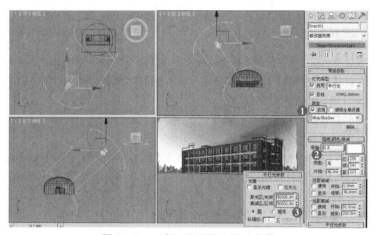

图 23-50 目标平行光的位置及参数

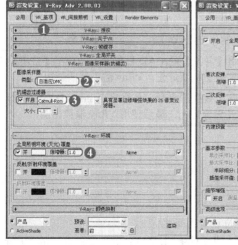
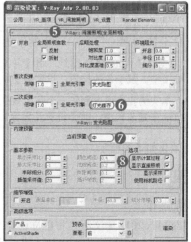

图 23-51 设置参数

步骤 ③ 设置完成参数后单击 ▨ 按钮，将输出的图纸尺寸设置为 1500×1125，单击 ▨ 按钮，如　图 23-52 所示。

步骤 ④ 经过半个小时的渲染，最终的渲染效果如图 23-53 所示。

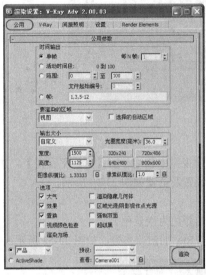

图 23-52　设置渲染尺寸

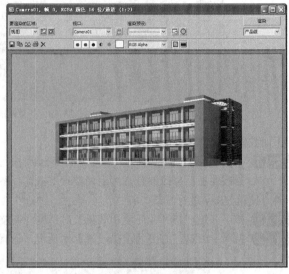

图 23-53　渲染的最终效果

步骤 ⑤ 渲染完成后单击 ▨（保存位图）按钮，在弹出的【浏览图像供输出】对话框中将文件命名为"办公楼.tif"，【保存类型】选择*.tif 格式，单击 保存(S) 按钮，就可以将渲染的图像保存起来。

步骤 ⑥ 按下 Ctrl+S 键，快速保存文件。

实 例 总 结

本实例主要通过制作办公楼的效果图来学习【导入】CAD 图纸，然后使用 3ds Max 中的【挤出】修改命令生成三维造型，然后进行材质赋予、设置摄影机，灯光及 VRay 渲染，从而得到真实的效果。

Example 实例 **191** 住宅效果图的制作

案例文件	DVD\源文件素材\第 23 章\实例 191.max		
视频教程	DVD\视频\第 23 章\实例 191. avi		
视频长度	41 分钟 50 秒	制作难度	★★
技术点睛	【导入】AutoCAD 图纸，将【导入】的 CAD 图纸对齐，使用【挤出】修改命令生成三维模型，赋予各种材质，设置摄影机及灯光，VRay 渲染器的使用		
思路分析	本实例我们通过制作一个住宅效果图来学习怎样将 AutoCAD 中的图纸【导入】到 3ds Max 中建立模型、赋予材质及设置灯光，最后使用 VRay 渲染出图		

本实例的最终效果如下图所示。

操 作 步 骤

● 住宅模型的制作

步骤 ① 启动 3ds Max 2012 中文版，将单位设置为毫米。

步骤 ② 使用前面的方法将随书光盘中的"源文件素材/第 23 章"文件夹下的"住宅图纸.dwg"文件导入到 3ds Max 中，效果如图 23-54 所示。

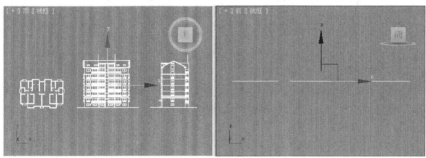

图 23-54　导入住宅图纸

我们导入的平面图已经在 AutoCAD 中修改好了，分别是标准层平面图、南立面、西立面，其目的是起到一个参照的作用。

步骤 ③ 按下 Ctrl+A 键，选择所有线形，指定一种便于观察的颜色，再按下 G 键将网格隐藏。

步骤 ④ 使用前面我们学过的方法将图纸旋转，再调整它们的位置，呈现出以图纸形式拼出的楼体造型，如图 23-55 所示。

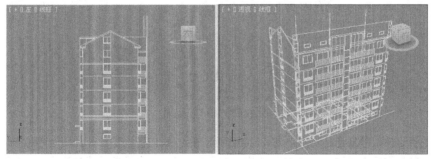

图 23-55　对齐图纸

步骤 ⑤ 为了便于管理，我们可以将导入的 CAD 图纸【冻结】。

步骤 ⑥ 首先，参照图纸来制作住宅的西立面。设置捕捉模式，使用 ²⁵ 捕捉模式绘制作为墙体和窗洞的矩形，将其附加为一体，执行【挤出】命令，生成墙体，再制作窗框，如图 23-56 所示。

步骤 ⑦ 在前视图中使用同样的方法将南立面制作出来，在制作的过程中一定要参考平面图及西立面，效果如图 23-57 所示。

步骤 ⑧ 最后制作出每层的楼板、屋顶的造型和楼体的其他构件，效果如图 23-58 所示。

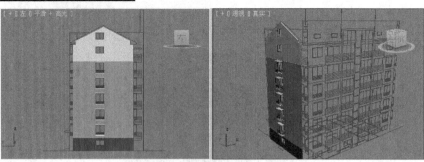

图 23-56　制作的西立面

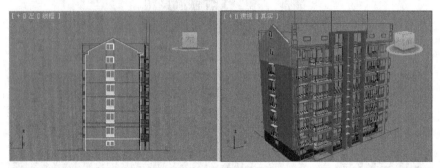

图 23-57　制作的南立面

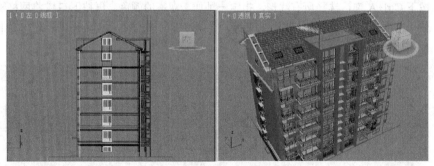

图 23-58　制作的屋顶

　　这样住宅楼的模型部分就已制作完成了，为了便于观察，我们可以将导入到场景中的 CAD 图纸删除。

　　材质的调制我们就不讲述了，在制作过程中最好建立完成一个模型后就为其赋予相应的材质，后面进行调整就可以了。其分别为白乳胶漆、淡黄乳胶漆、蓝铝塑板材质、瓦、窗框和玻璃。赋予材质后的效果如图 23-59 所示。

　　为了得到好的渲染效果，我们采用了球天进行渲染，用以模拟真实的天空效果。

步骤 ⑨ 在顶视图中创建一个【半径】为 16000 的球体，然后将球体转换为【可编辑多边形】，进入 ■（多边形）子对象层级，选择下面的面，将其删除，选择所有底部的多边形，单击 翻转 按钮，翻转法线，效果如图 23-60 所示。

步骤 ⑩ 选择球体后右击鼠标，然后选择【属性】，在弹出的【对象属性】对话框中设置各项参数，如图 23-61 所示。

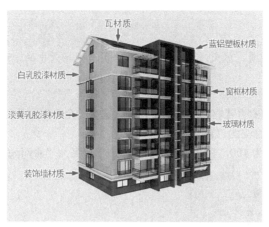

图 23-59　赋予材质的效果

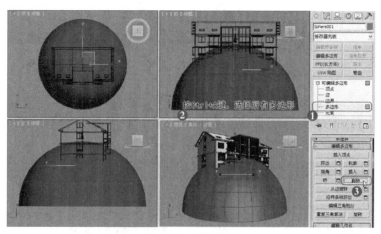

图 23-60　翻转法线

步骤 ⑪ 进入 (顶点) 子对象层级,在前视图中选择球体上面的顶点,再使用移动工具调整一下,效果如图 23-62 所示。

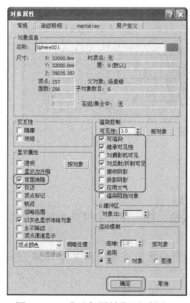

图 23-61　【对象属性】对话框

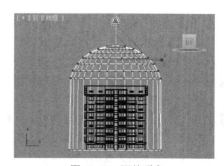

图 23-62　调整顶点

> ▶ 技巧
>
> 对于很多有经验的绘图员，球天及灯光可以直接合并其他场景中的，这样有很多参数就不需要重新设置了。

步骤 ⑫ 按下 M 键，快速打开【材质编辑器】窗口，选择一个新的材质球，使用默认的【标准】材质就可以了，将其命名为"球天"。

步骤 ⑬ 设置【自发光】为 100，在【漫反射】中添加一幅名为"sky.jpg"的位图，如图 23-63 所示。

图 23-63　调制球天材质参数

步骤 ⑭ 将调制好的材质赋给半球体，然后为球体添加一个【UVW 贴图】修改器，在【贴图】下方选择【柱形】贴图方式，如图 23-64 所示。

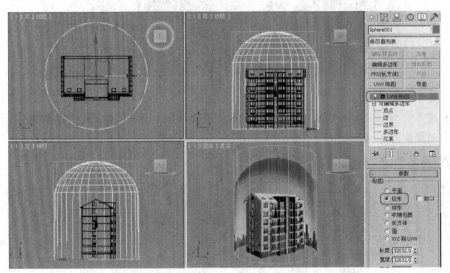

图 23-64　为半球添加【UVW 贴图】修改器

步骤 ⑮ 保存文件，将其命名为"实例 187.max"。

● 为住宅设置摄影机、灯光及进行 VRay 渲染

步骤 ❶ 单击创建命令面板中的 （摄影机）/ 目标 按钮。

步骤 ❷ 激活透视图，按下 C 键，透视图即可变成摄影机视图。在前视图中选择中间的蓝线，也就是同时选择摄影机和目标点。

步骤 ❸ 在顶视图中创建一架【目标摄像机】，在前视图中将摄影机移动到高度为 1200 左右的位置，镜头设置为 35，位置如图 23-65 所示。

下面我们来创建太阳光效果。

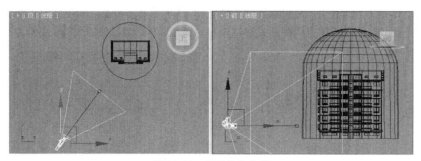

图 23-65　摄影机的位置

步骤 ④ 单击 (灯光) /标准 ✓ / 目标平行光 按钮，在顶视图中创建一盏【目标平行光】，进入修改面板修改其参数，然后调整一下它的位置，参数设置及位置如图 23-66 所示。

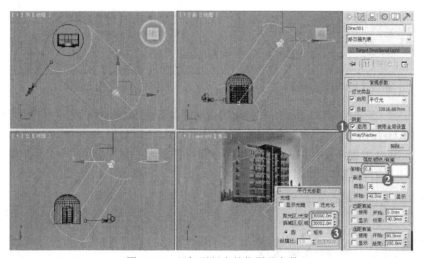

图 23-66　目标平行光的位置及参数

● 使用 VRay 进行渲染

步骤 ① 按下 8 键，打开【环境和效果】对话框，调整背景的颜色为淡蓝色。

步骤 ② 按下 F10 键，打开【渲染设置】对话框，设置一下 VRay 的渲染参数，如图 23-67 所示。

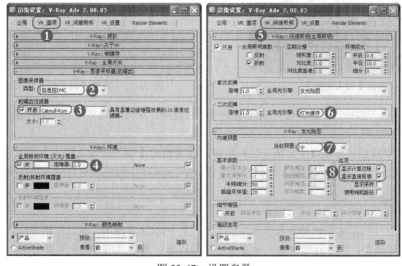

图 23-67　设置参数

步骤 ③ 为了得到更好的效果，可以设置一下灯光的【VR 阴影参数】，如图 23-68 所示。

步骤 ④ 这个场景我们采用垂直构图，设置渲染尺寸为 1200×1500，如图 23-69 所示。

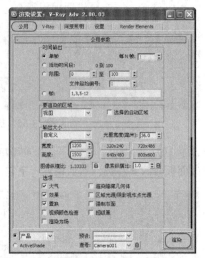

图 23-68　　修改【VR 阴影参数】　　　　　　　　　图 23-69　　设置渲染尺寸

步骤 ⑤ 单击 （渲染帧窗口）按钮，在弹出的渲染窗口【要渲染的区域】下拉列表中选择【放大】，
如图 23-70 所示。

步骤 ⑥ 按下 Shift+F 键，显示【显示安全框】，此时在摄影机视图中会出现一个调节框，调整一下调
节框的大小和位置，如图 23-71 所示。

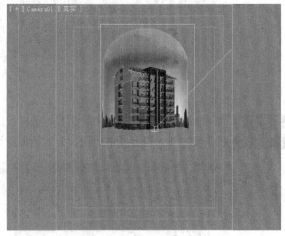

图 23-70　　选择【放大渲染】　　　　　　　　　　图 23-71　　调整【调节框】的大小和位置

步骤 ⑦ 单击 （渲染产品）按钮，快速渲染摄影机视图，经过十几分钟的渲染，最终的渲染效果如
图 23-72 所示。

步骤 ⑧ 渲染完成后，单击 （保存位图）按钮，在弹出的【浏览图像供输出】窗口中将文件命名为
"住宅.tif"，【保存类型】选择*.tif 格式，单击 保存(S) 按钮就可以将渲染的图像保存。

实例总结

　　本实例主要通过制作住宅效果图来学习如何【导入】AutoCAD 图纸，然后使用 3ds Max 中的【挤出】
修改命令生成三维造型，再进行赋材质、设置摄影机及灯光，最后使用 VRay 渲染出图。

图 23-72　渲染的最终效果

Example 实例 192　别墅效果图的表现

案例文件	DVD\源文件素材\第 23 章\实例 192A.max		
视频教程	DVD\视频\第 23 章\实例 192. avi		
视频长度	8 分钟 3 秒	制作难度	★★
技术点睛	创建球天及风景，设置灯光，VRay 渲染器的使用		
思路分析	本实例我们来表现一个别墅效果图，重点学习球天的创建及怎样将真实的材质与灯光效果表现出来，最后使用 VRay 渲染出图		

本实例的最终效果如下图所示。

操作步骤

步骤 ① 启动 3ds Max 2012 中文版，将单位设置为毫米。

步骤 ② 打开随书光盘/ "源文件素材/第 23 章/实例 192.max" 文件，如图 23-73 所示。

这个场景的建模及材质已经制作完成了，主要讲述灯光及球天材质的设置技巧。

> ▶ 技巧
>
> 　对于一些较简单的模型，尤其是别墅的效果图，如果感觉空间太过简单，就可以布置一些室内的家具，但需要我们注意的是所布置的家具一定要控制面片数量。

下面我们来创建球天，用于模拟天空的效果。

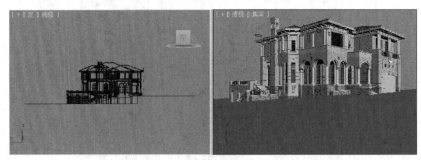

图 23-73　打开的"实例 192.max"文件

步骤 3 在顶视图中创建一个【半径】为 25000 的球体，然后将球体转换为【可编辑多边形】，进入 ■（多边形）子对象层级，选择下面的面删除。按下键盘中的 Ctrl+A 键，选择所有的多边形，单击 翻转 按钮，翻转法线，效果如图 23-74 所示。

步骤 4 选择球体，右击鼠标，在弹出菜单中选择【属性】，在弹出的【对象属性】对话框中设置各项参数，如图 23-75 所示。

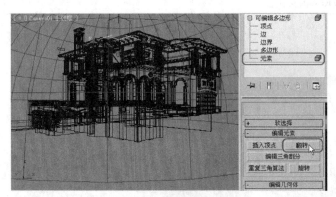

图 23-74　翻转法线

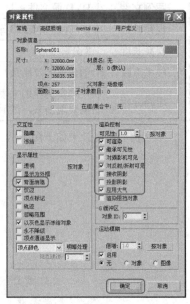

图 23-75　【对象属性】对话框

步骤 5 按下 M 键，快速打开【材质编辑器】窗口，选择一个未使用的材质球，命名为"球天"，使用与前面同样的方法调制一种"球天"材质赋给半球体。

步骤 6 为球体添加一个【UVW 贴图】修改器，在【贴图】下方选择【柱形】贴图方式，如图 23-76 所示。

下面我们来设置场景中的灯光。

步骤 7 单击 ◹ （灯光）/ VRay ▾ / VR_太阳 按钮，在顶视图中单击并拖动鼠标左键创建一盏 VR 太阳，在各视图调整一下它的位置，设置灯光的【强度倍增】为 0.01，设置【尺寸倍增】为 3，目的是让阴影的边缘比较虚，参数及位置如图 23-77 所示。

● 使用 VRay 进行渲染

步骤 1 按下 8 键，打开【环境和效果】对话框，调整背景的颜色为淡蓝色。

步骤 2 按下 F10 键，打开【渲染设置】对话框，设置一下 VRay 的渲染参数，如图 23-78 所示。

下面我们可以先渲染小图，然后将这个渲染的小图作为光子图保存，再使用光子图渲染一张尺寸大的图，这样会提高渲染速度。

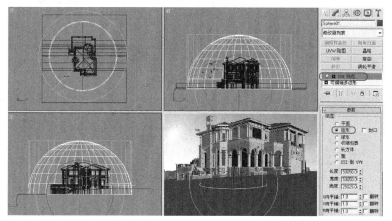

图 23-76　为半球添加【UVW 贴图】修改器

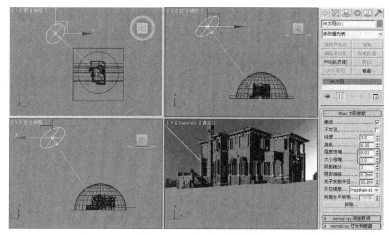

图 23-77　VR 太阳的位置及参数

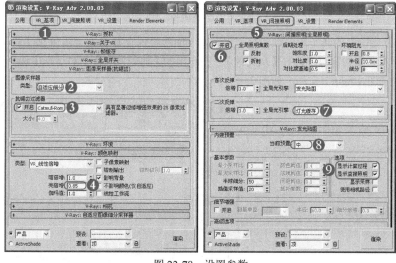

图 23-78　设置参数

步骤 ③ 单击 （渲染设置）按钮，将渲染的尺寸设置得小一点，如图 23-79 所示。

步骤④ 单击 ⬜（渲染产品）按钮，快速渲染摄影机视图，效果如图 23-80 所示。

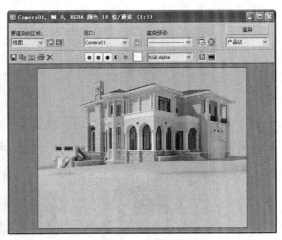

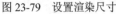

图 23-79　设置渲染尺寸　　　　　　　　　　　图 23-80　渲染的效果

步骤⑤ 在【发光图】卷展栏中单击 保存 按钮，在弹出的【保存发光图】对话框中选择一个路径，命名为"别墅光子图.vrmap"，单击 保存(S) 按钮，如图 23-81 所示。

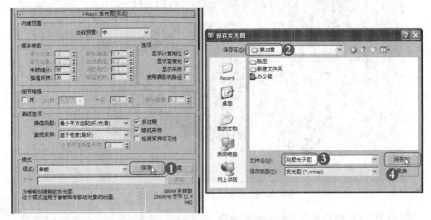

图 23-81　保存光子图

　　现在这个【发光图】的光子图已经保存起来了，下面就将保存好的光子图加载过来。

步骤⑥ 在模式右侧的窗口中选择【从文件】，在弹出的【加载发光图】对话框中选择刚才保存的"别墅光子图.vrmap"文件，如图 23-82 所示。

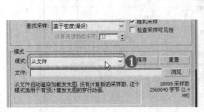

图 23-82　载入光子图

步骤 ⑦ 使用同样的方法将【灯光缓存】下的光子图保存，然后再加载过来，加载后的效果如图 23-83 所示。

步骤 ⑧ 单击【公用】选项卡，设置输出的尺寸为 2000×1500，单击 ⬚⬚ 按钮，如图 23-84 所示。

图 23-83　载入光子图

图 23-84　设置渲染尺寸

▶ **技巧**

　　先渲染光子图再渲染大尺寸的图，可以大大地提高渲染的时间，在作图公司一般渲染的尺寸比较大，所以渲染 2000 以上的图纸时最好渲染光子图。

步骤 ⑨ 等待 3 分多钟渲染就完成了，最终的效果如图 23-85 所示。

步骤 ⑩ 单击🖫（保存位图）按钮，将渲染后的图保存，文件名为"别墅.tif"，如图 23-86 所示。

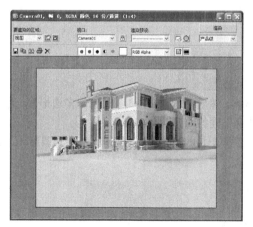

图 23-85　渲染的最终效果

图 23-86　对图像进行保存

步骤 ⑪ 在弹出的【TIF 图像控制】对话框中勾选【存储 Alpha 通道】，单击 确定 按钮，图像就保存起来了。

步骤 ⑫ 执行【另存为】命令，将此线架保存为"实例 192A.max"。

实 例 总 结

　　本实例主要讲述材质及灯光的表现，再借助球天材质表现出真实玻璃反射折射质感，最终完成别墅效果图表现。

案例文件	DVD\源文件素材\第 23 章\实例 193A.max		
视频教程	DVD\视频\第 23 章\实例 193. avi		
视频长度	9 分钟 39 秒	制作难度	★★
技术点睛	创建球天及风景，设置背景天空，设置灯光，VRay 渲染器的使用		
思路分析	本实例我们来表现一个商业大楼效果图，重点学习如何使用球天材质来表现真实的玻璃，及怎样为环境添加一张真实的天空，最后使用 VRay 渲染出图		

本实例的最终效果如右图所示。

操 作 步 骤

步骤 ① 启动 3ds Max 2012 中文版，将单位设置为毫米。

步骤 ② 打开随书光盘/"源文件素材/第 23 章"/"实例 193.max"文件。

这个场景的模型、材质已经制作完成了，从整个楼来看，大部分都是玻璃幕墙的效果，如果想表现出真实的玻璃材质效果，必须使用球天进行渲染，为了让效果更直观，可以为背景添加一个天空的图片。

下面我们就来创建球天，用以模拟天空的效果。

步骤 ③ 在顶视图中创建一个【半径】为 60000 的球体，然后将球体转换为【可编辑多边形】，进入 ■（多边形）子对象层级，首先翻转法线。选择下面的面删除。

步骤 ④ 进入 ⠋（顶点）子对象层级，在前视图中选择球体上面的顶点，使用移动工具调整一下，再将上面的面删除，效果如图 23-87 所示。

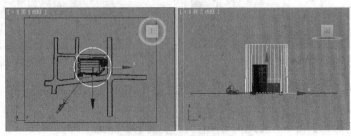

图 23-87　球体的效果

步骤 ⑤ 选择球体，右击鼠标，在弹出菜单中选择【属性】，然后在弹出的【对象属性】窗口中设置各项参数，在这里就不重复讲述了，参数的设置与前面讲解相同。

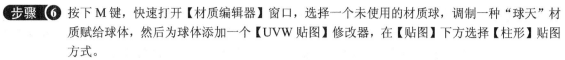

步骤 6　按下 M 键，快速打开【材质编辑器】窗口，选择一个未使用的材质球，调制一种"球天"材质赋给球体，然后为球体添加一个【UVW 贴图】修改器，在【贴图】下方选择【柱形】贴图方式。

下面我们为环境添加一个天空的图片。

步骤 7　按下 8 键，打开【环境和效果】对话框，单击 ⬛⬛⬛⬛⬛ 无 ⬛⬛⬛⬛⬛ 按钮，在弹出的【材质/贴图浏览器】对话框中选择【位图】，在弹出的【选择位图图像文件】对话框中选择随书光盘/"源文件素材/第 23 章/贴图"文件夹下的"背景天空.jpg"文件，如图 23-88 所示。

▶ **技巧**

在 3ds Max 中添加天空及风景，主要用于查看整体效果，若想得到更好的效果，必须在 Photoshop中，进行修改。

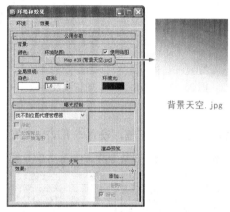

图 23-88　【环境和效果】窗口

步骤 8　按下 Alt＋B 键，打开【视口背景】对话框，勾选【使用环境背景】和【显示背景】项，如图 23-89 所示。

步骤 9　按下 M 键，打开【材质编辑器】窗口，将【环境和效果】对话框中的贴图实例复制给一个未使用的材质球，调整【偏移】下的 V 为 0.36，【平铺】下的 V 为 1.3，如图 23-90 所示。

图 23-89　【视口背景】对话框

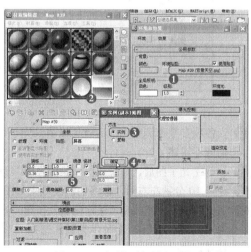

图 23-90　复制环境贴图到材质球中

下面我们来设置场景中的灯光。

步骤 ⑩ 单击 (灯光)/VRay 下拉菜单 / VR_太阳 按钮,在顶视图中单击并拖动鼠标左键,创建一盏【VR_太阳】灯光,在各个视图中调整一下它的位置,设置灯光的【强度倍增】为 0.01,设置【尺寸倍增】为 3,目的是让阴影的边缘比较虚,参数及位置如图 23-91 所示。

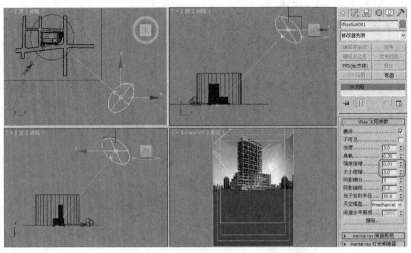

图 23-91 【VR 太阳】的位置及参数

● 使用 VRay 进行渲染

步骤 ① 按下 F10 键,打开【渲染设置】对话框,设置一下 VRay 的渲染参数,如图 23-92 所示。

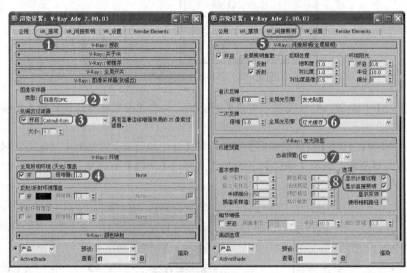

图 23-92 设置参数

步骤 ② 当各项参数都调整完成后就可以渲染光子图了,光子图采用的尺寸为 350×500,具体过程我们就不讲述了。

步骤 ③ 加载完光子图后,设置成图渲染的图纸尺寸为 1400×2000,单击 渲染 按钮,如图 23-93 所示。

步骤 ④ 经过 10 分钟左右后,最终的渲染效果如图 23-94 所示。

步骤 ⑤ 渲染完成后,单击 (保存位图)按钮,在弹出的【浏览图像供输出】对话框中将文件命名为"商业大楼",【保存类型】选择"*.tif"格式,单击 保存(S) 按钮就可以将渲染的图像保存。

步骤 ⑥ 执行【另存为】命令,将此线架保存为"实例 193A.max"。

图 23-93　设置渲染尺寸

图 23-94　渲染的最终效果

实 例 总 结

　　本实例重点讲述了渲染的技巧，还是借助球天材质来表现出真实的玻璃幕墙质感，再通过为环境添加一幅天空图片，最终渲染完成商业大楼效果图。

第24章 室外效果图的后期处理

本章内容

➤ 门头的后期处理　　　　➤ 别墅的后期处理　　　　➤ 商业大楼的后期处理

➤ 办公楼的后期处理　　　➤ 住宅的后期处理

相对于室内效果图处理来说，室外效果图的后期处理，工作量要大一些，因为里面涉及的内容很多，不但要将建筑的整体感觉、色调修饰好，还要添加大量的配景（包括树木、人物、路面、天空等）。室外效果图既要考虑到整体的效果，还要处理细部的细节。

后期处理主要是指通过图像处理软件为效果图添加符合其透视关系的配景和光效等。这一步工作量一般不大，但要想让渲染的图片在最后的操作中有更好的表现效果也是不容易的。因为这是一个很感性的工作，需要作者本身有较高的审美观和想象力，应知道加入什么样的图形是适合这个空间的，处理不好会画蛇添足，所以这一部分的工作不可小视，也是必不可少的，它可以使场景显得更加真实、生动。后期中的配景主要包括装饰物、植物、人物等，但配景的添加不能过多或过于随意，过多会给人一种拥挤的感觉，过于随意会给人一种不协调的感觉。

Example 实例 **194** 门头的后期处理

案例文件	DVD\源文件素材\第 24 章\实例 194.tif		
视频教程	DVD\视频\第 24 章\实例 194. avi		
视频长度	6 分钟 39 秒	制作难度	★★★
技术点睛	【曲线】、【亮度/对比度】的使用，添加植物及地面，调整整体的色调		
思路分析	本实例我们来处理门头渲染输出后的效果图片，重点学习在使用 Photoshop 处理效果图过程中所用到最简单的移动和变换等命令的使用方法，从而可以快速地修饰渲染图片的缺点，学习图片色调、明暗的调整		

本实例的最终效果如下图所示。

操 作 步 骤

步骤 ❶ 启动 Photoshop CS5 中文版，打开随书光盘/ "源文件素材/第 23 章/门头.tif" 文件，如图 24-1 所示。

步骤 2 按下 Ctrl + M 键，打开【曲线】对话框，调整参数如图 24-2 所示。

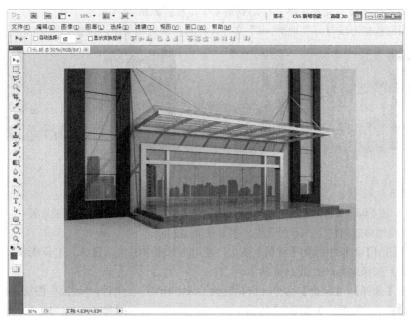

图 24-1　打开渲染的"门头.tif"文件

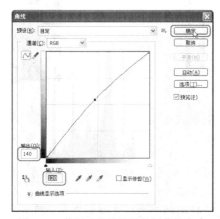

图 24-2　使用【曲线】调整图像的亮度

步骤 3 接着再单击【图像】/【调整】/【亮度/对比度】命令，打开【亮度/对比度】对话框，调整图片的亮度与对比度，如图 24-3 所示。

图 24-3　调整图像的【对比度】

步骤 ④ 按下 Ctrl+O 键，在弹出的【打开】对话框中，打开随书光盘/"源文件素材/第 24 章"文件夹下的"树枝.tif"文件，将其移动到场景中，位置如图 24-4 所示。

步骤 ⑤ 使用同样的方法打开"地面.tif"文件，将其移动到场景中，位置如图 24-5 所示。

图 24-4　树枝的位置

图 24-5　地面的效果

地面将台阶及墙体遮挡住了，下面我们将多余的地面删除。

步骤 ⑥ 在【图层】面板中回到【背景】图层，使用工具箱中的 （魔棒）工具或者 （多边形套索工具）选择地面，如图 24-6 所示。

步骤 ⑦ 单击【选择】/【反选】命令（快捷键为 Ctrl+Shift+I），回到"地面"图层，按下 Delete 键，删除多余的地面，如图 24-7 所示。

图 24-6　选择地面

图 24-7　删除多余的地面

▶ **技巧**

在选择地面时为了方便看清地面的形态，可以先将地面图层关闭，选择完成后再将其打开。

步骤 ⑧ 按下 Ctrl+O 键，打开随书光盘/"源文件素材/第 24 章"文件夹下的"影子.tif"文件，将其拖到合适的位置，如图 24-8 所示。

图 24-8　添加树的"影子"

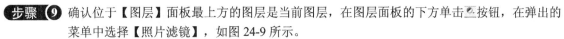

步骤 ⑨ 确认位于【图层】面板最上方的图层是当前图层，在图层面板的下方单击 按钮，在弹出的菜单中选择【照片滤镜】，如图 24-9 所示。

步骤 ⑩ 在弹出的【照片滤镜】对话框中设置好参数就可以了，如图 24-10 所示。

图 24-9　选择【照片滤镜】

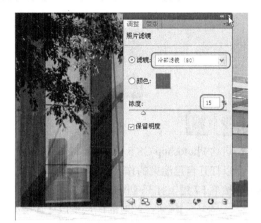

图 24-10　调整【照片滤镜】的参数

> **▶ 技巧**
>
> 通过【图层】面板中的 按钮，在弹出的菜单中选择不同的命令，我们可以同时对全部图层进行调整、修改；如果使用菜单栏中的命令，只是针对一个单独的图层进行调整。

此时对整体画面进行了调整，如果感觉不理想，还可以添加其他命令进行调整。这样操作的目的是不用合并图层就可以调整整体画面。

步骤 ⑪ 执行【文件】/【存储为】菜单命令，将文件保存为"实例 194.tif"。

实 例 总 结

本实例通过对门头效果图的后期处理来学习如何以不同的手段进行修饰、处理渲染图片中的不足，同时也借助处理的手段进行美化、丰富所渲染的图片。

Example（实例）195　办公楼的后期处理

案例文件	DVD\源文件素材\第 24 章\实例 195.tif		
视频教程	DVD\视频\第 24 章\实例 195.avi		
视频长度	6 分钟 53 秒	**制作难度**	★★★
技术点睛	【蒙版】的使用，添加植物及地面，调整整体的色调		
思路分析	本实例我们来处理办公楼渲染输出后的效果图片，重点熟悉如何使用 Photoshop 处理效果图过程中使用快速蒙版来得到一个柔和的过渡，从而更为方便地处理图片的不足之处，细致刻画渲染后的效果		

本实例的最终效果如下图所示。

操 作 步 骤

步骤 ① 启动 Photoshop CS 5 中文版，开随书光盘/"源文件素材/第 23 章/办公楼.tif"文件（读者也可以打开自己渲染的作品）。

步骤 ② 按下 F7 键，打开【图层】面板，在【背景】层上双击，在弹出的【新建图层】对话框中单击 确定 按钮，此时的图层变成【图层 0】。

▶ **技巧**

我们在 Photoshop 中经常用到的【图层】面板调用快捷键为 F7，【动作】面板的调用快捷键为 F9。

步骤 ③ 单击工具箱中的 （魔棒）工具（或按下 W 键），修改【容差】值为 0，在图像中单击空白处，然后将选中的颜色删除，效果如图 24-11 所示。

步骤 ④ 按下 Ctrl＋D 组合键，取消选区。

我们可以按照前面的方法，使用【曲线】及【亮度/对比度】调整一下建筑，主要对其色调、亮度进行调整。

步骤 ⑤ 按下 Ctrl+O 键，打开随书光盘"源文件素材/第 24 章"文件夹下的"天空.jpg"文件，使用【移动】工具将其拖至办公楼的图像中，并放在建筑图层的后面，位置如图 24-12 所示。

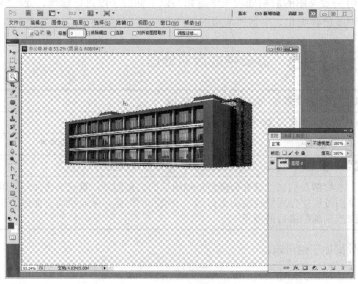

图 24-11 删除背景

步骤 ⑥ 按下 Q 键打开【蒙版】，使用【渐变】工具从上面向下拖动，此时上面的画面变成了淡红色，如图 24-13 所示。

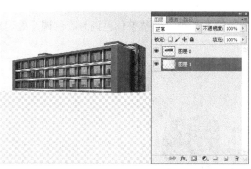

图 24-12　拖入的天空

图 24-13　使用【蒙版】

步骤 7 再按下 Q 键就变为选区了，执行反选操作，调整天空的【亮度/对比度】，让上面稍微暗一点，效果如图 24-14 所示。

▶ 技巧

　　通过快捷键 Q 来切换【蒙版】，借助【蒙版】的使用，可以在处理效果图的过程中使过度更为自然，也可以更便利地调整局部效果，提供了便利的操作工具。

步骤 8 打开随书光盘/"源文件素材/第 24 章"文件夹下的"配景.tif"文件，在【图层】面板中将其放在合适的位置，如图 24-15 所示。

步骤 9 使用同样的方法打开"地面 01.tif"文件，将其拖入到场景中，位置如图 24-16 所示。

步骤 10 下面我们使用 ▣（裁切）工具调整画面构图，将多于的部分删除，再调整一下建筑物的【亮度/对比度】及色调，效果如图 24-17 所示。

▶ 技巧

　　最后确定室外效果图的构图，我们可以根据楼体的造型来定稿，如果是高层，应采用竖幅构图；如果是多层或办公楼之类的造型，可以采取横幅构图。

图 24-14　调整亮度/对比度

图 24-15　配景的位置

图 24-16　拖入地面的效果

图 24-17　调整构图

步骤 ⑪ 在画面的右上角添加一根树枝，这样可以很好地调整一下构图。

步骤 ⑫ 使用前面学过的方法为图像添加一个【照片滤镜】命令，调整整体色调为冷色调，处理后的最终效果如图 24-18 所示。

图 24-18　办公楼处理后的最终效果

步骤 ⑬ 单击菜单栏中的【文件】/【存储为】命令，将文件保存为"实例 195.tif"。

实 例 总 结

本实例通过对办公楼效果图的后期处理来学习如何为渲染的图片添加路面、花坛、植物、背景、天空等后期部件，使画面产生丰富的层次与前后关系。

Example 实例 **196** 别墅的后期处理

案例文件	DVD\源文件素材\第 24 章\实例 196.max		
视频教程	DVD\视频\第 24 章\实例 196. avi		
视频长度	10 分钟 45 秒	制作难度	★★★
技术点睛	运用通道快速选择，【曲线】、【亮度/对比度】的使用，添加植物及地面，调整整体的色调		
思路分析	本实例我们来处理别墅渲染输出后的效果图片，重点学习如何在使用 Photoshop 处理效果图过程中配合 3ds Max 的渲染通道来快速地选择选区，从而方便、快捷地修改图片		

本实例的最终效果如下图所示。

操 作 步 骤

步骤 ❶ 启动 Photoshop CS 5 中文版，打开随书光盘/"源文件素材/第 23 章/别墅.tif"文件，另外，我们为了更方便地进行选择，为别墅在 3ds Max 中渲染了一张单色通道，再打开随书光盘/"源文件素材/第 23 章/别墅通道.tif"文件，效果如图 24-19 所示。

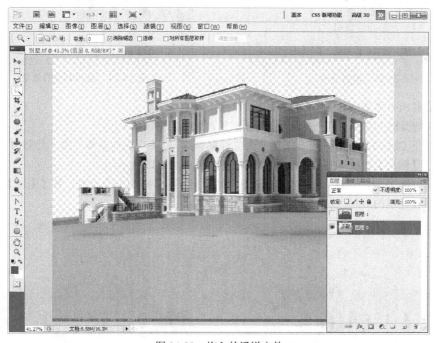

图 24-19　打开的两个文件

这两张渲染图都是按照 2000×1500 的尺寸来渲染输出的，摄影机的角度相同。

步骤②　按住 Shift 键将"别墅通道.tif"拖动到"别墅.tif"中，拖动过去后两张图像会自动对齐，再将"别墅.tif"的背景都删除，关闭别墅通道图层，效果如图 24-20 所示。

图 24-20　拖入的通道文件

步骤③　单击工具箱中的 ⊞（裁切）按钮（或按下 C 键），激活裁切命令。在图像中拖出一个变形框，调整变形框的大小的双击就可以了，再使用 ▶⊹（移动）工具调整一下建筑物的位置，这一步也就是确定一下整体的构图，效果如图 24-21 所示。

步骤④ 在【图层】面板中回到通道图层，单击工具箱中的 ![魔棒] （魔棒）工具（或按下 W 键），在玻璃位置处单击，此时玻璃全部处于选择状态，如图 24-22 所示。

图 24-21　调整构图　　　　　　　　　　　图 24-22　选择玻璃

步骤⑤ 在【图层】面板中回到【图层 0】，按下 Ctrl＋J 键，把选区从图像中单独复制为一个图层，将玻璃单独复制为一层，这样可以更方便地进行调整，如图 24-23 所示。

步骤⑥ 调整当前复制玻璃图层的【曲线】、【亮度/对比度】及【色彩平衡】，直到色调修改得满意为止，效果如图 24-24 所示。

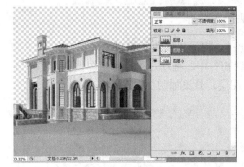
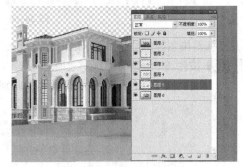

图 24-23　调整玻璃　　　　　　　　　　　图 24-24　局部调整的效果

步骤⑦ 合并所有调整后的图层，再对其整体调整一下。

这样建筑物调整完成后，我们就为画面添加配景，包括天空、树木。

步骤⑧ 按下 Ctrl＋O 键，打开随书光盘/"源文件素材/第 24 章"文件夹类下的"天空 01.jpg"文件，在【图层】面板中放在建筑物的后面，位置如图 24-25 所示。

步骤⑨ 打开随书光盘/"源文件素材/第 24 章"文件夹下的"树 01.tif"文件，在【图层】面板中将其放在建筑的后面，效果如图 24-26 所示。

图 24-25　为场景添加天空　　　　　　　　图 24-26　添加树的效果

步骤 ⑩ 打开随书光盘/"源文件素材/第 24 章"文件夹下的"路及草地.tif"文件,在【图层】面板中将其放在建筑的后面,将别墅的地面删除,效果如图 24-27 所示。

为了得到真实的效果,我们可以在草地和建筑接触的位置添加一些花坛、灌木及树木。

步骤 ⑪ 打开随书光盘/"源文件素材/第 24 章"文件夹下的"灌木及花坛.tif"文件,在【图层】面板中将其放在合适的位置,效果如图 24-28 所示。

图 24-27　添加路及草地的效果

图 24-28　添加灌木及花坛

步骤 ⑫ 最后在右上角添加一根树枝,最终效果如图 24-29 所示。

图 24-29　别墅的最终效果

▶ **技巧**

为了得到更好的玻璃效果,可以在玻璃里面添加一些室内的资料,如窗帘、室内效果图等。

步骤 ⑬ 执行【文件】/【存储为】菜单命令,将文件保存为"实例 196.tif"。

实例总结

本实例通过对别墅效果图的后期处理来学习如何使用通道进行更精细的调整建筑,并根据不同的建筑类型来配合不同的配景,产生与建筑风格、类型、场景相吻合的效果,完成一幅完美的作品。

Example 实例 197　住宅的后期处理

案例文件	DVD\源文件素材\第 24 章\实例 197.tif
视频教程	DVD\视频\第 24 章\实例 197. avi

视频长度	8 分钟 8 秒		制作难度	★★★
技术点睛	调整画面构图，【曲线】、【亮度/对比度】的使用，添加植物及地面，调整整体色调			
思路分析	本实例我们来处理住宅渲染输出后的效果图片，重点学习整个住宅结构的后期处理，把握整个图片的构图、意境和表现意图，结合整体的构思来添加合适的配景、植物等住宅周围的环境，从而使该效果图更加饱满			

本实例的最终效果如下图所示。

图 24-30　打开的"住宅.tif"效果图

从整个画面来看，首先调整一下构图，不但要将整个建筑物好好调整一下，还需要添加大量的人物、植物、建筑小品等配景，以达到小区的规划效果。

步骤 ② 按下 F7 键，打开【图层】面板，在【背景】图层上双击，在弹出的【新建图层】窗口中单击 ▭确定▭ 按钮，此时的背影图层变成【图层 0】，如图 24-31 所示。

步骤 ③ 单击【通道】标签，然后按住 Ctrl 键单击【Alpha】通道，此时楼体被全部选择，如图 24-32 所示。

操 作 步 骤

步骤 ① 启动 Photoshop CS 5 中文版，打开随书光盘/"源文件素材/第 23 章/住宅.tif"文件（读者也可以打开自己渲染的作品），如图 24-30 所示。

图 24-31　将背景图层变成【图层 0】

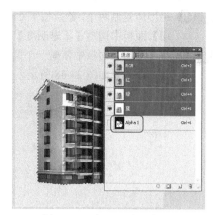

图 24-32　在【通道】中选择

步骤 4 按下 Ctrl+Shift+I 组合键，进行选区的反选，按下 Delete 键删除，按下 Ctrl＋D 组合键取消选区，回到【图层】面板标签，如图 24-33 所示。

步骤 5 单击工具箱中的 按钮（或按 C 键），激活裁切命令。在图像中拖出一个变形框来，向外拖曳变形框，将其稍微调整大一些，然后双击，再使用 工具调整一下建筑物的位置，效果如图 24-34 所示。

图 24-33　删除背景

图 24-34　调整构图及建筑的位置

下面先来调整一下建筑的效果。

步骤 6 按下 Ctrl+M 键，打开【曲线】窗口，调整参数如图 24-35 所示。

步骤 7 接着再单击【图像】/【调整】/【亮度/对比度】命令，打开【亮度/对比度】对话框，调整它的亮度与对比度，如图 24-36 所示。

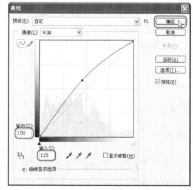

图 24-35　调整图像的亮度

图 24-36　调整图像的对比度

步骤 8 将楼体复制两个，然后按下 Ctrl+T 键调整楼体的大小，然后将其放置在主楼体的后方。在【图层】面板中调整【不透明度】为 50%～60%左右，效果如图 24-37 所示。

步骤 9 在【图层】面板中新建一个图层，将复制后的图层放在最下方，使用【渐变】工具制作一个天空，效果如图 24-38 所示。

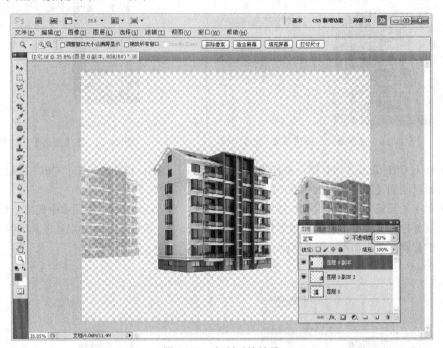

图 24-37 复制后的效果

图 24-38 使用【渐变】工具制作天空

步骤 10 双击桌面打开随书光盘/"源文件素材/第 24 章"文件夹下的"风景.tif"文件，在【图层】面板中将其放在合适的图层位置，按下 Ctrl＋T 键，调整风景的大小，效果如图 24-39 所示。

图 24-39　加入风景后的效果

步骤 ⑪ 使用同样的方法将"树.tif"及"灌木.tif"文件拖动到场景中，在【图层】面板中放在合适的位置，将灌木复制几组，效果如图 24-40 所示。

步骤 ⑫ 再加入一些人物、树木、鸟，这样画面就丰富了，效果如图 24-41 所示。

图 24-40　加入树及灌木

图 24-41　加入配景的效果

步骤 ⑬ 最后再将"树枝 01.tif"文件打开，将其放在画面的左上角，按下 Ctrl＋T 键，使用变换来调整树枝的大小，效果如图 24-42 所示。

图 24-42　加入树枝的效果

步骤 ⑭ 在【图层】面板的下方单击 ⊘. 按钮，在弹出的右键菜单中选择【照片滤镜】，如图 24-43 所示。

步骤 ⑮ 在弹出的【照片滤镜】对话框中设置一下参数就可以了，如图 24-44 所示。

图 24-43　选择【照片滤镜】

图 24-44　调整【照片滤镜】的参数

步骤 ⑯ 使用同样的方法可以对图像添加【亮度/对比度】命令，对图形再进行精细调整，最终效果如图 24-45 所示。

图 24-45　住宅效果图处理的最终效果

▶ **技巧**

我们对图片添加配景时一定要把握好比例和尺寸，也就是需要参照已经渲染为图片的楼体高度进行变换修改。

步骤 ⑰ 执行【文件】/【存储为】命令，将文件保存为"实例 197.tif"。

实例总结

本实例通过对办公楼效果图的后期处理来学习如何以不同的手段进行修饰、处理渲染得到的图片中的不足，同时也借助处理的手段进行美化、丰富所渲染的图片。

Example 实例 **198** 商业大楼的后期处理

案例文件	DVD\源文件素材\第 24 章\实例 198.tif		
视频教程	DVD\视频\第 24 章\实例 198 avi		
视频长度	6 分钟 36 秒	制作难度	★★★

技术点睛	【曲线】、【亮度/对比度】的使用，添加植物及地面，调整整体色调
思路分析	本实例我们来处理室外效果图中最为常见的大面积玻璃幕墙商业大楼渲染输出后的效果图，学习如何使用 Photoshop 处理图片的亮度、对比度，及玻璃幕墙的质感，使整个图片的色调符合该建筑的设计意图和气氛

本实例的最终效果如下图所示。

图 24-46　打开的"商业大楼.tif"效果图

从整个画面来看，首先要将整个建筑物好好调整一下，然后再为场景添加大量的人物、植物、建筑小品等配景，以达到规划效果。

步骤 ② 按下 F7 键，打开【图层】面板，在【背景】图层上双击，在弹出的【新建图层】窗口中单击 ⬜ 确定 按钮，此时的背影图层变成【图层 0】，如图 24-47 所示。

操 作 步 骤

步骤 ① 启动 Photoshop CS 5 中文版，打开随书光盘/ "源文件素材/第 23 章/商业大楼.tif" 文件（读者也可以打开自己渲染的作品），如图 24-46 所示。

步骤 ③ 单击【通道】标签，然后按住键盘上的 Ctrl 键单击【Alpha】通道，此时楼体和地面被全部选择，如图 24-48 所示。

图 24-47　将背景图层变成【图层 0】　　　　　图 24-48　在【通道】中选择

步骤 ④ 按下 Ctrl+Shift+I 键，进行选区的反选，按下 Delete 键删除，按下 Ctrl＋D 键取消选区，回到【图层】面板标签，如图 24-49 所示。

下面先来调整一下建筑的效果。

步骤 ⑤ 按下 Ctrl＋M 键，打开【曲线】对话框，调整参数如图 24-50 所示。

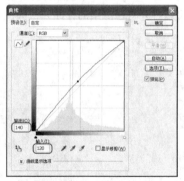

图 24-49　删除背景　　　　　　　　图 24-50　调整图像的亮度

步骤 ⑥ 接着再按 Q 键进入快速蒙版状态，使用【渐变】工具制作一个渐变，效果如图 24-51 所示。

步骤 ⑦ 按 Q 键蒙版状态变成选区，再按下 Ctrl＋M 键，打开【曲线】对话框，调整参数如图 24-52 所示。

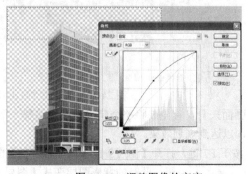

图 24-51　执行渐变操作　　　　　　　图 24-52　调整图像的亮度

步骤 ⑧ 选择建筑的侧面，然后按下 Ctrl＋M 键，打开【曲线】对话框，调整参数如图 24-53 所示。

步骤 ⑨ 单击【图像】/【调整】/【亮度/对比度】命令，弹出【亮度/对比度】对话框，调整参数如图 24-54 所示。

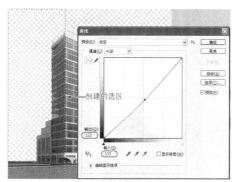

图 24-53 调整图像的亮度

图 24-54 调整图像的对比度

步骤 ⑩ 打开随书光盘/"源文件素材/第24章"文件夹下的"商业大楼配景.tif"文件，在【图层】面板中将天空调入到"商业大楼"场景中，放在大楼所在图层的后面，如图 24-55 所示。

步骤 ⑪ 按 Ctrl+B 键，打开【色彩平衡】对话框，调整参数如图 24-56 所示。

图 24-55 加入天空后的效果

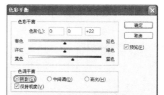

图 24-56 调整天空的色调

步骤 ⑫ 使用同样的方法将背景建筑拖动到场景中，在【图层】面板中放在合适的位置，效果如图 24-57 所示。

步骤 ⑬ 再依次将"商业大楼配景.tif"文件中的树木、灌木、道路加入到场景中，分别调整他们的位置，效果如图 24-58 所示。

图 24-57 加入背景建筑

图 24-58 加入树、灌木及道路效果

步骤 ⑭ 再为场景中添加上一些人物配景，这样画面就丰富了，效果如图 24-59 所示。

步骤 ⑮ 单击工具箱中的 ⬚ （裁切）按钮（或按 C 键），激活裁切命令。在图像中拖出一个变形框来，将地面部分稍微裁剪掉一些，然后双击鼠标确认裁剪操作，如图 24-60 所示。

图 24-59　加入人物配景　　　　　　图 24-60　裁剪图像

步骤 ⑯ 在【图层】面板的下方单击 ⬤ 按钮，在弹出的右键菜单中选择【照片滤镜】，在弹出的【照片滤镜】对话框中设置一下参数，如图 24-61 所示。

执行上述操作后，处理后的商业大楼效果如图 24-62 所示。

图 24-61　【照片滤镜】参数　　　图 24-62　商业大楼效果图处理的最终效果

▶ **技巧**

　　我们对图片添加配景时一定要把握好比例和尺寸，也就是需要参照已经渲染为图片的楼体高度进行变换修改。

步骤 ⑰ 执行【文件】/【存储为】命令，将文件保存为"实例 198.tif"。

实 例 总 结

　　本实例通过对最为常见的大面积玻璃幕墙商业大楼效果图的后期处理来学习如何以不同的手段对图片进行修饰以及玻璃幕墙的质感，使整个图片的色调符合该建筑的设计意图和气氛。

第25章 效果图漫游动画的设置

本章内容

➢ 客厅浏览动画的设置   ➢ 鸟瞰图浏览动画的设置

    要想在效果图中连续观察场景的细部和局部，就必须为其设置动画。制作简单的室内、室外效果图浏览动画并不是很麻烦，关键是在建立场景模型时一定要仔细，对于室内场景，应该将房间的所有角落都制作出来，对于制作室外的建筑物，要将准备表现的建筑各个面都建立起来，最后通过各种方法将摄影机设置为动态的效果，从而得到表现整个空间的动画浏览文件。

Example **实例** **199**   客厅浏览动画的设置

案例文件	DVD\源文件素材\第25章\实例199 A.max		
视频教程	DVD\视频\第25章\实例199 A. avi		
视频长度	7分钟10秒	制作难度	★★★★
技术点睛	怎样使用【自由】摄影机设置浏览动画，然后输出		
思路分析	本实例通过为客厅设置动画浏览来重点学习怎样使用线形配合自由摄影机将整个房间用动态的方式表现出来		

    本实例的最终效果如下图所示。

操 作 步 骤

步骤 ① 启动 3ds Max 2012 中文版。

步骤 ② 打开随书光盘"源文件素材/第25章/实例199.max"文件。

步骤 ③ 在动画控制区内单击鼠标右键，弹出【时间配置】对话框，将动画总【长度】设置为1000，如图25-1所示。

> ▶ **技巧**
>
>   设置长度数值可以调整动画播放的长度。数值越大，渲染时间就越长，动画中的内容和变化就越多、越饱满；数值越小，渲染时间越短、内容和变化就会相对变少。

步骤 ④ 在顶视图中绘制一条曲线，作为摄影机的运动轨迹，在前视图中将其移动到场景的中间位置，形态如图25-2所示。

步骤 ⑤ 单击【创建】命令面板中的 （摄影机）/ 自由 按钮，在前视图中创建一架自由摄影机。

步骤 ⑥ 确认摄影机处于选中状态，执行【动画】/【约束】/【路径约束】菜单命令。

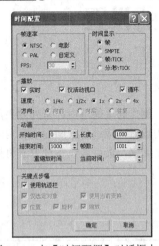

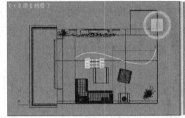

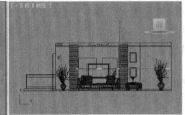

图 25-1 在【时间配置】对话框中　　　　　图 25-2 绘制的曲线设置长度参数

步骤 ⑦ 此时光标的上面出现了一条虚线，在顶视图中单击曲线，摄影机就会自动移动到曲线上，勾选命令面板中的【跟随】选项，单击工具栏中的 （选择并旋转）按钮，在顶视图中将摄影机旋转得与线形的方向一致，如图 25-3 所示。

图 25-3 调整摄影机的选项

步骤 ⑧ 激活透视图，按下 C 键，将透视图切换成为摄影机视图。

步骤 ⑨ 选择摄影机，进入【修改】命令面板，将摄影机的【镜头】设置为 24，这样看到的空间就比较大了。

步骤 ⑩ 在动画控制区内单击 （播放动画）按钮，在摄影机视图中观看效果。

为设置的浏览动画进行输出。

步骤 ⑪ 单击主工具栏中的 （渲染设置）按钮，在弹出的对话框中选择【活动时间段】选项，输出的尺寸可以小一点，选择 640×480 就可以了，单击【公用参数】卷展栏下的 文件 按钮，如图 25-4 所示。

▶ **技巧**

　　对于浏览动画的渲染输出，我们采用的是先保存后渲染的方式，将文件类型保存为 .avi 格式。

步骤 ⑫ 在弹出的【渲染输出文件】对话框中选择一个路径，将输出的文件名设为"客厅动画"，并选择文件保存类型为.avi 格式，如图 25-5 所示。

图 25-4　【渲染场景】对话框

图 25-5　为文件选择一种保存类型

步骤 ⑬ 单击【渲染输出文件】对话框中的 保存(S) 按钮，此时会弹出一个【AVI 文件压缩设置】对话框，单击 确定 按钮，如图 25-6 所示。

图 25-6　【AVI 文件压缩设置】对话框

步骤 ⑭ 关闭此对话框，再单击【渲染场景】对话框中的 渲染 按钮就可以渲染动画了。

▶ 技巧

一般渲染动画的时间都比较长，这是因为渲染时占用系统的资源比较大，有时要渲染几个小时或者几十个小时，渲染时间的长短由场景中造型的复杂程度而定。

步骤 ⑮ 单击菜单栏 ⑤ 按钮下的【另存为】命令，将线架保存为"实例 199A.max"。

实 例 总 结

本实例通过为客厅设置浏览动画来学习如何使用【时间配置】对话框设置针数，通过使用【动画】/【约束】/【路径约束】命令来绘制曲线，产生摄影机轨迹，然后创建【自由】摄影机来设置浏览动画，最后输出动画。

$\mathcal{E}xample$ 实例 **200** 鸟瞰图浏览动画的设置

案例文件	DVD\源文件素材\第 25 章\实例 200A.max		
视频教程	DVD\视频\第 25 章\实例 200 A. avi		
视频长度	11 分钟 49 秒	制作难度	★★★★

技术点睛	使用【自动关键点】设置动画浏览
思路分析	本实例通过为鸟瞰图设置动画浏览来学习如何使用【目标】摄影机配合【自动关键点】将整个房间用动态地方式表现出来，通过调整【轨迹】来更好地修改浏览动画的。

本实例的最终效果如下图所示。

操作步骤

步骤 1 启动 3ds Max 2012 中文版。

步骤 2 打开随书光盘"源文件素材/第 25 章/实例 200.max"文件。

步骤 3 在动画控制区内单击鼠标右键，弹出【时间配置】对话框，将动画总【长度】设置为 2000。

步骤 4 单击【创建】命令面板中的 （摄影机）/ 目标 按钮，在顶视图中创建一架【目标】摄影机。设置【镜头】为 30 左右，调整一下位置，如图 25-7 所示。

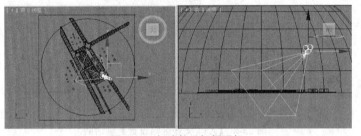

图 25-7 创建的目标摄影机

步骤 5 激活透视图，按下 C 键，将透视图切换为摄影机视图，在动画控制区中激活 自动关键点 按钮，将时间滑块拖动到第 400 帧的位置。在顶视图及前视图中调整摄影机的位置，如图 25-8 所示。

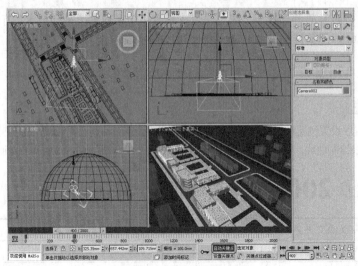

图 25-8 调整摄影机的位置

步骤⑥ 将时间滑块拖动到第 800 帧的位置。在顶视图及前视图中沿 x、y 轴移动摄影机,位置如图 25-9 所示。

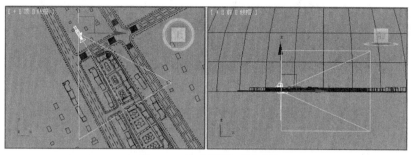

图 25-9　移动摄影机的位置

步骤⑦ 将时间滑块拖动到第 1200 帧。在顶视图及前视图中沿 x、y 轴移动摄影机,具体位置如图 25-10 所示。

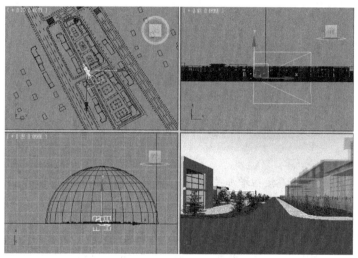

图 25-10　移动摄影机的位置

步骤⑧ 将时间滑块拖动到第 1600 帧。在顶视图及前视图中沿 x、y 轴移动摄影机,具体位置如图 25-11 所示。

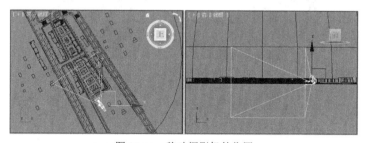

图 25-11　移动摄影机的位置

步骤⑨ 将时间滑块拖动到第 2000 帧。在顶视图及前视图中沿 x、y 轴移动摄影机,具体位置如图 25-12 所示。

步骤⑩ 在顶视图中选择摄影机,单击 ◎（运动）按钮,再单击 轨迹 按钮,激活 子对象 按钮,在顶视图中调整轨迹的形态,如图 25-13 所示。

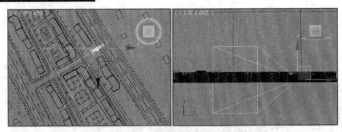

图 25-12　移动摄影机的位置

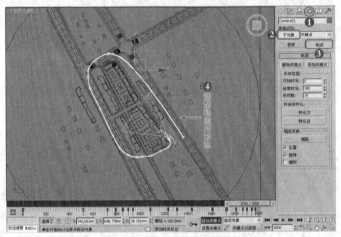

图 25-13　调整轨迹的形态

▶ **技巧**

我们可以通过单击 添加关键点 按钮增加关键点，以便更好地控制轨迹的形态，还可以单击 删除关键点 按钮，删除多余的关键点。

步骤 ⑪ 在动画控制区内单击 ▶（播放动画）按钮，在摄影机视图中观看效果。

步骤 ⑫ 单击主工具栏中的 💠（渲染场景）按钮，在弹出的对话框中选择【活动时间段】选项，输出的尺寸可以小一点，选择 640×480 就可以了，单击 文件…… 按钮保存。输出后的效果如图 25-14 所示。

图 25-14　渲染输出的效果（部分截图）

步骤 ⑬ 最后将场景【另存为】"实例 200A.max"。

实 例 总 结

本实例通过为鸟瞰图设置浏览动画来学习如何使用【时间配置】对话框设置针数；通过调整摄影机的【轨迹】可以更容易地表现相继观看范围，并使用【目标】摄影机来设置浏览动画。